口絵① 北海道におけるバレイショ主要品種
(本文 2.3.1, 2.3.3, 2.3.4 項参照)
(日本いも類研究会, 千田圭一)

口絵② バレイショ(コナフブキ)の花と果実
(本文 2.3.4, 2.3.5 項参照)
真正種子が1果あたり 50〜200 粒結実する.

口絵③ 種いもの切断(本文 2.3.5 項参照)
頂部(頂芽)から尾部(ストロン着生部)に縦に切る. 30〜40 g が必要.
切断刀は塊茎ごとに消毒液(塩化第2水銀液:しょうこう液)に10秒ほどつけて消毒する必要がある(黒脚病等の予防).

口絵④ 生食・加工用ポテトハーベスタと, その上での選別作業のようす(本文図 2.27)
(写真提供:東洋農機株式会社)

口絵⑤ 安納いもの登録2品種（本文3.3.2項参照）
（左）安納紅，（右）安納こがね
（鹿児島県農業開発総合センター）

口絵⑥ サツマイモの多用途品種の例と多様な肉色（本文3.3.3項参照）
（鹿児島県農業開発総合センター）

①苗床造成（造成機）　②種いも伏せ込み　③一斉刈り（刈取機）　④苗調製（苗揃機）

口絵⑦ 一斉刈りを前提とした育苗採苗作業（本文図3.29）
採苗（刈り取り）は，3～5月の植え付け期におおむね3回程度．

口絵⑧　サトイモ'媛かぐや'の形態（本文図 4.21）

口絵⑨　ヤマノイモ類の外観（本文図 5.1）
（左上）ツクネイモ，（右上）イチョウイモ
（下）ナガイモ

口絵⑩　ヤマトイモ萌芽期のつるの
基部に形成された新いも
（本文 194 ページ，図 5.8 参照）

口絵⑪　ヤマノイモモザイク病の病徴
（本文図 5.15）

口絵⑫　タイにおけるキャッサバの栽培
（左）生育最盛期（雨期），（中）乾期の始まりとともに落葉して収穫期を迎える（苗植え付け後10〜12ヶ月），（右）収穫．掘り起こしたキャッサバの塊根を切り落とす（塊根数は5〜8本）

口絵⑬　食用カンナの草姿（左），花序（中），および収穫した1株（右）（本文図6.11，図6.15参照）

口絵⑭　クズイモの花（左）と未熟な莢（中），塊根（右）（本文図6.22，図6.23参照）
花は開花初期のもの．栽培ではこの時期に花序を摘み取る．

日本作物学会「作物栽培大系」編集委員会 監修

作物栽培大系 ⑥

イモ類の栽培と利用

岩間和人 編

朝倉書店

執筆者（執筆順，*は本巻の担当編集委員）

岩間和人*	北海道大学名誉教授
保坂和良	帯広畜産大学
幸田泰則	北海道大学名誉教授
A. J. Haverkort	オランダ・ワーゲニンゲン大学
Guo HuaChun	中国・雲南農業大学
田宮誠司	北海道農業研究センター
中尾 敬	北海道農業研究センター
田中 智	カルビーポテト株式会社
千田圭一	北海道立総合研究機構
三澤 孝	種苗管理センター
柴田洋一	北海道大学
小巻克己	福島県農業総合センター
佐々木修	鹿児島大学名誉教授
中谷 誠	農林水産省
吉永 優	北海道農業研究センター
境 哲文	九州沖縄農業研究センター
大村幸次	鹿児島県農業開発総合センター
西原 悟	鹿児島県農業開発総合センター
竹牟禮 穣	鹿児島県農業開発総合センター
杉本秀樹	愛媛大学名誉教授
淺海英記	愛媛県 農林水産部
荒木 肇	北海道大学
岡本 毅	西日本農業研究センター
高橋行継	宇都宮大学
中村 聡	宮城大学
後藤雄佐	前 東北大学
岡 三徳	東京農業大学
今井 勝	明治大学

『作物栽培大系』刊行にあたって

　「栽培」という文字が入った講義が，多くの大学農学部から消えて久しい．これは，栽培研究の成果が品種育成のように見えやすいものでなく，栽培学が百年一日のごとく同じような栽培試験を繰り返すだけの古い学問領域と誤解されているからかもしれない．しかしこの間，要素還元的な研究が発展し，個別の作物の形態・遺伝・生理などに関する知見が蓄積されてきた．また，特に分子生物学的な研究の進展によって遺伝子や分子レベルの理解が深まってきたため，このような知見を利用した育種や栽培が行われることも期待されている．

　一方，現場における作物栽培を改善するには，変動する環境条件下で，作物個体に関する研究成果を個体群の問題につなげていかなければならない．また，栽培体系の中でそれぞれの作物の栽培を位置づけなければならない．そのためには，単に作物についての植物学的な知見のみでなく，土壌学，植物栄養学，植物病理学，応用昆虫学，雑草学，農業気象学，農業機械学，農業工学，農業経済学などの農学諸分野の研究成果も取り入れて総合する力が必要となる．

　栽培学に新しい視点を導入することも，求められている．すなわち，多くのエネルギーを利用して生産量を増やしていくという時代は終わり，エネルギー原料作物の栽培において顕著であるが，低投入でありながら，持続的あるいは環境調和型の作物栽培を確立していくことが期待されている．

　作物栽培では，このような総合性・学際性が求められる一方で，取り扱う個々の作物種や品種の特性を十分に理解したうえで，各地域の気候・地質・社会状況に対応した作付を行い，その後の管理をしていかなければならない．多様性と個別性を取り扱う栽培学は，人工環境下で栽培したモデル植物を取り扱っていただけでは成り立たない．ここに，栽培学の難しさと面白さがある．

　本大系編集委員会のメンバーである森田，阿部，大門は2006年，朝倉書店

より共編にて教科書『栽培学』を上梓した．幸い版を重ねているようであり，これは栽培学が問題発見・問題解決型の学問分野として今まさに必要とされていることを示しているといえよう．この教科書を編集した際，時間の経過とともに改訂しなければならないと同時に，栽培学の総合性と多様性という両面性から，この一書だけでは完結せず，いずれ各論編を編集したいと考えた．その後，朝倉書店から，森田監修のシリーズとして本企画を依頼された．その少し後に，森田が日本作物学会長を務めることになったのを機会に，日本作物学会の監修として，学会の総力をあげて編集にあたることにさせていただいた．

このシリーズは最初，作物グループ別に全7巻として企画したが，作物栽培にかかわる最近のトピックを含む総論を加え，最終的に8巻シリーズとした．本企画を進めるにあたり，まず各巻の編集責任者を選定して編集委員会を立ち上げ，各巻の構成の検討と分担執筆者の選定をお願いした．各巻の編集責任者の方々がそれぞれの作物の栽培研究における第一人者であることは，改めて紹介するまでもないであろう．編集にあたっては，無理のない範囲で各巻における構成をそろえるとともに，作物学的な解説は必要最小限度にとどめ，日本あるいは世界における栽培状況と利用状況に重点をおいていただいた．

多くの研究者の方々に多忙の中で執筆していただき，編集責任者の方に統一性を配慮しながら編集していただくことにはそれなりの時間を要したが，比較的順調に執筆・編集作業が進んできたので，準備が整った巻から刊行を開始することとした．これも，分担執筆者と編集責任者の方々のご尽力，ご協力の賜物であり，心から感謝申し上げる．

このシリーズは，主として日本における作物の栽培と利用の現状を示すものであるが，この時代の栽培状況を記録したものとして歴史的な意義も出てくるに違いない．本大系に代わる次の企画を実現する次の世代が，本大系を利用しながら現場で学び，栽培研究を進め，その研究成果を現場に戻す役割を担うことを強く期待している．このシリーズがそれに役立てば，編集委員会一同，望外の喜びである．

2011年8月

日本作物学会「作物栽培大系」編集委員会

代表　森田　茂紀

日本作物学会「作物栽培大系」編集委員会

編集委員長

　森田茂紀

編集委員（50音順）

　阿部　淳　　　岩間和人　　　奥村健治　　　小柳敦史
　国分牧衛　　　大門弘幸　　　巽　二郎　　　丸山幸夫
　森田茂紀　　　山内　章　　　渡邊好昭

シリーズ構成と担当編集委員

　1巻　作物栽培総論　（担当：森田茂紀・阿部　淳）
　2巻　水稲・陸稲の栽培と利用　（担当：丸山幸夫）
　3巻　麦類の栽培と利用　（担当：小柳敦史・渡邊好昭）
　4巻　雑穀の栽培と利用　（担当：山内　章）
　5巻　豆類の栽培と利用　（担当：国分牧衛）
　6巻　イモ類の栽培と利用　（担当：岩間和人）
　7巻　工芸作物の栽培と利用　（担当：巽　二郎）
　8巻　飼料・緑肥作物の栽培と利用
　　　　　（担当：大門弘幸・奥村健治）

6巻『イモ類の栽培と利用』まえがき

　イモ類とは，地下部の茎や根が肥大して，デンプンを蓄積する作物群の総称である．双子葉類のバレイショ（ジャガイモ），サツマイモ（カンショ）などと，単子葉類のサトイモ（タロイモ）などがあり，多様な科や属・種に分かれている．穀類や豆類とは異なり，収穫器官であるいもの形成と肥大に開花・受精が必要ないので，気象条件の短期的な変動による収量変動が少ない．また，イモ類は生育中の比較的早期に収穫器官を形成して，長期にわたり光合成産物を蓄積するので，食糧としての生産性が高い．このため，バレイショは寒冷地で，サツマイモは温暖地で，主要な食糧作物として栽培されてきた．また，穀類が不作の時に飢餓を回避する救荒作物として，日本各地でイモ類が栽培されてきた．国内でのコメの生産量が需要量を上回っている現在では，いもの主食としての役割は低下したが，いもにはビタミンやミネラル類も多く含まれているので，健康食品としての利用が増加している．さらに，人口が急増しているアジアやアフリカの国々ではイモ類の生産が増加しており，イモ類の栽培方法や品種の改良が世界的に進展している．

　本書は，イモ類に愛着をもち，栽培方法や品種の改良に長年取り組んできた日本各地の研究者が共同して，現在までの学術的な到達点を執筆したものである．第1章で，世界全体でのイモ類の生産状況を概括した．第2章バレイショ，第3章サツマイモ，第4章サトイモ，第5章ヤマノイモ類，そして第6章キャッサバなどのその他イモ類で，それぞれの遺伝的背景，日本各地での生産状況，形態・生理・生態的な特性，省力化機械の利用を含む栽培方法と収穫器官の特徴，新旧栽培品種の特性，および収穫物の加工と利用の方法を詳述している．大学での教科書・参考書として，また研究・普及機関での専門書として，広く利用されることを期待している．

　顧みれば，本書の編集を依頼されてから7年が経過した．4年ほど前にほと

んどの原稿が集まった．しかし，私を含む数名の執筆が大幅に遅れ，全体の原稿が集まったのは1年前であった．早々と執筆いただいた方々には統計データや品種の最新情報を追加していただく手間をおかけしてしまった．刊行の遅れは，編集を担当した私の責任であり，執筆者各位におわび申しあげる．この1年間では，朝倉書店編集部の皆様に，校正など刊行に向けた煩雑な作業を精力的に進めていただき，この春の刊行に至った．深謝申しあげる．

　最後に，この「まえがき」の締め切り日は，大学・大学院で教育・研究の手ほどきをしていただいた後藤寛治先生のご葬儀と重なった．微笑されているご遺影を見ながら，「素晴らしい本ができたね」と喜んでおられるようにも，「君は相変わらず筆が遅いね」と笑われているようにも感じられた．恩師の教えに感謝しながら，「まえがき」を終える．

2017年2月

岩間　和人

目　次

1章　総　　論……………………………………………………[岩間和人]…1
　1.1　イモ類作物の種類………………………………………………………1
　　1.1.1　植物分類と地下部形態………………………………………………1
　　1.1.2　統計データでの分類…………………………………………………2
　1.2　イモ類の生産……………………………………………………………3
　　1.2.1　世界での栽培状況……………………………………………………3
　　1.2.2　イモ類作物の生産性…………………………………………………5
　　1.2.3　日本での栽培状況……………………………………………………6
　1.3　イモ類の栽培における特徴……………………………………………7

2章　ジャガイモ・バレイショ………………………………………9
　2.1　緒　　言…………………………………………………………………9
　　2.1.1　起源・分類・伝播………………………………………[保坂和良]…9
　　2.1.2　生　　理………………………………………………[幸田泰則]…15
　　2.1.3　生態・収量成立過程…………………………………[岩間和人]…23
　2.2　世界での栽培と利用
　　　　………………………[Anton J. Haverkort・Guo HuaChun・岩間和人]…35
　　2.2.1　バレイショの生産統計と推移……………………………………35
　　2.2.2　中国での生産と利用………………………………………………44
　2.3　日本での栽培と利用…………………………………………………47
　　2.3.1　食用品種（寒冷地）……………………………………[田宮誠司]…47
　　2.3.2　食用品種（西南暖地）…………………………………[中尾　敬]…53
　　2.3.3　加工用品種………………………………………………[田中　智]…59
　　2.3.4　デンプン原料用品種……………………………………[千田圭一]…65
　　2.3.5　種いも栽培………………………………………………[三澤　孝]…73
　2.4　バレイショ生産用機械の開発と利用…………………………[柴田洋一]…82
　　2.4.1　はじめに………………………………………………………………82

2.4.2　北海道におけるバレイショ生産用機械の開発の経緯……………83
　　2.4.3　現在のバレイショ生産用機械……………………………86
　　2.4.4　バレイショ生産用機械の新技術…………………………89

3章　サツマイモ・カンショ……………………………………93
3.1　緒　言……………………………………………………93
　　3.1.1　分類・起源・伝播………………………[小巻克己]…93
　　3.1.2　生理・生態………………………………[佐々木　修]…99
3.2　世界での栽培と利用……………………………[中谷　誠]…110
　　3.2.1　世界のサツマイモ生産と利用の概要……………………110
　　3.2.2　アジア……………………………………………………114
　　3.2.3　アフリカ…………………………………………………118
　　3.2.4　北　米……………………………………………………120
　　3.2.5　中南米……………………………………………………121
　　3.2.6　オセアニア………………………………………………121
3.3　日本での栽培と利用…………………………………………123
　　3.3.1　食用品種（本州・四国）…………………[吉永　優]…123
　　3.3.2　食用品種（九州・沖縄）……………………………129
　　3.3.3　多用途品種…………………………………[境　哲文]…136
3.4　新しい栽培方法の開発と利用………………………………144
　　3.4.1　省力化栽培……………………………………[大村幸次]…144
　　3.4.2　多収栽培………………………[西原　悟・竹牟禮　穣]…152

4章　サトイモ………………………………………………159
4.1　起源・分類・伝播・形状…………………………[杉本秀樹]…159
　　4.1.1　サトイモとタロイモ………………………………………159
　　4.1.2　起源・伝播…………………………………………………160
　　4.1.3　生産状況……………………………………………………161
　　4.1.4　日本のサトイモ品種の分類………………………………162
　　4.1.5　形　状………………………………………………………164
4.2　生理・生態……………………………………………………166
　　4.2.1　環　境………………………………………………………166

4.2.2　個葉光合成………………………………………………168
　　4.2.3　個体群光合成……………………………………………168
　　4.2.4　光合成産物の分配………………………………………171
　4.3　栽　　培……………………………………[淺海英記・杉本秀樹]…173
　　4.3.1　種いも……………………………………………………173
　　4.3.2　圃場の準備，植え付け，管理，収穫…………………173
　　4.3.3　作　型……………………………………………………174
　　4.3.4　新しい栽培技術…………………………………………174
　4.4　利　　用……………………………………………………180
　　4.4.1　利用と加工………………………………………………180
　　4.4.2　機能性成分の利用………………………………………181

5章　ヤマノイモ……………………………………………………183
　5.1　ナガイモ………………………………………………[荒木　肇]…183
　　5.1.1　ヤマノイモ属の植物特性…………………………………183
　　5.1.2　日本におけるヤマノイモ属植物…………………………183
　　5.1.3　ナガイモの栽培技術………………………………………185
　　5.1.4　ヤマイモの雌雄性とナガイモの種子形成………………187
　　5.1.5　ナガイモの育種……………………………………………190
　5.2　ヤマトイモ……………………………………………[岡本　毅]…192
　　5.2.1　来歴と栽培の現状…………………………………………192
　　5.2.2　形態と生態…………………………………………………193
　　5.2.3　品種と遺伝…………………………………………………195
　　5.2.4　栽培技術……………………………………………………196
　　5.2.5　品質と利用…………………………………………………200

6章　その他のイモ類………………………………………………202
　6.1　コンニャクイモ………………………………………[高橋行継]…202
　　6.1.1　日本におけるコンニャク栽培の歴史……………………202
　　6.1.2　形　態………………………………………………………202
　　6.1.3　品　種………………………………………………………205
　　6.1.4　栽培方法……………………………………………………206

6.1.5　病害虫……………………………………………………207
　　6.1.6　利用・加工……………………………………………………208
6.2　ヤーコン………………………………………[中村　聡・後藤雄佐]…208
　　6.2.1　来歴と利用の特徴……………………………………………208
　　6.2.2　形　態……………………………………………………209
　　6.2.3　生育特性……………………………………………………210
　　6.2.4　栽　培……………………………………………………211
　　6.2.5　品　種……………………………………………………212
　　6.2.6　利用・加工……………………………………………………213
6.3　キャッサバ…………………………………………………[岡　三徳]…214
　　6.3.1　栽培地域と生産………………………………………………214
　　6.3.2　作物と生育特性………………………………………………216
　　6.3.3　遺伝資源と育種………………………………………………218
　　6.3.4　栽培と土壌管理………………………………………………219
　　6.3.5　ポストハーベストと加工・利用，新たな利用技術……………222
6.4　食用カンナ……………………………………………[今井　勝]…223
　　6.4.1　食用カンナとは………………………………………………223
　　6.4.2　形態的特徴……………………………………………………225
　　6.4.3　光合成と物質生産……………………………………………226
　　6.4.4　繁　殖……………………………………………………228
　　6.4.5　用　途……………………………………………………228
　　6.4.6　おわりに……………………………………………………229
6.5　マメ科イモ類…………………………………[後藤雄佐・中村　聡]…230
　　6.5.1　マメ科イモ類とは………………………………………………230
　　6.5.2　アピオス（アメリカホドイモ）……………………………231
　　6.5.3　クズイモ……………………………………………………234
　　6.5.4　いもを利用するその他のマメ科植物………………………237

索　引……………………………………………………………………241

第1章

総　　論

1.1　イモ類作物の種類

1.1.1　植物分類と地下部形態

　イモ類作物は，地下部にデンプンを貯蔵し，これを収穫対象とする食用作物の総称である．植物分類表では，バレイショ（ジャガイモとも呼称される）はナス科，サツマイモ（カンショとも呼称される）はヒルガオ科，キャッサバは

表1.1　主要なイモ類作物の植物分類表での位置

分類所属	学　名	作物名（別名）	英　名	原産地	食用部位
双子葉類					
ナス科	*Solunum tuberosum*	バレイショ（ジャガイモ）	potato	南　米	塊　茎
ヒルガオ科	*Ipomoea batatus*	サツマイモ（カンショ）	sweet potato	中南米	塊　根
トウダイグサ科	*Manihot esculenta*	キャッサバ	cassava	南　米	塊　根
キク科	*Smallanthus sonchifolius*	ヤーコン	yacon	南　米	塊　根
マメ科	*Apios americana*	アピオス（アメリカホドイモ）	potato bean	北　米	塊　茎
マメ科	*Pachyrhizus erosus*	クズイモ	yam bean	中　米	塊　根
単子葉類					
サトイモ科	*Colocasia esculenta*	サトイモ	taro	南アジア	塊　茎
サトイモ科	*Amorphophallus konjac*	コンニャク	konjak	東アジア	球茎（塊茎）
ヤマノイモ科	*Dioscorea opposita*	ナガイモ	Chinese yam	東アジア	担根体（塊茎）
ヤマノイモ科	*Dioscorea opposita var. tsukune*	ツクネイモ（ヤマトイモ）	Chinese yam	東アジア	担根体（塊茎）
ヤマノイモ科	*Dioscorea japonica*	ジネンジョ	Japanese yam	東アジア	担根体（塊茎）
カンナ科	*Canna edulis*	食用カンナ	edible canna	南　米	根茎（塊根・塊茎）

トウダイグサ科であり，双子葉類に属する．一方，サトイモはサトイモ科，ナガイモはヤマノイモ科の単子葉類に属する（表1.1）．イネ，コムギ，トウモロコシなどの主要な穀類作物が単子葉類のイネ科に，ダイズ，インゲンマメ，ラッカセイなどの豆類作物が双子葉類のマメ科にのみ属するのとは異なり，イモ類作物は多種の科に分類され，地上部や地下部の形態が多様である．作物としての起源地も多様であり，双子葉類のイモ類は南米等の新大陸であるが，単子葉類のイモ類は東アジアが多い．

地下部の収穫器官は，サツマイモやキャッサバでは根が肥大した塊根（tuber root）であるのに対して，バレイショでは地下部茎（ストロン，匐枝）が肥大した塊茎（tuber）である．また，形態学的には地下部茎の肥大したものであるが，その形状からサトイモでは球茎（corm），ナガイモでは担根体（rhizophore）と呼ばれる．さらに，食用カンナは根と茎の両方の特性を示す．

1.1.2 統計データでの分類

国連食糧農業機関（FAO）が集計している世界各国での作物生産データベース（FAOSTAT）[1]では，イモ類作物は"ROOTS AND TUBERS"に分類されている．分類の定義として，デンプンを多く含む根，塊茎，担根体，球茎および茎を生産する植物で，主として人間の食物，家畜飼料，およびデンプン，アルコール，発酵飲料（ビールを含む）の生産に利用する作物であると説明されている．主として飼料や砂糖加工の目的で栽培される飼料用サトウダイコン（mangold）やテンサイ（sugar beet），あるいは根菜，球根（鱗茎）および塊茎野菜（roots, bulb and tuberous vegetables）に分類されるタマネギ，ニンニクおよび食用ビートは，ROOTS AND TUBERSの分類には含まれない．

ROOTS AND TUBERSの小分類として，POTATOES（バレイショ），SWEET POTATOES（サツマイモ），CASSAVA（キャッサバ），YAMS（ナガイモなどのヤマノイモ科イモ類，ヤムイモと総称する），TARO（サトイモなどの球茎あるいは肥大地下茎のイモ類，タロイモと総称する），YAUTIA（アメリカサトイモなど），ROOTS AND TUBERS NES（クズイモなどの地域特異的なイモ類作物，その他イモ類と呼称する）がある．ROOTS AND TUBERSの全体での栽培面積や生産量にはこれらの小分類作物がすべて含まれる．しかし，栽培面積と生産量の大部分は，バレイショ，サツマイモ，キャッサバ，ヤムイモ，

タロイモである．なお，日本の農林水産省が集計している作物生産データベース（作物統計）[2]では，カンショは「普通作物」として，バレイショ，サトイモ，ヤマノイモ，ナガイモは「野菜」として分類されている．

1.2 イモ類の生産

1.2.1 世界での栽培状況

世界におけるイモ類の栽培面積（表1.2, 1.3）は，イモ類全体で約6200万haであり，キャッサバ（39％），バレイショ（31％），サツマイモ（14％）の3作物がイモ類全体の83％を占める．また，アフリカ（53％）とアジア（30％）が世界全体の83％を占める．

地域別にみると，アフリカではキャッサバ，ヤムイモ，サツマイモ，バレイショ，タロイモの順で栽培面積が多く，世界全体での各作物栽培面積のそれぞれ68％，95％，44％，10％，85％を占める．アジアではバレイショの栽培面積が多く，世界全体でのバレイショ栽培面積の約50％を占める．これに続いて，サツマイモとキャッサバが多く栽培されており，世界全体のそれぞれ51％と20％を占める．ヨーロッパではバレイショのみが栽培されており，世界全体の29％を占める．オセアニアではイモ類の栽培面積は少ない．キャッサ

表1.2 世界におけるイモ類の生産状況ならびに穀類およびマメ類との比較[1]

	収穫面積 (100万 ha)	生産量 (100万 t)	収量 (t/ha)	水分率[*1] (％)	乾物収量 (t/ha)
キャッサバ	23.9	268	11.24	59.7	4.53
バレイショ	19.1	382	19.99	79.8	4.04
サツマイモ	8.4	107	12.76	68.1	4.07
ヤムイモ	7.8	68	8.78	82.6	1.53
タロイモ	1.5	10	6.94	84.1	1.10
(イモ類全体)	**61.9**	**845**	**13.66**		
コムギ	221.6	729	3.29	12.5	2.88
トウモロコシ	183.3	1038	5.66	14.5	4.84
イネ（玄米）[*2]	163.2	741	3.63	15.5	3.07
ダイズ	117.7	308	2.62	12.5	2.29

[*1]：食品標準成分表による．
[*2]：FAOSTATの籾収量に0.8をかけて玄米収量に換算した．

表 1.3 世界の各地域におけるイモ類作物の栽培面積（万 ha, 2014 年)[1]

	アフリカ	アメリカ	アジア	ヨーロッパ	オセアニア	(世界全体)
キャッサバ	1731 (73%)	243 (10%)	410 (17%)	0 (0%)	2 (0%)	2387 (39%)
バレイショ	193 (10%)	158 (8%)	993 (52%)	562 (29%)	4 (0%)	1910 (31%)
サツマイモ	389 (47%)	29 (3%)	402 (48%)	0 (0%)	15 (2%)	835 (13%)
ヤムイモ	749 (97%)	22 (3%)	1 (0%)	0 (0%)	3 (0%)	776 (13%)
タロイモ	125 (86%)	0 (0%)	14 (9%)	0 (0%)	5 (4%)	146 (2%)
(イモ類全体)	3284 (53%)	471 (8%)	1838 (30%)	562 (9%)	33 (1%)	6188 (100%)

各作物の下段は世界全体に対する割合.

バ，バレイショおよびサツマイモはいずれも中・南米を起源地としているが，この地域での栽培面積は世界の地域間で比較すると少ない．

栽培面積の推移をみると（表1.4），1991年から2014年までの24年間にイモ類全体で約1400万ha増加した．このうちの約50%をキャッサバが占め，続いてヤムイモとバレイショでの増加が大きい．サツマイモは唯一減少した．地域別にみると，アフリカでは24年間に栽培面積が約1700万ha増加し，2014年には1991年の2倍になった．増加面積の61%をキャッサバが占め，続いてサツマイモとヤムイモがそれぞれ9%と16%を占めた．この結果，これらの作物の2014年の栽培面積は1991年の1.8〜2.9倍になった．アジアでも24年間にイモ類全体では約200万ha増加したが，作物によって増減があった．すなわち，バレイショが倍増したのに対して，サツマイモが半減した．一方，

表 1.4 1991 年から 2014 年までの 24 年間における増加面積（万 ha)[1]

	アフリカ	アメリカ	アジア	ヨーロッパ	オセアニア	(世界全体)
キャッサバ	747	−21	28	0	1	755
バレイショ	107	−7	507	−462	−1	144
サツマイモ	247	0	−328	0	4	−74
ヤムイモ	488	12	0	0	1	501
タロイモ	39	0	1	0	1	43
(イモ類全体)	1682	−15	214	−462	8	1427

ヨーロッパではバレイショが半減した．

これらの栽培面積の推移は，各地域における人口増加や利用方法の変化に起因すると考えられる．たとえば，ヨーロッパではバレイショをブタなどの飼料として利用してきたが，最近ではトウモロコシ等の穀類飼料に変化しており，これがバレイショ栽培面積の急減を招いた．また，アジアでのバレイショの増加とサツマイモの減少は，食生活の変化と関係していると考えられる．すなわち，バレイショではポテトチップスやフレンチフライなどの油加工食としての利用が拡大しているのに対して，サツマイモでは油加工食としての利用が進まず，また肉や卵等の消費拡大に伴い，サツマイモの家庭での青果用途の利用量が減少した．

1.2.2 イモ類作物の生産性

イモ類の収穫器官には，主としてデンプンが貯蔵される．このため，作物としての起源地やその後に伝播した地域では，古くから主食として利用されてきた．穀類でも子実に貯蔵したデンプンを利用するが，子実を収穫するためには開花・受精が必要であり，この時期に不良環境に遭遇すると収穫量が激減する．イモ類では生育の比較的早期に地下部に貯蔵器官が形成され，その後の長期間にわたって光合成産物が貯蔵されるので，一時的な気象条件の変動による影響を受けにくい．また，イモ類では一般に収穫部位や地上部茎が繁殖に用いられる．繁殖器官に貯蔵されている養分（デンプンやミネラル）が子実（種子）に比べて多いので，発芽（萌芽）時の気象条件に対しても安定している．これらの理由から，主要な食用作物が穀類の地域でも，気象の不安定な凶作年に利用する救荒作物として古くから重用されてきた．

イモ類の生産性（栽培面積あたりの生産量，以下「収量」）を，穀類のコムギ，トウモロコシ，イネおよび豆類のダイズと比較すると（表1.2参照），いずれのイモ類作物においても収量は数倍も高い．イモ類の収穫器官が根や塊茎であり，穀類やマメ類の収穫器官である子実に比べて含水率が高いことが大きな理由であるが，収穫器官の含水率で補正した乾物収量で比較した場合でも，キャッサバ，バレイショ，サツマイモの3作物は穀類の3作物と同等かより高い値を示す．世界全体での栽培面積と生産量が作物のなかで最も多いイネ，コムギおよびトウモロコシは，近年の育種や栽培方法の改良によって収量が急激

に増加してきたので，イモ類の収量的な優位性が低下しつつあるが，現在でもイモ類は栽培面積あたりの人口扶養力（エネルギー生産量）が最も高い作物群である．

1.2.3　日本での栽培状況

2014年における日本での栽培面積は，イモ類作物の全体で14万ha，このうちの56％がバレイショ，27％がサツマイモ，9％がサトイモ，5％がナガイモ等である（表1.5）．イモ類のなかでキャッサバは世界では最も栽培面積が多いが，日本では気温の関係で栽培できない．なお，栽培面積はイモ類の全体で1991年には21万haだったが，いずれの作物でも24年間に減少し，特にサトイモでの減少割合が大きい．

表1.5　日本におけるイモ類の生産状況[1]

	1991年			2014年			2014年/1991年比		
	面積 (千ha)	収量 (t/ha)	生産量 (千t)	面積 (千ha)	収量 (t/ha)	生産量 (千t)	面積 (％)	収量 (％)	生産量 (％)
バレイショ	112	32.3	3609	78	31.4	2456	70	97	68
サツマイモ	59	20.6	1205	38	23.3	887	65	113	74
タロイモ （サトイモ）	26	13.7	353	13	12.8	166	50	93	47
ヤムイモ （ナガイモ等）	10	19.2	185	7	22.7	165	76	118	89
その他イモ類	6	13.0	76	4	14.4	56	72	110	74
（イモ類全体）	212	25.6	5429	140	26.6	3729	66	104	69

収量は，バレイショが最も高く，次いでサツマイモとナガイモ等が類似した値を示し，サトイモが最も低い．世界平均と比較すると，いずれの作物も1.7〜1.9倍程度の多収である．しかし，年次的な推移をみると，過去24年間での収量の増加程度は栽培面積の減少程度に比べて小さく，生産量はいずれの作物でも減少した．

栽培面積と生産量が減少した理由として，イモ類消費量の減少と輸入量の増加があげられる．バレイショとサツマイモの消費量[2]は，1961年には1000万t以上であったのに対して，その後，年々減少して1991年には528万t，2011年には435万tになった．この減少の主要因は飼料用やデンプン加工用としての消費量が急減したことによる．純食料としての消費量はほとんど減少してい

ない.1人あたり消費量でみると,1961年に比べて1991年では約3分の2程度になったが,それ以降ではほとんど変化していない.しかし,バレイショでは外国からの輸入量が増加し,2011年では国内消費量の25%を占めている.これらは,油加工用途（チップスやフレンチフライなど）として利用されている.

なお,サトイモは他のイモ類に比べて,1991年～2014年の期間における生産面積と生産量の減少割合が大きい.この理由として,中国からの生イモと冷凍加工イモの輸入が2009年に4万2000tほどあり,国内での生産量の減少に影響していることがあげられる.

1.3 イモ類の栽培における特徴

イモ類は収穫した塊茎や塊根,あるいは地上茎の一部などを次代の生産に使用する栄養繁殖作物であり,この特性からさまざまな問題が生じている.たとえば,サツマイモでは塊根を種いもに使用して,まず苗床に植え付け,萌芽した地上茎を苗として圃場に定植する.このため,植え付けの機械化が難しく,生産コストが高い一因になっている.北米や南米,あるいはオーストラリアなどの大規模栽培で,高品質の子実を低コストで生産できるトウモロコシに比べて,イモ類では単位デンプン量あたりの生産コストが高い.また,穀類やマメ類の子実に比べて,塊根や塊茎は含水率が高いことから,収穫後の貯蔵性や輸送性に劣る.これらのことから,近年では工業で利用されるデンプンや家畜の飼料としてのイモ類の栽培は減少している.

栄養繁殖であるため,ウイルス病などの罹病種苗も多い.ウイルスフリーの種いもを生産するために,茎頂培養の技術が世界各地で利用されている.しかし,イモ類は増殖率が低いので,ウイルスフリーの種いもを生産するのには数年間が必要である.このため,西ヨーロッパ,北米,オーストラリア,ニュージーランドや日本を除くと,農家でのウイルスフリー種いもの利用率はまだ低い.

〔岩間和人〕

引用文献

1) FAO：FAOSTAT.［http://faostat.fao.org/］

2) 農林水産省：農林水産省作物統計．[http://www.maff.go.jp/j/tokei/kouhyou/sakumotu/index.html]
3) 文部科学省：食品成分データベース．[http://fooddb.mext.go.jp/]

第2章

ジャガイモ・バレイショ

2.1 緒　　　　言

2.1.1　起原・分類・伝播
a．バレイショ類の分類

　バレイショ類（バレイショとその近縁種の総称）はすべてナス属 (*Solanum*) に属し，ホークス (1990)[3] によって栽培種7種と野生種226種に分類され，形態や生態的類似性，地理的分布，倍数性，あるいは交雑親和性などに基づき21分類群にまとめられている（表2.1）．染色体基本数 $(x)=12$ とし，2倍種から6倍種まで存在している．野生種は，アメリカ南西部からメキシコ，中央アメリカを経て南アメリカのアンデス一帯，さらに，アルゼンチンの平原地帯やチリの南部海岸地域にまで広く分布している．表2.1の分類群のうち，*Etuberosa* 群と *Juglandifolia* 群は，中央アメリカから南アメリカに分布し，バレイショ近縁種であるが塊茎をつけず，非塊茎形成種と呼ばれている．*Morelliformia* 群，*Bulbocastana* 群，*Pinnatisecta* 群および *Polyadenia* 群の種はいずれもメキシコ高原を中心に分布する2倍種で，メキシコ産2倍種と呼ばれる．一方，4倍種を主体とする *Longipedicellata* 群と6倍種を主体とする *Demissa* 群の種はメキシコ産倍数種と呼ばれ，メキシコ産2倍種との間に交雑親和性がない．その他の野生種は南アメリカ産野生種として一括することができる．このうち，*Conicibaccata* 群には，メキシコ高原や中央アメリカに分布する種も含まれている．また，*Tuberosa* 群は栽培バレイショを含む多くの種からなり，メキシコ高原に分布する *S. verrucosum* も交雑親和性や形態的類似性から *Tuberosa* 群に含められている．

　野生種はさまざまな生態環境に適応して多様な形態的変異を示し多くの種に

表 2.1 代表的な野生バレイショ[3]

分類群（種数）	種名（倍数性）
Etuberosa (5)	S. etuberosum (2x), S. fernandezianum (2x), S. palustre (2x)
Juglandifolia (4)	S. juglandifolium (2x), S. lycopersicoides (2x), S. ochranthum (2x)
Morelliformia (1)	S. morelliforme (2x)
Bulbocastana (2)	S. bulbocastanum (2x, 3x), S. clarum (2x)
Pinnatisecta (11)	S. cardiophyllum (2x, 3x), S. jamesii (2x, 3x), S. pinnatisectum (2x), S. stenophyllidium (2x), S. tarnii (2x), S. trifidum (2x)
Polyadenia (2)	S. lesteri (2x), S. polyadenium (2x)
Commersoniana (2)	S. calvescens (3x), S. commersonii (2x, 3x)
Circaeifolia (3)	S. capsicibaccatum (2x), S. circaeifolium (2x)
Lignicaulia (1)	S. lignicaule (2x)
Olmosiana (1)	S. olmosense (2x)
Yungasensa (9)	S. chacoense (2x), S. tarijense (2x), S. yungasense (2x)
Megistacroloba (11)	S. boliviense (2x), S. megistacrolobum (2x), S. raphanifolium (2x), S. sanctae-rosae (2x), S. sogarandinum (2x), S. toralapanum (2x)
Cuneoalata (3)	S. infundibuliforme (2x)
Conicibaccata (40)	S. agrimonifolium (4x), S. colombianum (4x), S. longiconicum (4x), S. moscopanum (6x), S. oxycarpum (4x), S. santolallae (2x)
Piurana (15)	S. albornozii (2x), S. piurae (2x), S. tuquerrense (4x)
Ingifolia (2)	S. ingifolium (?), S. raquialatum (2x)
Maglia (1)	S. maglia (2x, 3x)
Tuberosa (94)	S. berthaultii (2x), S. brevicaule (2x), S. bukasovii (2x), S. canasense (2x), S. candolleanum (2x), S. chancayense (2x), S. gourlayi (2x, 4x), S. kurtzianum (2x), S. leptophyes (2x), S. marinasense (2x), S. medians (2x), S. microdontum (2x, 3x), S. mochiquense (2x), S. multidissectum (2x), S. multiinterruptum (2x), S. okadae (2x), S. oplocense (2x, 4x, 6x), S. sparsipilum (2x), S. spegazzinii (2x), S. vernei (2x), S. verrucosum (2x)
Acaulia (4)	S. acaule (4x), S. albicans (6x)
Longipedicellata (7)	S. hjertingii (4x), S. stoloniferum (4x)
Demissa (8)	S. demissum (6x), S. hougasii (6x), S. iopetalum (6x)

分類されるが，自然にできた雑種も頻繁に報告され，人為交配によって多くの種は容易に雑種を作ることができる．このため，近年，DNA多型や特定遺伝子の塩基配列の違いから種間の境界や類縁関係が論じられるようになり，分類も精力的に再検討が進められている．スプーナーら[14,15]によると，バレイシ

ョ類は，非塊茎形成種（上述した*Junglandifolium*群および*Etuberosa*群に属する種）を除き，*Petota*節として一括し，それを4つの分岐群に大別している．第1分岐群は，*S. bulbocastanum*, *S. cardiophyllum*および*S. verrucosum*を除くメキシコ産2倍種から構成され，最も縁が遠いグループである．第2分岐群は*S. bulbocastanum*と*S. cardiophyllum*からなり，第3分岐群は*Piurana*群の種を主体とする分岐群，そして第4分岐群はメキシコ産倍数種や南アメリカ産野生種など残りのすべての種で構成されている．野生種の総数は，2006年現在で188種としているが[15]，その後も，*S. tarijense*を*S. berthaultii*に含める[18]など，研究の進展に伴い野生種の数は減少し，最終的に100種程度になる見通しである[12]．

b．栽培バレイショの分類

アンデスで栽培されているバレイショは，2倍体から5倍体まで倍数性の違いはあるものの，形態的特徴で種を識別することは非常に困難である[9]．このため，1900年代初頭から分類学者によって異なる分類が行われてきた[12]．このうちホークス（1990）の分類では，栽培バレイショは次の7種に分類される[3]．

(1) *Solanum tuberosum*

最も重要な栽培種で，亜種*andigena*と亜種*tuberosum*の2亜種に細分され，いずれも4倍体である．亜種*andigena*（以下，アンディジェナ）は，アンデス高地に沿って，北はベネズエラから，コロンビア，エクアドル，ペルー，ボリビアを経てアルゼンチン北西部にいたり，アンデス高地（標高2500～3500 m）のほぼ全域で栽培されている．塊茎は短日日長により形成されるのが特徴である．一方，亜種*tuberosum*は，現在世界中で栽培され一般にバレイショと呼ばれている普通バレイショ（common potato）と，チリのチロエ島周辺で栽培されているチリバレイショがあり，いずれも長日日長で塊茎が形成される．

(2) *Solanum stenotomum*

栽培バレイショのなかで最も原始的な特徴を示し，多様な遺伝的変異を含む2倍種で，ペルー中部からボリビア中部のアンデス高地で栽培される．

(3) *Solanum phureja*

北はベネズエラから南はボリビア北部まで，アンデスの東山麓の低地に広く

栽培されている2倍種である．塊茎の休眠性がないのが特徴である．

(4) *Solanum ajanhuiri*

ペルーとボリビアの国境にあるチチカカ湖周辺の高地（標高3600～4100 m）で栽培され，*S. stenotomum* と野生2倍種 *S. megistacrolobum* の雑種と考えられ，耐霜性をもつ．

(5) *Solanum chaucha*

アンディジェナと *S. stenotomum* あるいは *S. phureja* の間に生じた3倍雑種で，ペルー中部からボリビア中部の高地で栽培されている．

(6) *Solanum juzepczukii*

S. stenotomum と野生4倍種 *S. acaule* との間で生じた3倍雑種で，ペルー南部からボリビア中部の高地（標高3600～4400 m）で栽培されている．

(7) *Solanum curtilobum*

アンディジェナと *S. juzepczukii* の間で過去一度の雑種化によって生じた5倍雑種で，その後の品種分化は皮色の突然変異によるものと考えられている[13]．ペルー北部からボリビア中部の高地（標高3600～4300 m）で栽培されている．

S. ajanhuiri, *S. curtilobum* および *S. juzepczukii* は，いずれも野生種親に由来する耐霜性をもつため，ペルー中部からボリビア中部の，他のバレイショが栽培できないような高地（標高4000～4500 m）で栽培される．強いえぐみ成分をもつため bitter potato と呼ばれ，一日の寒暖差を利用して凍結乾燥イモ（チューニョ）とし，保存食として利用されている．

これら栽培種についても分子生物学的手法を用いて精力的に分類の再検討がされている．最も新しい分類[12, 17]によると，種として *S. tuberosum*, *S. ajanhuiri*, *S. juzepczukii* および *S. curtilobum* の4種を認め，さらに *S. tuberosum* には，倍数性を問わずアンデス高地で栽培されているものを Andigenum Group（上述したアンディジェナ，*S. stenotomum*, *S. phureja*, *S. ajanhuiri* および *S. chaucha* を含む）とし，チリバレイショは Chilotanum Group としている．

c．バレイショの起源と分化

バレイショはペルー南部で[16, 19]7000～1万年前に栽培化された[3, 12]．しかし，その祖先種については，*S. leptophyes* とする説[3]や，*S. bukasovii* などを含めた複数の種から多元的に栽培化されたとする説[6, 19]，あるいはこれら近縁な複数

種を単一種と見なした単一起原説[16]など諸説がある．いずれにせよ，まず *S. stenotomum* ができ，これより他の栽培種ができたと考えられている．近年，DNA多型を利用して栽培バレイショが保有する遺伝的変異の全容が明らかとなり，アンディジェナのもつ遺伝的変異は栽培2倍種のそれに近似することが明らかとなった[19]．これは *S. sparsipilum* などの野生種がアンディジェナの起源に関与した可能性[3]を否定している．現在でも，アンデス原住民のバレイショ畑では2～4倍体が混在して栽培されていること[10]から考えても，長い歴史の過程で栽培2倍種どうしが有性生殖によって頻繁に4倍体を生じ，それらが蓄積した結果，現在みられるような多様な変異をもつアンディジェナが形成されたものと考えられる[19]．

一方，チリバレイショは何千年も前にすでにアンディジェナより分化したとされる[3]．チリバレイショは普通バレイショと同様に，アンデス高地で栽培されているバレイショと異なり，241の塩基を欠失したT型葉緑体DNAをもつ[5,11]．これと同じ葉緑体DNAはボリビア中部からアルゼンチン北部にかけて分布する野生2倍種 *S. tarijense*（現在は *S. berthaultii* に含まれる[18]）のいくつかの系統にのみ見つかった[7]．したがってチリバレイショは，*S. tarijense* を母親としアンディジェナを父親として自然交雑によって生じた4倍体雑種に起原するものと考えられる[8]．

d．伝 播

旧大陸へのバレイショの導入は，新大陸発見の後，まずスペインに1570年ごろ，そしてイギリスに1590年ごろに別々に入ったと考えられている．これに先立ち，カナリア諸島では1562年ごろすでに導入されていた．スペインのセビリアにあるサングレ病院の会計簿には，1573年以降バレイショを市場より調達していた記録が残されており，そのときまでにスペインではすでに栽培されていたことを裏付けている．また，その買い付け時期が12月と1月であったことから，短日適応型のアンディジェナであったことが推測される[4]．

スペインから，ポルトガル，イタリア，ベルギー，ドイツへと伝わり，16世紀末には植物学者の間でよく知られていた．最初の植物学的記載は，1596年にスイスの植物学者ボーアン（C. Bauhin）によってなされており，その際，*Solanum tuberosum* と名付けられている．フランスへはボーアンによって1600年ごろ送られ，17世紀半ばごろには広く栽培されていた．18世紀半ばごろま

でに，スコットランドから，ノルウェー，スウェーデン，デンマークに伝わっている．また，イギリスから1613年にバミューダ島に導入され，これが1621年に北アメリカに導入された．

　16世紀後半にヨーロッパにもたらされたアンディジェナが長日日長条件下でも塊茎が形成されるよう人為的選抜が加えられ，亜種 *tuberosum* すなわち普通バレイショができ，19世紀初頭までにヨーロッパ全域で栽培されるようになった．しかし，19世紀半ばに疫病菌がヨーロッパに入り，バレイショは壊滅状態となった．特にアイルランドではバレイショを主食としていたので大きな飢饉（1845～1849）が起こった．アメリカのグッドリッチ（C. Goodrich）は，疫病に強い新品種を育成するためパナマの市場からいくつかのチリバレイショを入手し，その1つにラフパープルチリー（'Rough Purple Chili'）と名付け，その自殖種子中よりガーネットチリー（'Garnet Chili'）を選抜した．さらにガーネットチリーよりアーリーローズ（'Early Rose'）を育成し，これが近代品種の基幹品種となった．

　この過程を，ヨーロッパ各地に保存されている押し葉標本を用いて年代順に葉緑体DNA型を調査したところ，1700年代初頭のバレイショは確かにアンディジェナだが，1811年の標本ではチリバレイショに特徴的なT型葉緑体DNAが確認され，それ以降T型葉緑体DNAをもつものの割合が増加した．したがって，疫病の大発生以前より，チリバレイショがヨーロッパに導入され，これが栽培面積を飛躍的に増加させていたものと考えられる[1]．

　インドへは1615年までに，また，ニュージーランドでは1769年までにバレイショが伝わっていた．日本へは，慶長年間（1596～1615）にインドネシアのジャカトラ（現 バタヴィア）からオランダ船によって長崎に導入された．このためジャガタラ芋の名がつき，これから今日のジャガイモの名になった．伝来してしばらくは，珍奇な植物として扱われ，農民の間では飼料として栽培したり，食用として試作される程度であった．冷涼地でもバレイショは育つので，中部地方や東北地方の高冷地などに徐々に広がり，北海道には1706年に栽培の記録が残されている[2]．また，寛政年間（1789～1801）には，ロシア人が北方から北海道へ伝えたが，これは品質が悪くさほど広がらなかったようである．飢饉のたびに食料として関心が高まり，幕末にはほとんど全国各地で救荒作物として普及していた．この間，甲斐代官・中井清太夫や飛騨代官・幸田

善太夫などが領内で栽培を奨励したことが知られている．また，シーボルトの門下生であった高野長英は，1836年に「救荒二物考」を著し，早生ソバとともにバレイショの普及のため栽培，貯蔵，調理法などを詳細に記している．しかし，バレイショが食料として本格的に栽培されるようになったのは，明治初期に北海道開拓史などが欧米から優良品種を北海道へ導入してから以降のことである． 〔保坂和良〕

引 用 文 献

1) Ames, M. and Spooner, D. M. (2008) : *Amer. J. Bot.*, **95** : 252-257.
2) 浅間和夫 (1978)：ジャガイモ43話，北海道新聞社．
3) Hawkes, J. G. (1990) : *The Potato. Evolution, Biodiversity and Genetic Resources*. Belhaven Press.
4) Hawkes, J. G. and Francisco-Ortega, J. (1992) : *Econ. Bot.*, **46** : 86-97.
5) Hosaka, K. (1986) : *Theor. Appl. Genet.*, **72** : 606-618.
6) Hosaka, K. (1995) : *Theor. Appl. Genet.*, **90** : 356-363.
7) Hosaka, K. (2003) : *Amer. J. Potato Res.*, **80** : 21-32.
8) Hosaka, K. (2004) : *Amer. J. Potato Res.*, **81** : 153-158.
9) Huamán, Z. and Spooner, D. M. (2002) : *Amer. J. Bot.*, **89** : 947-965.
10) Johns, T. and Keen, S. L. (1986) : *Econ. Bot.*, **40** : 409-424.
11) Kawagoe, Y. and Kikuta, Y. (1991) : *Theor. Appl. Genet.*, **81** : 13-20.
12) Ovchinnikova, A., *et al.* (2011) : *Bot. J. Linn. Soc.*, **165** : 107-155.
13) Schmiediche, P. E., *et al.* (1980) : *Euphytica*, **29** : 685-704.
14) Spooner, D. M. and Castillo, R. T. (1997) : *Amer. J. Bot.*, **84** : 671-685.
15) Spooner, D. M. and Salas, A. (2006) : *Handbook of Potato Production, Improvement, and Postharvest Management* (Gopal, J. and Paul Khurana, S. M. ed.), p. 1-39, Haworth Press.
16) Spooner, D. M., *et al.* (2005) : *Proc. Natl. Acad. Sci. USA.*, **102** : 14694-14699.
17) Spooner, D. M., *et al.* (2007) : *Proc. Natl. Acad. Sci. USA.*, **104** : 19398-19403.
18) Spooner, D. M., *et al.* (2007) : *Taxon*, **56** : 987-999.
19) Sukhotu, T. and Hosaka, K. (2006) : *Genome*, **49** : 636-647.

2.1.2 生　　理

植え付けから塊茎の収穫・貯蔵までを，順を追って植物生理学的に解説する．

a．傷害による周皮形成

バレイショの種いもは塊茎を40〜50g程度に切断して用いる．成熟塊茎は傷の修復機能をもち，切断面には4〜5日でコルク形成層が生じ，その分裂により周皮（コルク組織＋コルク皮層）が形成される．周皮の細胞壁には不飽和

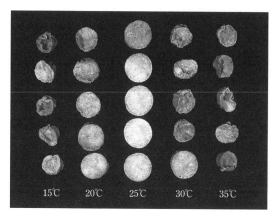

図 2.1 傷害による周皮形成に及ぼす温度の影響
直径 2 cm, 厚さ 5 mm の塊茎組織片を 1 週間湿度 100%でそれぞれの温度に置いた後, 25℃・湿度 60%で 2 週間放置したもの. 周皮が形成されない場合, 塊茎組織片は枯死する.

脂肪酸が重合したスベリンが沈着し, 内側の組織を感染や乾燥から守る. 周皮形成の最適温度は 25℃であり, 湿度は高い方がよい. 高温や低温は周皮形成を強く阻害する（図 2.1）. 切断面を洗うと周皮形成能は失われることから, 何らかの内生物質が周皮形成を促進していると考えられ, アブシジン酸（ABA）とポリアミンがその候補とされている[5, 12]. 中国・四国・九州地方では休眠の浅い品種を用いた二期作が行われている. 春作では高温によって周皮形成が阻害され, 種いもの腐敗がしばしば起こる. その防止策として切断面を扇風機で乾燥させることがあるが, これは周皮形成を妨げ, 逆に腐敗を助長してしまう. 切断後に 2〜3 日, 涼しい湿った場所に置けば, 植え付け後の腐敗はほとんど生じない. 塊茎収穫時に生じた傷も直ちに修復されるが, 30℃以上の高温時に収穫し, そのまま高温下に置いた場合は塊茎腐敗が多発する.

b. ストロンの発生

塊茎はストロン（匐枝）と呼ばれる特殊な地下茎の先端部に形成される. ストロンの発生と生長は, 茎頂と若い葉で作られるオーキシンとジベレリン（GA）, および根端で作られるサイトカイニンによって総合的に調節されている[11]. ストロンは水平方向を関知する能力をもち, 地中を地表に沿って伸びる「横地性」をもつ. 茎と根がそれぞれ負と正の屈地性を発現する際にはアミロプラストが平衡石として働き, その結果生ずるオーキシンの不等分布が屈性の

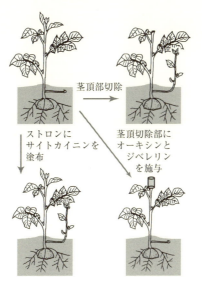

図2.2 オーキシン,ジベレリン,サイトカイニンによるストロンの生長調節

主因であると考えられているが,ストロンの横地性がどのようなメカニズムによるものかは全くわかっていない.主茎の茎頂を切除するとストロンは負の屈地性をもつ通常の茎に変わり,地表に向けて伸びるようになる(図2.2).茎頂切断面にオーキシンとGAを与えるとストロンはそのままストロンとして伸びる.また,ストロンの先端部にサイトカイニンを塗布すると,ストロンは通常の地上茎に変わってしまう.以上のことからストロンの発生と維持にはオーキシンとGAが必須であり,サイトカイニンはストロンを地上茎に変える作用をもつことがわかる.ストロンは貯蔵型のサイトカイニンであるゼアチンリボチドは多く含むが,活性型である遊離のゼアチンとそのリボシドはほとんど含まない[6].

c. 塊茎形成

バレイショは,花芽形成に関しては日長に左右されない中日植物である.しかし塊茎形成は短日により促進され,長日により阻害される.ストロンは長日条件でも発生する.早生種である'男爵薯'を長日条件(16時間日長)で育成すると塊茎は形成されず,葉身はちぢれて厚くなり,茎と葉のなす角度が小さくなって受光効率が下がる.一方,短日条件(12時間日長)では速やかに

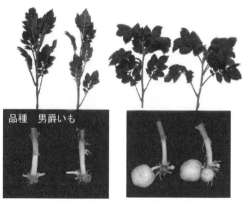

図2.3 日長がバレイショの草型と塊茎形成に及ぼす影響

塊茎形成が始まり,葉は薄く展開し,茎との角度も90°に近くなり光を受けやすい体制になる(図2.3).この草型の変化により純生産は増加する[14].長日条件下では塊茎がないため,糖やデンプンは葉や茎に蓄積してしまう.その結果カルビンサイクルが滞ってNADPHの消費が減り,光化学系ⅡIで発生した電子の受容体であるNADPが不足してしまう.受け手を失った余剰電子は活性酸素を発生させて葉焼けを引き起こす.これを防ぐために受光効率を下げる形態変化が起こるものと思われるが,その細かなメカニズムは不明である.

塊茎形成の日長に対する反応性は温度,窒素レベル,親いもの齢および品種などにより大きく影響される.塊茎形成は15℃以下の低温では促進され[1],高い還元態窒素レベルにより阻害される[10].また長期間貯蔵した塊茎を種いもとして用いると日長に拘わらず塊茎が形成される[13].晩生品種は日長に対する反応性が低く,強い短日刺激が繰り返された場合にのみ塊茎を作る.一方,早生種は弱い短日刺激でも塊茎を形成する.したがって,短日に対する反応性が品種の早晩性(熟性)を決定することになる[3].

ストロン次頂部の細胞が,伸長成長から肥大成長へ転換することにより塊茎形成が始まる.引き続いて細胞分裂が活発に生じ,分裂と肥大を繰り返しながら塊茎は生長する.植物細胞の生長は,細胞内の浸透ポテンシャルの低下(浸透圧の増加)による吸水力の増加と,細胞壁の伸展性の増加によって生ずる.塊茎形成期間中に細胞内にはショ糖が蓄積して浸透ポテンシャルを低下させ

る[16]．一方で，塊茎形成開始時の細胞壁伸展性増加がどのようなメカニズムによりもたらされるのかは明らかではない．肥大して薄くなった細胞壁を修復するために細胞壁構成多糖類であるセルロース，ヘミセルロースおよびペクチンが大きく増加する．細胞の容積の増加方向，すなわち細胞の生長方向は細胞壁中で力学的に最も強固なセルロース微繊維の方向により規定され，細胞はもっぱら繊維の方向に対して直角の方向に伸長する[17]．セルロース微繊維を作るセルロース合成複合体は，細胞膜の内側に付着している表層微小管に沿って移動しながら微繊維を細胞壁側に紡ぎ出すため，細胞は表層微小管の配列方向に対して直角な方向にのみ伸長可能となる．伸長中のストロン細胞の表層微小管は伸長方向に対して直角に配列している．やがてその方向は 90° 変化し，ストロンの細胞肥大が始まる（図 2.4）．このように塊茎形成初期にみられる細胞肥大は，①表層微小管の配列方向の変化，②ショ糖濃度の増加による浸透ポテンシャルの低下，および③細胞壁多糖類の合成促進が相まって引き起こされる．ストロンの表皮は塊茎の肥大に伴い破れて脱落する．入れ替わりにコルク形成層が発達し，それにより生じた周皮が塊茎を包むようになる．表皮の気孔の部分には皮目が形成され，通気組織としての役割を担う．

　塊茎形成初期の細胞肥大を引き起こす直接の要因は，植物ホルモン類のバランス変動である．GA はストロンの発生と伸長には不可欠であるが，肥大成長

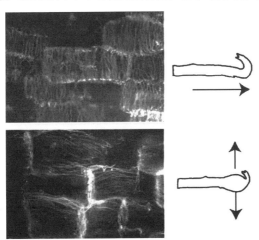

図 2.4　塊茎形成に伴う表層微小管の配列方向の変化
細胞は矢印の方向にのみ生長することができる．細胞内の白い線が，表層微小管．

を伴う塊茎形成は阻害する．したがって GA の減少は塊茎形成の必要条件である[15]．GA による塊茎形成阻害作用はきわめて強く，生育初期に GA_3 水溶液（1 mM）を一度葉面散布すると，正常な塊茎は全く形成されなくなる．

短日条件で育成したシュート（苗条）を長日条件下で育成した台木に接ぐと，長日条件下でも塊茎が形成される[4]．この結果は，短日条件の葉で何らかの塊茎形成を引き起こす物質（塊茎形成物質）が作られ，それが地下部に送られて塊茎形成を引き起こすことを示している．節を含む茎断片を植物ホルモンを含まない培地で無菌的に培養すると，節から側芽が発生する．適当な培地上ではこの側芽に塊茎が形成される．この培養法を塊茎形成物質の活性検出法として用い，チュベロン酸とそれにブドウ糖の付いたグルコシドが単離された[7]．チュベロン酸はジャスモン酸（JA）の酸化物であり，JA も強い塊茎形成活性を示す．JA 類の生合成はリノール酸がリポキシゲナーゼ（LOX）により過酸化されることにより始まる．LOX 遺伝子の発現を抑制すると，塊茎形成は阻害され，生じた塊茎は小型化する[9]．肥大成長が始まると，ストロンに含まれている貯蔵型のサイトカイニンであるゼアチンリボチドは活性型のゼアチンおよびそのリボシドに変換し，細胞分裂を促進するようになる[6]．細胞肥大とともに分裂が始まるとシンク活性が大きく増加し，地上部からのショ糖の転流量や，根からのサイトカイニン供給が増え，細胞肥大と細胞分裂がより活発になる．塊茎の肥大に伴い頂芽や側芽はやや陥没し，いわゆる「目」を形成する．

JA やチュベロン酸の塊茎形成促進作用は'男爵薯'などの早生種で顕著であるが，晩生種では不明瞭になる．早晩性の異なる5品種（'男爵薯'早生，'メークイン'中生，'ビンチェ'晩生，'ラセットバーバンク'晩生，'ピンパーネル'極晩生）の茎断片を3％ショ糖と JA を含む培地で培養した際の塊茎形成反応を図2.5に示した[8]．極晩生の'ピンパーネル'を除いて晩生種ほど JA の塊茎形成促進作用は弱まり，晩生の'ビンチェ'にいたっては全く塊茎を形成しなかった．草丈の高いバレイショ品種は GA 含量が高いことが知られている．'ピンパーネル'以外の晩生種はすべて節間が長く，草丈も高いため GA 含量が高いと推察される．したがって，これらの品種は高い濃度の内生 GA によって塊茎形成が阻害されるために晩生になったと考えられる．一方，極晩生の'ピンパーネル'は節間が比較的短く，また JA に敏感に反応して塊

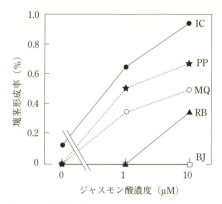

図 2.5 早晩性の異なるバレイショ 5 品種の茎断片の塊茎形成に及ぼすジャスモン酸の影響
IC:'男爵薯'(早生), MQ:'メークイン'(中生), RB:'ラセットバーバンク'(晩生), BJ:'ビンチェ'(晩生), PP:'ビンバーネル'(極晩生).

茎を形成した．したがってこの品種は GA が多いためではなく，塊茎形成を引き起こすチュベロン酸の生成が遅いため晩生になったと推察される．ショ糖は高濃度になると塊茎形成を促進するが，培地のショ糖濃度を 3% から 6% に上げると，どの品種でも JA による塊茎形成の促進がみられた．高濃度のショ糖がどのようなメカニズムで塊茎形成を促進するかは現在のところ明らかではないが，ショ糖は内生 GA の減少を引き起こしている可能性が高い．

d．塊茎休眠と萌芽

塊茎の肥大成長の完了に伴い，頂芽や側芽は完全な休眠状態になる．収穫直後の塊茎は常温に保存してもしばらくの間は全く萌芽しない．この期間を自発休眠期と呼ぶ．休眠期間は品種により大きく異なる．低温（4℃）に貯蔵すると休眠期間は大きく延びるが，やがて萌芽が始まる．低温で延びた休眠期間を強制休眠期と呼ぶ．低温貯蔵期間が長くなるにつれて，塊茎内のデンプンは徐々にブドウ糖やショ糖に分解される．これをスイートニングと呼ぶ．スイートニングにより細胞の浸透ポテンシャルは低下し，モル氷点降下が生じて塊茎の耐凍性が増す．塊茎をフライにした場合はブドウ糖などの還元糖とアミノ酸が反応して褐色物質が生成する（メイラード反応）．製品の見栄えが悪くなるため，食品産業では貯蔵塊茎をしばらく常温に戻して還元糖を減少させ，メイラード反応の発生を防いでいる．またスイートニングが起こりにくい品種も開

発されている．デンプンを分解する酵素としては α-アミラーゼと β-アミラーゼが一般的であるが，バレイショ塊茎のデンプン分解はおもにホスホリラーゼが行う．ホスホリラーゼはアミロースの非還元末端にリン酸を付加してグルコース-1-リン酸を切り出す酵素である．低温でこの酵素が増加し，またリン酸を貯蔵している液胞から低温によりリン酸が漏出するために，スイートニングが生ずると考えられている．

自発休眠は植物ホルモン類により制御されている．ABAは塊茎の萌芽を抑制し，GAあるいはサイトカイニンは萌芽を促進するため，これらの植物ホルモンのバランスによって休眠期間が決定されていると考えられている[19]．塊茎のABA含量は収穫時には比較的高く，貯蔵に伴い減少する．しかし実際には休眠の深さとABA含量との間には明確な正の相関はみられない．古くから塊茎休眠はinhibitor-βと呼ばれる生長阻害物質によって生ずると考えられていた．のちにその本体はABAであるとされたが，ABAの休眠誘導作用を補助する何らかの協働物質（シナージスト）が存在する可能性が高い．一方，GAは塊茎形成開始時にはほぼ消失し，その後も休眠期間中はきわめて低濃度で推移する．アンチセンス法によりバレイショの活性型GAであるGA_1を減少させた場合，塊茎形成は早まるが，塊茎の休眠期間には何ら影響を与えないことが知られている[2]．したがって，GAの減少が休眠を誘起するとは考えられない．休眠覚醒時にはGAは増加する．

一方，サイトカイニンも休眠塊茎の覚醒と萌芽の促進に働く．しかし，休眠初期にサイトカイニンを与えても休眠覚醒効果はみられず，休眠の後期には効くようになる[18]．サイトカイニンに対する感受性が増加すると解釈されている．ABA等の休眠誘導物質の含量が感受性を決定しているのかも知れない．休眠中の塊茎には貯蔵型であるゼアチンリボチドが含まれ，休眠覚醒時にはそれからリン酸が取れて活性型のゼアチンリボシドが生ずる． 〔幸田泰則〕

引用文献

1) Burt, R.L. (1964) : *Eur. Potato J.*, **7** : 197-208.
2) Carrera, E., *et al.* (2000) : *Plant J.*, **22** : 247-256.
3) Ewing, E.E. (1978) : *Amer. Potato J.*, **53** : 43-53.
4) Gregory, L. (1956) : *Amer. J. Bot.*, **43** : 281-288.
5) Kim, J. H., *et al.* (2008) : *Plant Cell Physiol.*, **49** : 1627-1632.

6) Koda, Y. (1982)：*Plant Cell Physiol.*, **23**：843-849.
7) Koda, Y., et al. (1988)：*Plant Cell Physiol.*, **29**：1047-1051.
8) Koda, Y. and Kikuta, Y. (2001)：*Plant Prod. Sci.*, **4**：66-70.
9) Kolomiets, M. V., et al. (2001)：*The Plant Cell*, **13**：613-626.
10) Krauss, A. (1978)：*Potato Res.*, **21**：183-193.
11) Kumar, D. and Wareing, P. F. (1972)：*New Phytol.*, **71**：639-648.
12) Lulai, E. C., et al. (2005)：*J. Exp. Bot.*, **59**：1175-1186.
13) Montaldi, E. R and Claver, F. K. (1963)：*Eur. Potato J.*, **6**：223-226.
14) Noesberger, J. and Humphries, E. C. (1965)：*Ann. Bot.*, **29**：579-588.
15) Okazawa, Y. (1960)：*Proc. Crop. Sci. Soc. Japan.*, **29**：121-124.
16) Ross, H. A., et al. (1994)：*Physiol. Plant.*, **90**：748-756.
17) Shibaoka, H. (1994)：*Annu. Rev. Plant Physiol. Plant Mol. Biol.*, **45**：527-544.
18) Suttle, J. (2001)：*Plant Growth Regul.*, **35**：199-206.
19) Suttle, J. (2004)：*Amer. J. Potato Res.*, **81**：253-262.

2.1.3 生態・収量成立過程
a. 日本各地での栽培の特徴

バレイショは冷涼な気象条件に適しており，夏冷涼な北海道では春から秋までの期間の夏作として，夏が高温になる本州南部や四国，九州では春から初夏までの期間の春作と秋から初冬までの期間の秋作として，さらに冬に霜が降らない九州南部の諸島や沖縄では秋から初春までの期間の冬作として，異なる季節に栽培されている（表 2.2）．以下，各地域での栽培の特徴を概略する．

表 2.2 日本におけるバレイショの生産状況（2013年）[16]

地 域	全 体			春 作			秋冬作		
	栽培面積 (ha)	生産量 (千t)	収量 (t/ha)	栽培面積 (ha)	生産量 (千t)	収量 (t/ha)	栽培面積 (ha)	生産量 (千t)	収量 (t/ha)
北海道	54100	1753	32.4	54100	1753	32.4	—	—	—
都府県	28400	537	18.9	25400	484	19.1	2910	52.5	18.0
東 北	4610	83	18.0	4610	83	18.0	—	—	—
北 陸	1580	24	15.0	1560	24	15.1	26	0.2	8.3
関東・東山	6970	150	21.5	6920	149	21.6	58	0.7	12.1
東 海	1570	26	16.7	1440	25	17.0	138	1.6	11.7
近 畿	1150	12	10.6	1100	12	10.7	47	0.4	8.8
中 国	1530	20	12.8	1190	16	13.3	343	3.9	11.2
四 国	717	9	12.9	556	7	13.0	161	2.0	12.5
九 州	10100	211	20.9	8080	169	20.9	2020	41.9	20.7
沖 縄	116	2	15.3	—	—	—	116	1.8	15.3
（全国計）	82500	2290	27.8	79600	2237	28.1	2910	52.5	18.0

(1) 夏　作

　北海道は日本のバレイショ栽培面積と生産量の約3分の2を占めている．融雪後の5月ごろに植え付けられ，地温が低いので萌芽（地表面での出芽）までに約1ヶ月を要する．萌芽後は夏至前後の長日・多日射条件なので旺盛な初期生育を示し，品種の遺伝的な早晩性にかかわらず，萌芽後2～3週間目に一斉に塊茎形成する．その後は品種の早晩性に基づく生育を示し，早生品種では地上部の成長停止が早く，8月中旬には地上部が黄変して収穫期になる．一方，晩生品種では塊茎肥大と並行して地上部成長が8月中旬ごろまで続き，収穫期は9月末～10月中旬になる．品種の早晩性に基づく生育期間を確保できるので，日本の他地域よりも収量が高い．また，農家1戸の栽培面積が大きく，ヨーロッパや北米で利用されている大型機械が栽培管理に利用されている．なお，生育期間中の降水量は約300 mm程度で，年次によっては土壌の乾燥ストレスを生じるが，灌漑は行われない．

　北海道では夏期が冷涼なので，塊茎の肥大に伴ってデンプン含有率が高くなり，収穫期には品種固有のデンプン含有率を示す．収量は生育期間の長い晩生品種ほど高く，栽培面積の約40％はデンプン生産用の晩生品種が占める．北海道はバレイショがデンプン生産用に栽培されている日本で唯一の地域で，北見，網走，十勝などの道東・道北部が中心地である．早生品種は青果用（家庭での利用）や加工食品用（ポテトチップスやフレンチフライなど）として利用される．生育期間の短い春作や秋作に比べてデンプン含有率が高いので，青果用としての人気が高い．倶知安や今金などの道央・道南部および十勝などが中心地である．

(2) 春　作

　東北，関東・東山（山梨県と長野県）および九州が主産地である．植え付けは萌芽後の遅霜を回避できる時期に行われ，東北や関東・東山では3月末以降であるが，九州の長崎県や鹿児島県では2月初旬から開始される．萌芽後は次第に日長時間と気温が上昇するので，晩生品種では地上部成長が旺盛になり，早生品種に比べて塊茎の肥大速度がやや劣る．いずれの地域でも6月になると梅雨が開始して多湿となるので疫病が多発する．長崎県や鹿児島県の商業的な栽培では，品種の早晩性にかかわらず5月末から6月中旬ごろまでに収穫される．東北や関東・東山でも高温になる7月末ごろまでに収穫される．青果用の

品種が栽培され，北海道での夏作の収穫前なので販売単価は一般的に高い．小規模な栽培農家が多く，栽培の機械化は進んでいない．

　(3) 秋　作

　九州の長崎県と鹿児島県が主産地である．秋の気温低下が遅い静岡県と三重県の沿岸地域や中国・四国の瀬戸内海沿岸地域でも行われている．植え付けは9月上中旬で，種いもの腐敗を避けるために，地温の低い早朝に植え付けられる．萌芽までの期間は，地温が高いので短く，2週間程度である．萌芽後も気温は高いが，秋分前後の短日条件なので，品種の早晩性にかかわらず塊茎の形成と肥大が促進される．しかし，地上部と根の成長が抑制されるので，晩生品種でも十分な葉面積と根量を確保することが難しく，低収の一要因になる．生育中期以降は気温が低下するので，病虫害は春作や夏作に比べて少ない．11月下旬～12月中旬に収穫され，春作や夏作に比べて塊茎の肥大期間が短いので低収となる．しかし，肥大期間中の気温が低いので，デンプン含有率は春作よりも高くなる．青果用の品種が栽培され，北海道での夏作の収穫物と競合するので販売単価は春作よりも低く，栽培面積は減少傾向にある．

　(4) 冬　作

　奄美や沖縄地域が主産地である．植え付けは晩秋の11月ごろから始まり，地温が低いのでマルチ栽培も多い．これらの地域では春から秋の期間には降水量が多いが，冬季には一般に降水量が少なく土壌が乾燥するので，灌漑が必要になることもある．短日なので塊茎の形成と肥大が促進され，反対に地上部や根の成長は抑制される．しかし，雨天が少ないので日射量は比較的多く，また低気温なので光合成で生産した乾物の呼吸による消耗が少なく，収量は比較的高い．2月～4月下旬に収穫され，市場単価が高いので，農家の収入源として優れている．青果用の品種が栽培され，機械化は進んでいない．

　b．収量成立過程

　バレイショの生育相（生育時期）は，生理的および生態的観点から下記の5期に区分される[13,21]．また，バレイショの収量は下記の構成要素に分割できる．以下，各生育相における各器官の成長が収量構成要素と収量に及ぼす影響を概括する（図2.6）．

【生育相】

　I期 ：種いもの植え付け（植え付け期）から地表出芽（萌芽期）まで

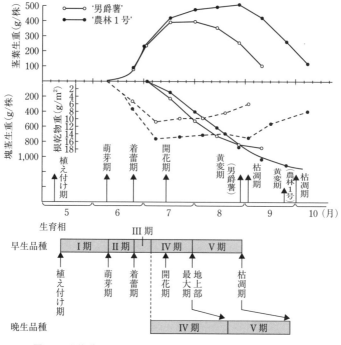

図2.6 北海道におけるバレイショの地上部・根・塊茎の成長過程
（文献[15]を一部修正）

Ⅱ期：匍枝（ストロン）伸長期（萌芽期から10～15日間）
Ⅲ期：塊茎形成期（塊茎の形成始期から10～15日間）
Ⅳ期：塊茎肥大前期（塊茎の形成終期から地上部の開花終期まで）
Ⅴ期：塊茎肥大後期（地上部の開花終期から枯凋期まで）

【収量構成要素】

生収量＝塊茎数（上いも数）×1個重

デンプン収量＝生収量×デンプン含有率

乾物収量＝生収量×乾物率

収量＝肥大速度（塊茎重の平均増加速度）× 肥大期間（塊茎重の増加期間）

(1) Ⅰ期

北海道の夏作では，前年の夏から秋に収穫して貯蔵した塊茎を種いもに使用するので，貯蔵期間が長く，種いもの生理的休眠は終了している．このため，

2.1 緒言

植え付けから地表出芽までの期間は主として地温に影響され,積算地温(深さ10 cm)が 270～300℃になると萌芽期になる[13].5月上旬に植え付けた場合には,地温が10℃程度なので,ほぼ1ヶ月で萌芽期になる.オランダのワーゲニンゲン大学で開発したバレイショの生育モデル (LINTUL-POTATO-DSS)[4] では,萌芽茎の伸長速度を積算気温1℃あたり0.7 mmとして,植え付けから地表出芽までの期間を推定している.

植え付け前に浴光催芽(弱光下の20℃前後で2～3週間程度育芽する)を行うと,種いもから芽が5～10 mm程度伸長して,葉や根が植え付け前に分化する(図2.7).萌芽期が1週間程度早まり,萌芽揃いも良好になる[13,21].植え付け時期が冷涼な北海道では生育を促進するための必須技術として奨励されてきたが,最近は1戸の栽培面積が増加しているので,大量の種いも(haあたり約2t)を処理するためには施設(ビニールハウス)や労力が多く必要で,浴光催芽を行わないことも多い.しかし,浴光催芽は地表出芽までの期間を短縮するのみならず,出芽後の初期生育(II期)を旺盛にし,肥大前期(IV期)の塊茎重増加速度も高めるので,春が冷涼な北海道では多収を得るために効果的な技術である.イギリスでは貯蔵庫内で蛍光灯による弱光を長期間照射(2ヶ月程度)して催芽する技術が,またオランダの有機栽培農家では,収穫後の種いもを縦長の網袋に入れて,外気温が0℃を超えると貯蔵庫から屋外に出して,冷温下で長期間浴光させて催芽する技術が開発されている(図2.7).

図2.7 バレイショ('男爵薯')の種いもからの催芽(左),イギリスで行われている貯蔵庫内における蛍光灯を利用した浴光催芽(中),およびオランダで開発された網袋を利用した戸外での浴光催芽(右)

本州以南の春作で,北海道の夏作で収穫された塊茎を種いもに使用する場合には,長期間の貯蔵を経ているので種いもの休眠は終了している.しかし,長崎県などの西南暖地での前年の秋作で収穫された塊茎を種いもに使用する場合には,休眠期間の短い二期作用の品種(たとえば'ニシユタカ'や'デジマ')を栽培する必要がある.また早熟栽培や早出し栽培では,植え付け時にビニー

ルマルチやトンネルを設置して，地温を高めることによって出芽や初期生育を促進する技術が普及している．

一方，西南暖地の秋作では，北海道で前年に生産された塊茎を種いもに使用すると休眠終了後の期間が長すぎるので，出芽茎数（出芽茎の地下部節から伸長する分枝も含む．以下，茎数とする）が極端に増加してしまう．このため，当年の春作で収穫された塊茎を種いもとして使用する必要があり，休眠期間の長い品種（たとえば'男爵薯'）を栽培するのは難しい．

茎数はⅢ期での塊茎形成数に影響し，最終的に収穫期の1個重に影響するので[1,3,13,21]，適正な茎数を確保することが重要である．しかし，茎数は種いもの生理的齢（休眠終了後の期間）によって影響され[12]，これを判定する方法が確立されておらず，茎数の正確な制御は難しいのが現状である[19,20,23]．

(2) Ⅱ期

萌芽期には地下部茎節（約5節）から発根する節根（各節6本程度）が深さ20 cm程度まで伸長しており，その後も分枝根を発生させながら旺盛に伸長し，Ⅱ期の終わりには深さ30 cm程度に達する[5]．地上部も2/5の開度で複葉を展開しながら伸長し，地表出芽から約2週間程度で茎の頂芽が花芽になる（着蕾期）．Ⅱ期では，葉で生産された光合成産物は全量が茎葉と根に転流するので，この期の環境条件は葉面積と根の成長に及ぼす影響が大きい．また，地下部茎節から各1本のストロンが伸長する．ストロン長は品種間差異が大きく，長い品種では収穫時に塊茎を傷つけやすい．

Ⅱ期の終わりごろに，新塊茎の緑化防止と除草や排水の目的で培土（図2.8）が行われる．しかし，北海道の大規模経営では省力化を目的として，ソイルコンディショニング（深さ約15 cmの表面土壌から土塊を取り除く）を行った後に，植え付けと同時あるいは地表出芽前に培土を行う技術（早期培土）が普及しつつある[17]．種いもと地表面との距離（深さ）が従来に比べて10〜15 cm程度増加するが，萌芽期の遅れは数日程度なので，初期生育に大きな影響は出ない．ヨーロッパでは1990年代から早期培土が一般的になっている．

(3) Ⅲ期

着蕾期になるとストロンの先端部（正確には次頂部分）が膨らみだし，約1週間で直径1 cm程度の球状（塊茎）になる（図2.8）．これを塊茎形成と呼

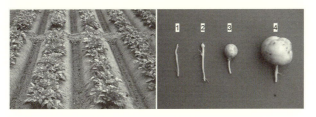

図2.8 着蕾期（塊茎形成期）の地上部（左）と，地下部のストロンおよび小塊茎（右）
1：塊茎の形成期前，2：形成始期，3：形成終期，4：肥大期．

び，早生品種では約1週間で終了するが，晩生品種では2～3週間ほど継続する場合もある[25]．塊茎形成には植物ホルモンが関係しており，短日と低温が引き金になる（2.1.2項参照）．北海道ではこの時期は夏至の前後で15時間を超える長日だが，気温（特に夜温）が低いので，早晩性にかかわらず全品種が一斉に塊茎形成を開始する．なお，水耕栽培などで生産された小塊茎（生重で1～5gのマイクロチューバーあるいは5～20gのミニチューバー）を種いもに用いた栽培では，慣行の大きさの種いも（30～40g以上）を用いた栽培に比べて塊茎形成期が遅れ，出芽後3～4週間目ごろになる[10,11]．

茎あたりに形成される塊茎数は茎数によって異なり，一般に負の相関関係が認められるが，茎数の変動幅は茎あたり塊茎数の変動幅に比べて大きいので，株あたり塊茎数は茎数が増加すると増加する[1]．また，株あたり塊茎数は品種によって異なり（表2.3），塊茎数の多い個数型の品種と塊茎数の少ない個重型の品種に大別される．1個重と塊茎数には一般的に負の相関関係があり，個数型品種（'農林1号'）では1個重が小さく，個重型の品種（'コナフブキ'）では塊茎数が少ない．

表2.3 バレイショの収量構成要素と収量の関係

品　種	早晩性	生育期間 （出芽後日数）	塊茎数 （個/m²）	1個重 （g/個）	生収量 （kg/m²）	デンプン含有率（％）	デンプン収量 （kg/m²）
男爵薯	早　生	105	42	127	5.39	13.7	0.74
農林1号	晩　生	157	62	118	7.34	13.2	0.97
コナフブキ	晩　生	148	43	138	5.92	19.7	1.17

1998年，北海道大学農場（札幌市）にて得られた数値．栽植密度＝5.33株/m²．

(4) IV期

III期での塊茎形成が終了すると，塊茎の容積と重量がほぼ直線的に増加し，

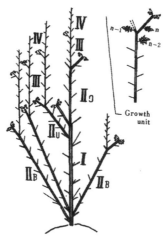

図 2.9 バレイショ茎葉部での主茎と分枝の成長[24]
北海道大学農場（札幌市）で'男爵薯'と'農林1号'での調査．I：主茎，IIB：基部1次分枝，IIO：上部1次分枝，IIU：主茎1次分枝，III：2次分枝，IV：3次分枝．

一部の塊茎は光合成産物の競合で消失する[25]．IV期の終了期は，茎葉成長の終了期として定義される（図2.6参照，開花終了期にほぼ一致する）．バレイショは最初の花芽（第1花房）が地上部の地際から約12節目に形成され，第1花房直下の節から太い分枝（仮軸分枝）が伸長して茎葉が5〜7節分化・伸長した後に次の花芽を形成する（図2.9）．早生品種では第1花房の開花後に茎葉の分化・伸長が停止して，地上部（茎長や葉面積指数）の最大期となる．一方，晩生品種では第2花房，第3花房と次々に花芽が分化して開花し，茎葉の成長が継続する．各花房間での茎葉の分化・伸長と花芽の分化・開花には約2週間を要し，各花房の開花期間とほぼ一致するので，群落としてみると開花が継続しているように見える．このため，開花期間（第1花房の開花始期から最終花房の開花終期）が品種間で大きく異なり，早晩性（熟性）の指標となる．

IV期では塊茎とともに根と茎葉も増加するので（図2.6参照），根・茎葉成長と塊茎成長の併進期間として位置付けられる．器官間に光合成産物の競合が生じ，塊茎重増加（早期肥大性）が根と茎葉重の増加に影響する[7,8]．特に根は塊茎と同じ地下部器官なので，葉から地下部に転流する光合成産物に対する両器官間での競合が明瞭に認められ，根重の増加速度と塊茎重の増加速度との

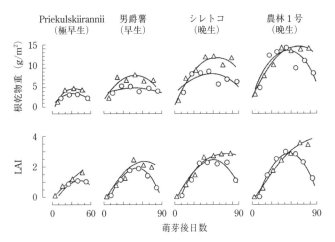

図 2.10 バレイショの根乾物重と葉面積指数 (LAI) における品種間および地域間の差異 (文献[8]を一部改変)
△：札幌市 (北大農場), ○：恵庭市島松 (北海道農試).

間には強い負の相関関係が認められる．早生品種は晩生品種に比べて塊茎重の増加速度は一般に大きいので，根と茎葉の最大期は早く，また最大値も小さい (図 2.10)．しかし，早晩性の等しい品種間にも塊茎重の増加速度に変異があり，塊茎重増加速度の大きい早期肥大性の品種（たとえば晩生品種の'コナフブキ'）は根重が小さい[9]．根重の品種間差異には，早晩性以外の要因も関与していると考えられる[6]．

なお，本州以南の春作では IV 期の後半に梅雨入りして茎葉が疫病に罹病して枯死することが多い．また西南暖地の秋作では，地表出芽後に短日になるので，早生品種では第 1 花房が落蕾して開花せず，晩生品種では第 1 花房の開花直後に茎葉成長が停止することが多い．このため，北海道以外では各器官の成長における早晩性の品種間差異が小さくなる．

(5) V 期

地上部の成長停止（開花終期）から枯凋期までと定義される（図 2.6 参照）．バレイショでは乾物生産に最適な葉面積指数 (LAI) が 3〜4 であり，これを長期間維持するほど，乾物生産量が多くなる[22]．早生品種では，地上部の成長停止が早いので最大 LAI は 2〜3 程度であり，地上部の成長停止から約 1 ヶ月で枯凋期になる．晩生品種では，地上部の成長期間が長く（開花期間が長く），最大 LAI は 4〜6 程度になり，地上部の成長停止から約 1.5〜2 ヶ月で枯凋期

になる.なお,品種の早晩性には5番染色体に座乗する複数のQTL（量的遺伝子座）の関与が報告されている[18]．

Ⅴ期では光合成産物がすべて塊茎に転流するので,乾物生産の良否がこの期間での塊茎重の増加と収穫期の収量に影響する.このため各品種において,日射量が多い年次には乾物生産が旺盛となり収量が多くなる[3, 22]のに対して,高温や乾燥の年次には乾物生産が抑制されて収量が低くなる[2]．また,低温で多雨の年次には疫病が多発して枯凋期が早まり,Ⅴ期の期間が短くなるので,収量が低くなる.さらに,Ⅴ期での乾物生産の良否は収量構成要素の1個重に直接的に影響し,各年次において品種間での1個重の相対的な順位は変化しないが,各品種の1個重と品種内での個々の塊茎重の変異は年次の気象条件によって大きく変化する[13, 21]．なお,茎には転流可能な非構造性炭水化物（主としてデンプン）が蓄積されており,日射量の低下や乾燥ストレスが生じると,塊茎に転流して塊茎重増加の低下程度を少なくすることが報告されている[26]．

(6) 収　量

一般的に収量と呼称されるのは塊茎の生収量である.構成要素である1個重は,商品としての塊茎の価値を決定する重要な特性であり,収穫後の塊茎はサイズ（重さや形態的な大きさ）によって分別されて出荷される.日本では80～140g程度の塊茎が青果用として好まれる．'男爵薯'ではこの規格以外の塊茎も業務用（たとえば総菜用のサラダ）として利用されることが多いのに対して,新規に育成された品種では規格外の塊茎は商品として販売することが難しい場合も多く,農家が新品種の利用を躊躇する一因となっている.なお,米国では収穫した塊茎をフレンチフライとして加工することが多く,USNo1にクラス分けされる塊茎は約180g以上（米国では大きさによって選別する,日本ではLLサイズに相当する）である.日本でもフレンチフライに加工する業務用では青果用よりも大きいサイズの塊茎が望まれている.

デンプン収量および乾物収量は,それぞれ塊茎の生収量とデンプン含有率および乾物率の積から算出される.デンプン含有率と乾物率との間には高い正の相関関係があり,おおよそ下記の式で示せる.

$$デンプン含有率[\%]=乾物率[\%]-6$$

なお,日本では慣例としてデンプン含有率の代わりにデンプン価（starch value）を用いることが多いが,デンプン価はデンプン含有率に1を加えた値

2.1 緒言

にほぼ一致する．デンプン含有率とデンプン価は，ともに塊茎の比重値を測定して推定しているが，米国では比重値そのものをデンプン含有率の指標にしている．

デンプン含有率は品種の遺伝的特性によって異なり，'男爵薯'，'メークイン'，'ニシユタカ'などの青果用品種では14〜15％程度であるのに対して，'コナフブキ'などのデンプン生産用品種では20％を超える．この20年間に需要が増加しているポテトチップスやフレンチフライなどの加工用品種では，加工歩留まりの点で16〜18％程度が望ましいとされている．

デンプン含有率はIV期のはじめですでに品種間で異なり，その後も塊茎重の増加に伴って増加する[22]．暖地の春作では，疫病の多発する梅雨前に収穫する必要があるので，塊茎重の増加期間が短く，同じ'男爵薯'でも北海道で生産されるものに比べてデンプン含有率が数％低くなることもある．デンプン生産用には肥大期間の長い晩生品種が利用されるが，晩生品種間でもデンプン含有率が異なり，1990年頃まではデンプン含有率が15％程度の'紅丸'(べにまる)(生収量は非常に高い)が主要品種であったが，それ以降はデンプン含有率が20％を超える'コナフブキ'(生収量は中程度)が主要品種になった．

年次の気象条件や栽培方法もデンプン含有率に影響する．IV期やV期で30℃を超えるような高温に遭遇すると，光合成が抑制されるとともに呼吸による消費量が増大するので，塊茎に蓄積する光合成産物が少なくなり，デンプン含有率の上昇が停滞する(図2.11)．また，高温によって葉でのジベレリン合成

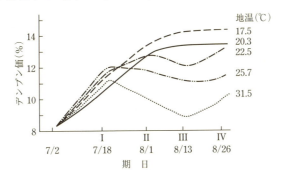

図2.11 塊茎のデンプン含有率に及ぼす地温の影響
(文献[14]を一部改変)
札幌市の北大農場で'男爵薯'を5月9日に植え付け，7月1日から地温処理を開始．地温は深さ10 cmの日平均地温．デンプン価(％)＝デンプン含有率(％)＋1．

が一時的に高まり，塊茎の休眠が一時的に打破されて塊茎の2次成長が起こる（塊茎の頂芽部からストロンが伸び，その先端部に小塊茎が形成される）[21]．2次成長した塊茎のデンプン含有率は大きく低下する．

収量は塊茎の肥大期間と肥大速度との積で算出される．肥大速度は一般的に早生品種の方が晩生品種よりもやや高い（図2.6参照）．一方，肥大期間は品種の早晩性および栽培の地域と時期によって大きく異なり，肥大速度に比べて変異の幅が大きい．このため，収量は主として肥大期間の長短に影響され，肥大期間の長い晩生品種は早生品種よりも，また北海道は本州以南の地域よりも，さらに本州以南の春作は秋作よりも，それぞれ塊茎収量が高い．

乾物生産の観点から考えると，肥大期間の長さは受光量の大小としてとらえることができる．バレイショではLAIが3前後でほぼ100％の受光が可能となるので，このLAIを早期に確保して，長期間維持することが，乾物生産を増加させるために重要である[22]．また，日長時間が地域や生育時期によって異なるので，同じ肥大期間でも受光量が異なり，長日で日射量の多い春作や夏作は短日で日射量の少ない秋作や冬作に比べて受光量は多い．地域間や作期間での収量の差異に影響していると考えられる．　　　　　　　　　　　　〔岩間和人〕

引用文献

1) Allen, E. J. (1978): *The Potato Crop* (Harris, P. M. ed.), p. 278-326, Chapman & Hall.
2) Deguchi, T. (2014): Ph. D. Thesis, p. 1-187, Hokkaido University.
3) Harris, P. M. (1992): *The Potato Crop*, 2nd edition (Harris, P. M. ed.), p. 162-213, Chapman & Hall.
4) Haverkort, A. J., et al. (2015): *Potato Res.*, **58**: 313-327.
5) Iwama, K. (1998): *Journal of the Faculty of Agriculture, Hokkaido University*, **68**: 33-44.
6) Iwama, K. (2008): *Potato Reserch*, **51**: 333-353.
7) 岩間和人ほか（1979）：日本作物学会紀事，**48**：403-408.
8) 岩間和人ほか（1980）：日本作物学会紀事，**49**：495-501.
9) Iwama, K., et al. (1995): *Jpn. J. Crop Sci.*, **64**: 86-92.
10) Kawakami, J. and Iwama, K. (2012): *Plant Prod. Sci.*, **15**: 144-148.
11) Kawakami, J. et al. (2005): *Plant Prod. Sci.*, **8**: 74-78.
12) 川上幸治郎（1949）：馬鈴薯特論，p.1-324，養賢堂.
13) 永田利男（1963）：作物大系（戸苅義次編著）第5編いも類 III. 馬鈴薯の生育，p. 1-18，養賢堂.
14) 中世古公男ほか（1970）：北海道大学農学部邦文紀要，**7**：287-293.
15) 中世古公男・西部幸男（1980）：北海道の畑作技術―バレイショ編，p. 1-206，農業技術普及協会.

16) 農林水産省：農林水産省作物統計．[http://www.maff.go.jp/j/tokei/kouhyou/sakumotu/index.html]
17) 大波正寿（2010）：農畜産業振興機構．[http://www.alic.go.jp/joho-d/joho07_000087.html]
18) Paula, X. H., et al.（2012）：*Euphytica*, **183**：289-302.
19) Sliwka, J., et al.（2008）：*Plant Breed.*, **127**：49-55.
20) Struik, P. C.（2007）：*Potato Res.*, **50**：375-377.
21) 田口啓作（1963）：作物大系（戸苅義次編著）第5編いも類V．馬鈴薯の栽培，p.1-70, 養賢堂．
22) 田口啓作ほか（1969）：北海道大学農学部附属農場報告，**17**：33-41.
23) Vakis, N. J.（1986）：*Potato Res.*, **29**：417-425.
24) 吉田 稔（1974）：北海道大学農学部附属農場報告，**19**：23-40.
25) 吉田 稔・中世古公男（1971）：北海道大学農学部邦文紀要，**8**：49-58.
26) Zheng, X., et al.（2009）：*Plant Prod. Sci.*, **12**：449-452.

2.2 世界での栽培と利用

2.2.1 バレイショの生産統計と推移

現在バレイショは，赤道近辺で高地のない国を除くすべての国で栽培されている．2014年における全栽培面積は約2000万haで，約4億tが生産されている（表2.4）．これは人類が消費している作物のなかでコムギ，イネ，トウモロコシに続き4番目の生産量である．バレイショ栽培面積が最も広いのはアジア地域であり，第2位のヨーロッパと合わせ世界全体の80％超となっている．アジアはヨーロッパに比べて6倍以上の人口をもつので，1人あたりの消費量はヨーロッパが最大であり，世界平均での消費量31 kg/人/年の約3倍で

表2.4 世界の各地域におけるバレイショ生産状況（2014年）[1]

地　域	栽培面積 （100万ha）	生産量 （100万t）	収量 （t/ha）	人口[*1] （100万人）	消費量[*2] （kg/人/年）
アジア	9.93	186.9	18.8	4371	23.9
ヨーロッパ	5.62	124.5	22.2	705	87.8
アフリカ	1.93	26.4	13.7	1110	13.9
中南米	1.01	17.6	17.4	630	20.7
北米	0.56	24.6	43.7	356	60.0
オセアニア	0.04	1.6	41.3	36	—
世界全体	19.10	381.7	20.0	7207	31.3

[*1]：2015年の値．
[*2]：消費量は2005年の値で，オセアニアはアジアに含まれている．

表2.5 バレイショ生産量の上位10ヶ国(2014年)[1]

	生産量 (100万 t)	栽培面積 (100万 ha)	収量 (t/ha)
中　国	95.57	5.64	16.9
インド	46.39	2.02	22.9
ロシア	31.5	2.10	15.0
ウクライナ	23.69	1.34	17.6
米　国	20.05	0.42	47.2
ドイツ	11.60	0.24	47.4
ポーランド	8.95	0.46	19.4
バングラデシュ	7.68	0.27	27.8
オランダ	7.1	0.16	45.7
ベラルーシ	6.28	0.30	20.4

表2.6 バレイショの1人あたり消費量の上位10ヶ国(2005年)[1]

	消費量 (kg/人/年)
ベラルーシ	181
キルギス	143
ウクライナ	136
ロシア	131
ポーランド	131
ルワンダ	125
リトアニア	116
ラトビア	114
カザフスタン	103
イギリス	102

ある．バレイショの生産はアフリカでも急速に増加しているが，1人あたりの消費量は5大陸のなかではいまだ最低である．国別でみると（表2.5），中国が最大の生産国であり，年間9500万 t 以上，すなわち世界全体の約4分の1を生産している．次いでインドが中国の約2分の1を生産している．オランダは国土面積は少ないが700万 t 以上を生産している．これはバレイショの栽培面積割合が国全体の耕地の4分の1と高いためである．なお，オランダでは生産されたバレイショの約70%を，フレンチフライや種いもとして輸出している．輸出される70万 t の種いもは世界全体での種いも市場で80%の占有率を示している．

　表2.6は国別でみた食用としてのバレイショの消費量を1人あたりで示している．中国は国全体での消費量は5800万 t と世界で最も多いが，1人あたりの消費量では10位以内に達していない．同様にインドも人口が多く，国全体では1700万 t 以上を消費しているが，1人あたりの消費量は10位以内に入らない．なお，これらの数値はバレイショの生産量を国の人口で除したものではない．もし，生産量を人口で除した場合には，オランダは1人あたり450 kg の最高値を示す．これら消費量の数値は，国の生産量から輸出量，種いもとしての使用量および廃棄量を引いた実際の消費量から算出されている．

　過去数十年における生産面積の推移をみると（図2.12），1960年に開発途上国として位置づけられた地域では300万 ha から1000万 ha へと3倍以上の増加を示したのに対して，先進国（日本，オーストラリア，ニュージーランド，ロシアを含むヨーロッパ，そしてアメリカとカナダ）の面積は2000万 ha か

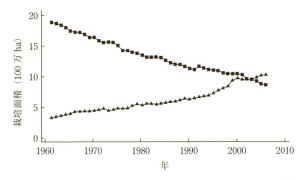

図2.12 開発途上国と先進国におけるバレイショ栽培面積の推移[1]
▲：開発途上国，■：先進国．

ら現在の900万haへと半分以下に減少した．先進国での減少の主たる理由は，人々がバレイショを，特に青果（家庭用）としてあまり食べなくなったこととともに，ブタの飼料としてのバレイショの利用が少なくなったことにある．特に東ヨーロッパ諸国では，飼料としての利用減少が栽培面積減少の主たる理由である．たとえば1人あたりのバレイショ生産量は，1960年にドイツでは500 kgであり，ポーランドでは1500 kgであったが，その多くはブタの飼料として使われていた．一方，現在では，ドイツでの1人あたりの消費量は約75 kgに減少した．ポーランドではまだ1人あたり120 kgであるが，減少を続けている．

　開発途上国での栽培面積増加の理由は，消費者が社会的な変化のなかでバレイショを好むようになったことにある．都市化に伴って，加工バレイショが供給されるファーストフードレストランやスーパーマーケットが急速に増加した．供給側である農家にとっては，バレイショはイネ栽培地域での冬作物として適合した．化学肥料，農薬や無病種いもを供給するアグリビジネス，および生産物を収集して加工する組織の発達が，これら開発途上国でのバレイショ生産の急激な増加に寄与した．

　この発展のようすは中国（図2.13）とインド（図2.14）にみることができる．中国では1960年に140万haで栽培して1200万t生産し，収量は8.5 t/haであった．一方2006年には栽培面積が550万haに，また生産量が7000万tに急増し，収量も13 t/haに増加した．同様にインドでは1960年に40万haで300万t（収量は7.5 t/ha）を生産したのに対して，2006年では140万ha

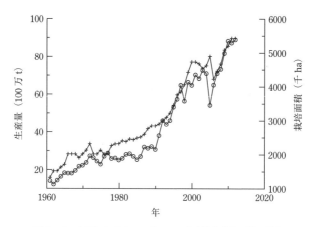

図2.13 中国におけるバレイショの生産量と栽培面積の推移

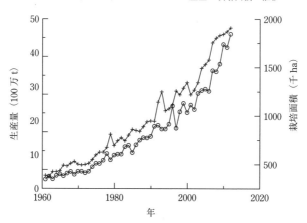

図2.14 インドにおけるバレイショの生産量と栽培面積の推移

で2400万ha（収量は17.1 t/ha）を示した．両国は栽培面積と収量をともに増加させることができた．

なお，アフリカのサハラ砂漠以南の国では，1994～2006年の期間に栽培面積は2.5倍になり，2006年には800万tを生産した．しかし，収量が9 t/haから7.5 t/haへと減少した．この地域で収量が減少した主たる理由は，健全な種いもを供給する計画や組織の欠如と，化学肥料や農薬の供給不足であった．

a．バレイショの生産システム

（1）気象条件

バレイショは日平均気温が5℃以上27℃以下の場所および時期に栽培可能である．このため，バレイショは降霜あるいは熱帯の高温に適応不可能で，1年の間に温和な気象条件をもつ地域や時期に適している．植え付けから葉群の群落閉鎖までに積算気温として約900日℃が必要である．バレイショは全生育期間の平均で受光した全日射量1 MJ（メガジュール）あたり1.25 gの乾物を生産し，その約75％は塊茎に分配される．塊茎は平均で20％ほど（15～25％の範囲）の乾物率を示す．このような基本的な知識と，気象条件（気温，降水量，日射量）および土壌タイプ（根系の深さと保水容量）のデータに基づき，収量をアフリカ地域で推定した[2]．推定収量は実際の収量とかなりの精度で一致した．この結果をみると，アフリカの熱帯高地においてバレイショは年間を通じて栽培可能である．低地の温帯気候地域では夏期の無霜時期に栽培でき，亜熱帯気候地域では夏期以外の高温に遭遇しない期間に，すなわち緯度によって秋から春の期間に，あるいは赤道近くでは冬期間に，栽培できる．

なお，バレイショは毎年同じ圃場で栽培すべきではない．なぜならば，そうか病あるいは萎凋病（vertillium）などの土壌病害や，越年生の病虫害やバレイショシストが集積して，甚大な収量減少をもたらすからである．

（2）熱帯高地の栽培体系

バレイショの起源地であるアンデス山岳地域では，バレイショはインカ帝国の時代から現在まで栽培されている．主要なバレイショ栽培種は *Solanum tuberosum* の亜種 *andigena* である．現在世界各地で一般的に栽培されている *Solanum tuberosum* の亜種 *tuberosum* の品種群が短い茎と広い葉を示すのに比べて，亜種 *andigena* は葉が小さくて狭く，またより垂直葉である．アンデス山岳地域で天水に依存して栽培される地域では，バレイショは標高2000～4000 mで栽培される．種いもは高地で栽培され，しばしば異なる色と形を示す品種の混合群である．これらは，食味や環境条件への適応性の異なる数百の品種から構成されている．小さな圃場が狭い段々畑として配置されているので，農業機械を用いた耕作ができず，すべての作業が人力で行われ，耕起にも脚で踏み込む犁（すき）が用いられている．収穫されたイモの大部分は生産する農家が食用として消費する．過去数十年の間に多くの小さな段々畑が放棄され，ペル

ーでの主産地は，*tuberosum* の品種が冬季に灌漑して栽培される海岸地域へと移行している．

サハラ砂漠南部の大地溝帯に沿った地域（たとえばエチオピア，ケニア，ウガンダ，ルワンダ，ブルンジ），アジアのインドとネパールのヒマラヤ地域や中国の山岳地域，およびフィリピンやインドネシアの標高の高い地域などの世界各地の熱帯高地でも，アンデス山岳地域に類似した慣行的な栽培体系がみられる．すなわち，バレイショは生産者によって，あるいは地域で販売されて消費される．化学肥料や農薬の使用は少なく，種いも更新はほとんど行われず，農業機械もほとんど使用されていない．

熱帯山岳地域の慣行栽培では，間作や混作が一般的であり，バレイショは同一の圃場で他の作物と一緒に栽培される．この栽培体系は耕地の利用比率を高めるとともに，凶作の危険を緩和するのに役立つ．すなわち，混作・間作体系の作物群で，ある1つの作物が気象条件や病虫害によって凶作となっても，他の作物群が補償して，作物体系全体での生産量の減少を少なくする．アフリカで一般的な栽培体系では，トウモロコシとバレイショを同一の時期に同じ圃場で栽培する．植え付けから90日後程度の時期にバレイショは収穫され，その後はトウモロコシが急速に成長できるようになる．バレイショの収穫直後に，茎葉が巻きつくタイプのマメ類が播かれ，トウモロコシの稈を支柱に利用する．トウモロコシ子実の収穫後も，マメ類はトウモロコシの稈を支柱として利用する．サハラ地域ではバレイショはナツメヤシや果実（アンズなど）の樹木の下で冬季に栽培される．冬季にはこれらの樹木は落葉するので，バレイショは太陽光を十分受けることができる．春になって樹木の葉が成長すると，バレイショは収穫される．

（3） 地中海気候地域での栽培体系

バレイショのもう1つの栽培体系は，種いも生産に不向きな地域でみられる．その栽培体系では，種いもは温帯地域，しばしば数千kmも離れた地域から輸入する必要がある．種いもが高価なので，農民は生産物の多くを地域あるいは輸出市場で販売できる時期にバレイショを栽培する．この栽培体系は，亜熱帯あるいは地中海気候の海岸地域でみられ，冬作物あるいは春作物としてのみ栽培される．寒い時期に栽培が開始され，バレイショには暑すぎる時期になると収穫される．このような気象条件では，ウイルス病を媒介するアブラムシ

が多いので，農民は次の作期に利用する種いもを生産することはできない．この体系の例として，米国のカリフォルニア州ではワシントン州から，またフロリダ州ではカナダから輸入した種いもを栽培に用いる．種いもは12～2月にかけて植え付けられ，4～6月はじめの期間に収穫される．収量は植え付け時期によって異なるが，一般的には30～40 t/haの高収量が灌漑条件では得られる．収穫物の大部分は北ヨーロッパに青果用バレイショとして輸出される．なぜならば，北ヨーロッパでは前年の夏作で生産されて貯蔵されている塊茎は消費者にとって青果用としての魅力を失うからである．

　北アフリカの一部の地域では，農民は春作での収穫物の一部を厚い壁の倉庫に貯蔵し，8月終わり～9月はじめに植え付け，12月に収穫する．種いもの品質が悪く（生理的な理由と病気による），また栽培期間が短いうえに日射量が少ないので，収量は低い．しかし，12月には青果用バレイショはほとんどないので市場価格が高く，約15 t/haの低収量を補うことができる．類似した栽培体系は中国にもあり，福建省ではバレイショが冬作物として栽培され，種いもは数千km離れた黒竜江省から列車で運ばれる．

　地中海気候地域での冬作は低温で降水量の多い冬季に行われるが，降水量が不十分なので灌漑が必要である．その例としてアフリカ・マリのSikasso地域があげられる．種いもはヨーロッパから輸入される．またバングラデシュやインドの西ベンガル州では数十万haのバレイショが冬に栽培され，種いもは標高約2000 mのヒマラヤ山麓地域での夏作で生産される．

　地中海地域でのバレイショ栽培の大部分ではある程度の機械化が行われており，耕起はトラクタで，植え付けは人力または半自動式の種いも植え付け機（人が種いもを受け取り部に入れる）で行われる．中耕はトラクタで行われ，収穫塊茎は機械で掘り上げられ，乾燥後に人力で集めて袋詰めされる．栽培は通常，十分に化学肥料を施されて，病虫害は農薬で防除される．

(4)　夏作栽培体系

　主要な夏作は天水条件下あるいは灌漑条件下で栽培される．北ヨーロッパ，中国北部，カナダ，トルコ中部の夏作では，非灌漑で栽培される．一方，米国，メキシコ，アルゼンチン，南アフリカ，オーストラリアの夏作では，ほとんどの場合に灌漑が行われる．中国北部以外での温帯地域の夏作は一般的に十分に機械化されている．耕起と農薬散布は，輪作される他の作物でも利用され

る機械を用いて行われる．その他の機械はバレイショ栽培に特異的に用いられ，2～6畦型の完全に自動化された植え付け機，培土・中耕機，トラクタ牽引型あるいは自走式の2～6畦型の収穫機がある．低温倉庫に搬入する特別の機械や搬送機，あるいは販売前に塊茎を選別する（ときには洗浄する）機械が利用されている．

　培土と中耕は数回行われ，植え付け期には地表出芽後に小さな畦が形成され，その後の2回の中耕と培土で最終的な畦が形成される．その過程で雑草が機械的に除去される．最近の傾向として最後の畦型を植え付け期に行い，除草剤を散布し，その後の中耕・培土を行わずに新たな雑草発生を抑える方法もとられる．圃場に多くの土塊を含む圃場では土塊除去機（ソイルコンディショニング装置）が利用されている．イギリスで一般的な方法では，土をふるい，土塊を畦間に置く．ふるわれた土壌内に植え付けるので，収穫の際に塊茎を土塊で傷つける危険性を減少させ，収穫後に土塊を人力で除去するコストをなくす利点がある．

　北西部ヨーロッパと米国の北西部諸州では非常に高い収量をあげているが，そのおもな理由は4月から9月末にわたる非常に長い生育期間と夏の長日，および十分な降水量あるいは灌漑による．

　ヨーロッパなどの栽培面積30 ha前後の小農家では，灌漑はスプリンクラーやスプレーガン（スプリンクラーのなかでも水圧の高いもの）で行われるが，北米，南アフリカやオーストラリアで行われている大規模な商業栽培では中央灌漑システム（center pivot system）が一般的で，円形の一圃場は65 haほどである（図2.15）．天水栽培や小規模の灌漑体系では，施肥されるすべてのリン・カリ肥料および半量の窒素が植え付け前に施与される．残りの窒素は，最大茎葉繁茂期（地上部最大期）までの生育前半期に1ないし2回で分与され

図2.15　米国・アイダホ州における中央灌漑システム
左図：灌漑のようす，右図：圃場の鳥瞰．

る．一方，中央灌漑システム，特に砂土では，すべてのリン肥料が植え付け前あるいは直後に施与されるが，窒素は生育期間を通じてほとんど収穫期近くまで，一定の間隔で灌漑水に混ぜて施与される．カリ肥料は一部は植え付け期に施与され，残りが灌漑システムで灌漑水に混ぜて施与される．

　農業者は灌漑時期や回数を情報供給業者（サポートシステム）の情報に基づいて決定している．情報供給業者は土壌水分の測定装置や小規模な気象観測装置を圃場に設置している．農業者は，前回の灌漑日からの土壌水分の減少量を，茎葉繁茂量と蒸発散量のデータおよび気象予報に基づいて情報供給業者から通報され，次回の灌漑日と灌漑量を決定する．

b．バレイショの利用

　バレイショの加工利用は過去数十年の間に世界的に大きく変化した．東ヨーロッパでの共産主義の終焉は西ヨーロッパに大きな市場を提供した．また，これら東ヨーロッパの諸国ではブタ飼料としてのバレイショの利用が米国からの安価なダイズやトウモロコシの輸入物に置き換えられ，バレイショ生産が大きく減少した．一方，アフリカやアジアでは都市住民の増加に伴う加工バレイショの消費拡大によって，バレイショ生産が急速に増加した．この生産増加には，品質にすぐれた種いもの輸入が一部関係したが，それ以上に種いも生産での急速増殖技術の進展が圃場での増殖回数を減少させ，種いも品質向上につながったことが影響している．世界のほとんどすべての国におけるファーストフード店の急速な増加によって，世界的な生産の大部分を担っている北米やヨーロッパでの加工冷凍バレイショ生産企業を増加させた．

　下記に列挙する傾向は今後も続くと予想される．

・より多くの東ヨーロッパ諸国で，バレイショの利用方法の変化に合わせてバレイショの生産が減少する．

・冷凍バレイショを生産する大企業の多くがすでに中国とインドに進出しており，生産基地を設けている．

・開発途上国では，種いも急速増殖技術がますます多く利用されるようになり，種いも生産コストが低下する．また，化学肥料と農薬の使用も増加するので，結果として収量が爆発的に増加する．

・先進国では，ポテトチップスやフレンチフライの市場が飽和して，新しい製品や利用方法が開発されないと，バレイショ生産は停滞する．

2.2.2 中国での生産と利用
a．生産の状況

中国でのバレイショ生産は世界1位の面積と生産量に達しており，近年急速に発展している．2014年において，栽培面積は565万ha，生産量は9560万tである．これは世界全体のそれぞれ30％と25％を占めている．バレイショは中国全土で生産されているが，主要な生産地は四川，甘粛，内モンゴル，雲南，貴州，山東，黒竜江，重慶および陝西の各省・自治区であり，これらの9地域で中国全体での生産量の75％を占めている．中国は広い国土にさまざまな気象条件をもち，バレイショは中国全体では1年を通じて生産されている．栽培時期からみると，春作（82％），早期春作（10％），秋作（3％），冬作（5％）に分けられる．

バレイショは主食，野菜そして加工食品として重要である．バレイショは中国全体での食糧の3％（5kgのバレイショを1kgの子実として計算）を占めるにすぎないが，西部の貧困地域では重要な食糧である．これら地域では貧困状態から脱却するために，バレイショが重要な役割を果たしてきた．全国におけるバレイショ栽培面積の75％が貧困地域に分布している．経済的に発展した地域（たとえば広東省など）では，水稲-バレイショの輪作が行われている．バレイショは，水稲のような穀物の生産に影響することなく，収入を増加させる作物になっている．バレイショ生産が良好な場合には，100日の栽培期間に15万元/ha（2016年12月のレートで約250万円/ha）の収益を得ることができる．

気象条件，土壌，地理的要因および生産性の違いによって，バレイショが各地域でさまざまな栽培様式で栽培されている．気象条件と地理的条件に影響される生物的な特性に基づき，バレイショの栽培地域は4つに分けることができる．すなわち，年1作の北方地域（北方1作区），年2作の中央平原地域（中原2作区），南方冬作地域，および南西混合作地域である（図2.16）．

北方1作地域は，崑崙山脈西部から東に広がり，タンラ（唐古拉，Tanggula）山脈とバヤンカラ（Bayan Har）山脈を経て，黄土高原に沿った地域で，標高が700〜800mで古代の長城南部の北東，北，北西の諸省・自治区である．この地域ではバレイショは4〜10月の期間に栽培され，無霜期間は110〜117日である．十分な日射量があり，気温の日較差が大きい．主要な特徴として，大

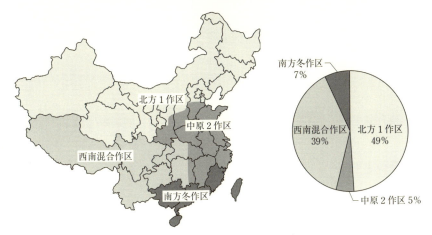

図 2.16 中国におけるバレイショ栽培地域の区分（Guo Huachun 氏提供の原図を一部修正）

規模で機械化が進んでいる．北東部の大規模機械化栽培地域では栽培方法が狭畦の1列植えから広畦2列植えに変化している．この地域では東部から西部に向かうに伴い降水量が減少するので，西部地域では干ばつが生育の主要な抑制要因になっている．このため，北西部での栽培技術では干ばつ回避と節水が重要であり，甘粛省ではマルチ栽培，内モンゴル自治区などではスプリンクラー灌漑，点滴灌漑およびマルチ併用の点滴灌漑が行われている．

年2作中原地域は，北方1作地域よりも南部に位置し，ダーバ（大巴，Daba）山脈とミヤオリン（苗嶺，Miaoling）山脈の東側，ナンリン（南嶺，Nanling）山脈とウイ（武夷，Wuyi）山の北側にある．年平均気温は10～18℃で，月平均気温の最高値は22～28℃である．夏期が高温なので，バレイショは3～5月の春作と8～10月の秋作として栽培される．主要な栽培様式は，早熟栽培とつなぎ間作栽培である．早熟栽培ではプラスチックマルチ栽培，2重フィルムマルチ栽培，さらには3重フィルムマルチ栽培が行われる．つなぎ間作栽培は，春と秋に同一圃場で栽培される前後の作物との競合を緩和させるために利用されている．

南方冬作地域は，武夷山の南部に位置する地域にある．年平均気温は18～24℃で，月平均気温の最高値は28～32℃である．バレイショは冬季にのみ栽培可能であり，10月から翌年4月に栽培される．この時期のバレイショ生産物は容易に販売でき，市場価格は高い．この地域の特徴は，水稲-バレイショ

の輪作体系で，液肥による施肥と稲わらを利用したマルチ栽培が行われている．

南西部の混作地域は，雲南，貴州，四川，重慶などの諸省や，チベット高原，湖南省と湖北省の西部山岳地域にある．バレイショは年に1回ないし2回栽培され，地域の標高や地形に基づきさまざまな栽培様式がみられ，冬作，早春作，春作，秋作において単作，間作，真正種子栽培などが行われている．このため，地域内ではいずれの時期でも生産物を得ることができる．

b. 中国でのバレイショ生産の問題点

中国におけるバレイショの収量はいまだ低水準で，2014年では16.9 t/ha，世界平均の20.0 t/ha以下で，オランダや他の先進国での収量の3分の1である．この原因には，種いも品質，栽培条件，病虫害などの複合要因が関係している．

種いも品質についてみると，中国ではウイルスフリーの種いも生産体系は1970年代以降に構築され，次第に発達してきた．政府が大量の資金を投入して生産施設が設けられ，ウイルスフリーの種いも生産能力は10億個以上である．しかし，利用の一般化はたいへん遅い．現在の時点で，中国全体におけるウイルスフリー種いもの普及率は約25％にすぎず，潜在的な生産能力を発揮させるための大きな制約となっている．

栽培条件についてみると，バレイショの主要な生産地域は西部の貧困な山岳地域にあり，そこでは土壌養分が少なく，耕土が浅く，肥料が不足し，灌漑施設がなく，干ばつやその他の自然災害に対する耐性能力が弱い．一方で，中原地域ではバレイショ価格の上昇に伴って行われる過剰な化学肥料の投与が問題化している．

機械化の遅れについてみると，バレイショ栽培での機械化は中国全体面積の30％でしか行われておらず，水稲，コムギなどの他作物に比べてはるかに低い数値である．中国での都市化の進展に伴い，農業地域での高齢化と労賃増加の問題が年々顕在化している．バレイショは比較的労働力を必要とする作物であり，栽培の機械化と省力的な栽培方法の開発がバレイショ栽培の将来的な発展のために必須である．　　〔Anton J. Haverkort・Guo Huachun・岩間和人〕

引 用 文 献

1) FAO：FAOSTAT．[http://faostat3.fao.org]
2) Harverkort, A. J., *et al.* (2014)：*Potato Res.*, **56**：67-84.
3) 農林水産省：農林水産省作物統計．[http://www.maff.go.jp/j/tokei/kouhyou/sakumotu/index.html]

2.3 日本での栽培と利用

2.3.1 食用品種（寒冷地）

　北海道における食用バレイショの品種は，昭和40年代（1965年～）から平成のはじめにかけては'男爵薯'，'メークイン'，'農林1号'，'ワセシロ'が大部分を占めていた．平成7（1995）年頃から'キタアカリ'などの新しい品種の栽培が増加してきて，近年では多くの品種が栽培されるようになってきている（表2.7）．ここでは，北海道で栽培されているおもな品種と今後期待される新品種について，その特性を解説する．

a．男爵薯

（1）来　歴

　1876（明治9）年ごろ，'Early Rose'の変異株として米国で発見されたとい

表2.7　北海道の食用バレイショ品種における栽培面積の推移（ha）（1965～2011）

	1965	1970	1975	1980	1985	1990	1995	2000	2005	2011
男爵薯	14,000	11,853	18,025	14,953	17,106	17,599	17,100	15,800	13,100	11,316
メークイン	670	1,895	5,190	7,866	9,336	8,953	7,420	7,040	5,710	5,794
農林1号	40,500	24,182	18,370	11,076	7,654	6,861	4,190	2,253	549	266
ワセシロ				785	2,234	2,412	1,970	1,595	811	350
キタアカリ							310	1,130	1,448	1,949
とうや							30	400	1,044	1,193
マチルダ							60	126	100	136
インカのめざめ									93	122
十勝こがね									48	68
シンシア									7	47
レッドムーン										40
（その他）	5,450	2,375	780	625	382	503	420	291	329	725
（不明）										114
食用合計	55,170	40,305	42,365	35,305	36,712	36,328	31,500	28,635	23,239	22,119
全用途合計	92,800	69,800	71,400	64,702	75,943	68,937	65,100	59,100	55,700	56,901
（うち食用%）	59	58	59	55	48	53	48	48	42	39

われている．発見した人の職業（アイルランド系の靴直し屋）にちなみ原品種名は'Irish Cobbler'である．日本には1909（明治41）年に函館船渠株式会社（現 函館どつく）専務の川田龍吉男爵によって導入され，この名で呼ばれるようになった．

(2) 特　性

初期生育と塊茎の早期肥大性はやや早いが，'ワセシロ'よりはやや遅い．枯凋期は早生でも早い方に属する．茎長は現在の品種のなかでは短く，茎数も少ない．草姿はよく，倒伏は少ない．葉色は濃い緑色，花は淡赤紫で，花弁の先が白である．自然結果はみられない．いもの形は球形で，目が深く，皮色は淡ベージュ，肉色は白である．いもはやや小さく，大いもになると中心空洞の発生がみられる．水煮いもの肉質は粉質で，煮くずれは中程度であるが，やや煮えにくい．病害虫に対する抵抗性は，疫病，そうか病，粉状そうか病，Yウイルス病など全般的に弱い．ジャガイモシストセンチュウ抵抗性はない．

(3) 栽培上の注意点

通常，疫病の発生が早く，塊茎腐敗も多いため，防除が必要である．塊茎の形成肥大に対する日長反応はにぶく，高温長日でも肥大するため，寒地だけではなく，全国で栽培されている．早生で，茎長が短いため，若干密植した方が増収する傾向にある．茎葉の枯凋後，10日程度経過してから収穫すると，いもの表面に黒あざ菌の菌核の着生が増えるため，茎葉が枯れてからは，畑に長期間置かないようにする．

b. メークイン

(1) 来　歴

19世紀末にイギリスの一部で栽培されていたものを1900（明治33）年，サットン商会が広く紹介したものある．日本には大正初期に米国から導入され，北海道に1917（大正6）年ごろ導入された．現在のイギリスではほとんど栽培されていない．日本では昭和30年代（1955年～）に関西方面で人気が高まり，その後全国で栽培されるようになった．

(2) 特　性

枯凋期は'男爵薯'より遅く，中生である．初期生育と塊茎の早期肥大性は中程度である．茎長は'男爵薯'より長く'農林1号'よりも短い．草型はやや開く．花はやや大きく，色は紫系で花弁に白い斑点がみられ，先端部が白で

ある．いもの形は長卵であるが，基部がややふくらみ少し曲がっている．皮色は淡ベージュ，肉色は淡黄である．目は浅く，眉がよく発達する．いもの形が長いため畑で緑化しやすい．水煮いもの肉質はやや粘質で，舌ざわりが良く，煮くずれが少ない．低温で貯蔵すると甘みと粘質が増す．還元糖が多いため，焦げやすく，油で揚げる料理には向かない．えぐ味の原因であるグリコアルカロイドの含有率が高い．病害虫に対する抵抗性は，疫病に弱く，塊茎腐敗にも弱い．そうか病にも弱いが'男爵薯'よりは強い．粉状そうか病には中からやや強い抵抗性がある．ジャガイモシストセンチュウ抵抗性はない．

(3) 栽培上の注意点

疫病には弱いので，気温が低くなってから疫病が増加する地域では，貯蔵中の腐敗が多くなりやすいため，生育後期まで防除が必要である．また，緑化防止のために，十分に培土できる畦幅を確保して，培土は遅れないようにする．

c. 農林1号

(1) 来 歴

北海道農業試験場（現 農業・食品産業技術総合研究機構 北海道農業研究センター）において，1937（昭和12）年に'男爵薯'を母，'デオダラ（Deodara）'を父として交配し，1943（昭和18）年に品種登録された．農林省に登録された第1号の品種であることから'農林1号'と呼ばれる．休眠期間がやや短く，環境適応性が高いため，暖地の二期作地帯でも栽培され，昭和40年ごろには北海道で4万 ha，全国で5万 ha以上栽培されていた．青果用のほか，チップス原料やデンプン原料用としても用いられる．

(3) 特 性

北海道では9月下旬～10月上旬に枯凋期となる中晩生である．茎長は'男爵薯'より長く，中程度である．初期生育はやや遅く，いもの着生と初期の肥大はやや遅いが，生育盛期になると肥大速度は早くなる．花色は白で花数は多い．いもの形は扁球で，皮色は白黄，肉色は白である．目の深さは'男爵薯'より浅く，目の数も'男爵薯'より少ない．株あたりのいも数は中で，中～大粒のいもが多い．大粒のいもでは中心空洞が発生しやすい．水煮いもは調理後黒変が中程度みられる．食味はいも臭が強く'男爵薯'よりやや劣る．病害虫に対する抵抗性では，疫病抵抗性の主働遺伝子を持っていないが，疫病圃場抵抗性は中である．青枯病には強い抵抗性がある．粉状そうか病には中程度の抵

抗性があるが，そうか病には弱い．ジャガイモシストセンチュウ抵抗性はない．

(3) 栽培上の注意点

中心空洞の出やすい畑では窒素の多用や疎植を避け，植え付け時期が遅れないようにする．調理後黒変を少なくするためには，窒素は少なめ，リン酸とカリは多めとし，できるだけ生育を促進し，地温が下がる前に収穫する．

d．ワセシロ

(1) 来　歴

北海道立根釧農業試験場で 1962（昭和 37）年に'根系 7 号'を母，'北海 39 号'を父として交配し，1974（昭和 49）年に品種登録された．

(2) 特　性

初期生育は'男爵薯'よりやや早く，いもの着生は'男爵薯'並だが，その後の肥大は既存品種のなかで最も早い．枯凋期は'男爵薯'より 2，3 日遅く，早生である．花色は紫である．いもの形は扁卵で，目はやや深く，皮色は白で，肉色も白である．株あたりのいも数が少なく，粒が大きくなり，L サイズ（120〜180 g）が多い．中心空洞の発生は少ない．水煮いもはやや粉質でくせのない味である．掘り取り直後は揚げたときの色が優れ，チップス原料用としても適する．病害虫に対する抵抗性は，疫病抵抗性の主働遺伝子 $R1$ をもっており，初発が'男爵薯'より数日遅れる．しかし，$R1$ を侵す疫病菌が広く発生しているため，防除は必要である．貯蔵中に発生する乾腐病に弱い．ジャガイモシストセンチュウ抵抗性はない．

(3) 栽培上の注意点

乾腐病にかかりやすいので，過去に発生歴のない水はけのよい畑に作付けし，晴天の畑の乾いているときに傷を付けないように収穫する．

e．キタアカリ

(1) 来　歴

北海道農業試験場において 1975（昭和 50）年に'男爵薯'を母に，'ツニカ'を父として交配し，1988（昭和 63）年に品種登録された．

(2) 特　性

萌芽と初期生育は'男爵薯'並かやや早く，枯凋期は'男爵薯'より 1，2 日遅く，早生である．花色は赤紫で，花弁の先端は両面とも白で'男爵薯'に似

ている.自然結果はやや多い.いもの形は扁球で,皮色は黄白,目の部分に赤紫の着色がある.肉色は黄,いもの大きさは'男爵薯'並で,中心空洞と褐色心腐の発生は少ない.水煮いもの肉質はやや粉で,煮くずれは'男爵薯'よりやや多い.ビタミンC含有率が既存の品種より高い.病害虫に対する抵抗性は,ジャガイモシストセンチュウ抵抗性の主働遺伝子 $H1$ をもち,抵抗性を示す.塊茎腐敗抵抗性は弱い.

(3) 栽培上の注意点

排水不良地では,生育後期の大雨などによって,塊茎腐敗の多発を招くおそれがあるので,排水対策を行う.

f. とうや

(1) 来 歴

北海道農業試験場において,1981(昭和56)年に'R392-50'を母,'WB77025-2'を父として交配し,1995年(平成7)に品種登録された.

(2) 特 性

萌芽と初期生育は'男爵薯'並で,枯凋期は'男爵薯'並かやや早く,早生である.花色は白で,自然結果がみられ,果実は大きい.いもの着生は'男爵薯'より遅いが,その後の肥大は'ワセシロ'同様に早い.いもの形は球で,目は浅くて少ない.皮色は褐色を帯びた黄で,肉色は黄である.水煮いもの肉質はやや粘質で,舌ざわりはなめらかである.食味の評価は好みによって異なり,粘質を好む人で高い傾向にある.病害虫に対する抵抗性は,ジャガイモシストセンチュウ抵抗性の主働遺伝子 $H1$ を二重式($H1H1hh$)にもち,抵抗性を示す.そうか病と塊茎腐敗抵抗性は弱い.

(3) 栽培上の注意点

マルチ栽培などの促成栽培に向くが,大いもに裂開が発生することがあるので,急激に肥大する条件では注意が必要である.

g. インカのめざめ

(1) 来 歴

北海道農業試験場において,1988(昭和63)年に'W82229-5'を母,'P10173-5'を父として交配し,2001(平成13)年に品種登録された.

(2) 特 性

地上部全体が小さい.枯凋期は'男爵薯'より早く,ごく早生である.花色

は淡紫で，花数は少ない．いもの形は卵で，目は浅く数は少ない．皮色は黄褐，目の周囲に紫の着色があるものが多い．肉色は橙に近い濃黄である．1個重は'男爵薯'に比べて小さい．休眠期間はごく短い．水煮いもの肉質は中からやや粘質で，舌ざわりはなめらかである．剥皮後褐変や調理後黒変はない．ナッツや栗に似た独特の風味がある．病害虫に対する抵抗性は，青枯病と粉状そうか病に強く，ジャガイモシストセンチュウ抵抗性はない．

　(3)　栽培上の注意点

休眠期間がごく短いので，茎葉黄変期以降は速やかに収穫し，貯蔵する場合は2，3℃で冷蔵保存する必要がある．

　h．スノーマーチ

　(1)　来　歴

北海道立根釧農業試験場において，1993（平成5）年に'アトランチック'を母，'Cherokee'を父として交配し，2007（平成19）年に品種登録された．

　(2)　特　性

初期生育は'男爵薯'よりやや遅く，枯凋期は'男爵薯'より遅い中生である．花色は白で，自然結果は少ない．いもの形は倒卵で，皮色は白黄，肉色は白である．病害虫に対する抵抗性は，そうか病に強，粉状そうか病にやや強の抵抗性を示し，ジャガイモシストセンチュウ抵抗性主働遺伝子 *H1* をもち，抵抗性を示す．疫病抵抗性は弱である．

　(3)　栽培上の注意点

褐色心腐および中心空洞が発生することがあるので，多肥や疎植を避ける．

　i．さやあかね

　(1)　来　歴

北海道立根釧農業試験場において，1995（平成7）年に'I-853'を母，'花標津'を父として交配し，2009（平成21）年に品種登録された．

　(2)　特　性

初期生育は'男爵薯'並でやや早いが，枯凋期は'男爵薯'より遅く中生である．花色は赤紫で，自然結果は少ない．いもの形は扁球で，目の深さは中である．皮色は淡赤，肉色は黄白である．水煮いもの肉質はやや粉質で，剥皮褐変と調理後黒変は少ない．コロッケ加工に適する．病害虫に対する抵抗性は，疫病に対しては圃場抵抗性を示し無農薬栽培が可能である．またジャガイモシ

ストセンチュウ抵抗性の主働遺伝子 *H1* をもち，抵抗性である．
(3) 栽培上の注意点
褐色心腐が発生することがあるので，多肥や疎植を避ける．

1. はるか
(1) 来　歴
長崎県総合農林試験場 愛野馬鈴薯支場において，1994（平成6）年に'T9020-8'を母，'さやか'を父として交配し，1998（平成10）年以降，北海道農業研究センターにおいて選抜し，2009（平成21）年に品種登録された．
(2) 特　性
初期生育は'男爵薯'よりやや遅い．枯凋期も'男爵薯'より遅く，中生である．花色は赤紫で花弁の先端が白である．いもの形は倒卵で，皮色は白で目の周辺に淡赤の着色がある．肉色は白である．いもの早期肥大性は'男爵薯'並のやや速である．褐色心腐および裂開の発生はみられない．水煮いもの肉質はやや粘質で，煮くずれの程度は少ない．サラダやコロッケ加工に適する．病害虫に対する抵抗性は，ジャガイモシストセンチュウ抵抗性の主働遺伝子 *H1* をもち，抵抗性である．また青枯病に対してやや強の抵抗性を示す．
(3) 栽培上の注意点
いもの目数が少ないため，種いもを切断する場合は頂芽の位置に注意する．

〔田宮誠司〕

2.3.2　食用品種（西南暖地）

生食用バレイショは，植物防疫上の理由から海外からの輸入はなされていないため，国内産ですべてがまかなわれている．北海道産の供給が難しい春から初夏にかけては，西南暖地産のバレイショが日本の周年供給を支えている．西南暖地ではバレイショ栽培の生育適温10〜23℃となる時期が春と秋の2回あるため，春作と秋作の二期作栽培が行われている．そのため，休眠期間の長さ，日長反応・温度反応，生育期間，暖地特有の病害虫など，品種に求められる特性が北海道とは異なり，暖地特有の品種が多く栽培されている．しかし，北海道で栽培されている'メークイン'，'トヨシロ'は，需要サイドからの要望に基づいて西南暖地の春作でも栽培されており，北海道産を補うかたちで供給されている（表2.8）．

表 2.8 九州各県で栽培されているバレイショ品種

県名	主要品種
福岡	メークイン，男爵薯
佐賀	トヨシロ，メークイン，デジマ
長崎	ニシユタカ，メークイン，デジマ，アイユタカ，さんじゅう丸
熊本	メークイン，トヨシロ，ニシユタカ
大分	男爵薯，メークイン
宮崎	トヨシロ，ニシユタカ
鹿児島	ニシユタカ，ホッカイコガネ，トヨシロ，メークイン，デジマ

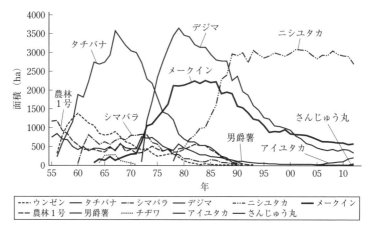

図 2.17 長崎県バレイショの品種別作付面積の推移

長崎県におけるバレイショの主要品種は時代とともに変遷しており，最も多く栽培されてきた品種は，1960～74年は'タチバナ'，1975～88年は'デジマ'，1989年以降は'ニシユタカ'である（図2.17）．

ここでは，現在西南暖地で栽培されているおもな暖地二期作向け品種と，今後期待される新品種について，その特性を解説する．

a．デジマ

(1) 来 歴

長崎県総合農林試験場 愛野馬鈴薯支場（現 長崎県農林技術開発センター馬鈴薯研究室）において，1973（昭和46）年に農林登録された．北海道農業試験場において，大粒，多収，良食味，黄肉色の'北海31号'を母に，多収，大粒の'ウンゼン'を父として交配され，交配種子を長崎県が分譲を受け，選抜育成したものである．品種名は，鎖国時代に海外との窓口であった出島にち

なんで付けられたものである．

(2) 特　性

熟期は晩生で，茎長は長く，茎数はやや多い．初期生育が旺盛で，草勢が強く，茎葉の繁茂量が多い．草型はやや直立性であるが，多肥栽培では生育後期に倒伏がみられる．花数は少なく，花色は白，大きさは小さい．自然結果はまれにみられる．

匐枝の長さはやや長く，いもはやや深いところにまで分布する．いもの形は短卵形，皮色は淡ベージュで肉色は淡黄，目の深さは浅く，表皮は滑らかである．いもの大きさは大きく，収量は多い個重型の品種である．肉質は粉質と粘質の中間で，食味は良い．休眠期間は短い．

病害虫に対する抵抗性は，疫病，そうか病，粉状そうか病，Yウイルス病など全般的に弱い．ジャガイモシストセンチュウ抵抗性はない．

(3) 栽培上の注意点

いもはやや深いところまで分布するので，収穫時の切り割れに注意する．熟期が晩生で，いもの肥大が最後まで続くので，巨大いもになりやすい．いもは高温や乾燥等のストレスに対して敏感に反応し，休眠明け期が早まったり，二次生長や裂開が発生したりしやすいので，注意する．

b．ニシユタカ

(1) 来　歴

長崎県総合農林試験場 愛野馬鈴薯支場において，春作・秋作とも多収・大いもで良食味の'デジマ'を母，大いもで多収の'長系65号'を父として交配し，育成選抜を行い1978（昭和53）年に農林登録された．品種名は豊産性に由来するものである．

(2) 特　性

熟期は中晩生で，茎長はやや短く，茎数は中程度である．出芽と初期生育は早く，茎長の伸びは早く止まるが，茎葉部の衰えは遅い．いもの形成時期と肥大は早い方である．草型は直立性で，倒伏や風等による損傷が少ない．小葉は小さめであるが，葉色が濃い．花数は少なく，花色は白，大きさは小さい．自然結果はない．

いもの形は扁球形，皮色は淡ベージュで肉色は淡黄，目の深さは浅く，形の崩れは少ない．収穫時期が遅れると表皮が粗くなる．いもは大きく揃いがよ

く，収量はごく多い個重型の品種である．肉質はやや粘質で，煮くずれが少なく，食味は中程度である．休眠期間は短い．

病害虫に対する抵抗性は，青枯病と塊茎腐敗には中程度であるが，疫病には弱く，そうか病とYウイルス病にはごく弱い．ジャガイモシストセンチュウ抵抗性はない．

(3) 栽培上の注意点

熟期が中晩生で，1個重が大きいので，巨大いもになりやすい．

そうか病に弱いため，発病が懸念される圃場での栽培は避けるか，種いも消毒と土壌消毒を実施する．

c．アイユタカ

(1) 来　歴

長崎県総合農林試験場 愛野馬鈴薯支場において，'デジマ'を母，ジャガイモシストセンチュウ抵抗性遺伝子 $H1$ を二重式にもち，形くずれが少なく，食味に優れる'長系108号'を父として1996年に交配し，育成選抜を行い2006（平成18）年に品種登録された．品種名は育成地である愛野町と豊産性に由来するものである．

(2) 特　性

休眠期間はやや短く，出芽期と初期生育は中程度である．茎長はやや短く，茎数は春作ではやや多く，秋作では少ない．草型はやや直立性で，若い複葉の基部付近は黄色みを帯びる．開花は稀であるが，花色は淡い赤紫系である．熟期は中生である．いもの形成時期はやや早く，肥大は早い．

春作・秋作ともいもは大きくて，収量は多い個重型の品種である．いもの形は短楕円形，皮色は淡ベージュで肉色は白黄，目の深さはごく浅く，表皮は滑らかで，外観が良い．二次生長や裂開などの生理障害がほとんどなく，形くずれは少ない．デンプン含有量はやや低いが，肉質が軟らかくて滑らかな食感であり，食味はやや良い．火の通りと味の染み込みが早いため，短時間に調理ができる．ビタミンC含有量が多い．

病害虫に対する抵抗性は，ジャガイモシストセンチュウ抵抗性をもち，Yウイルスと粉状そうか病には中程度であるが，疫病，そうか病，青枯病，塊茎腐敗には弱い．

(3) 栽培上の注意点

春作マルチ栽培における芽出し作業の遅れによる高温障害（芽焼け）を起こしやすいので，こまめに芽出し作業を実施する．また，高温による塊茎腐敗が発生しやすいので，夏期の種いも貯蔵温度，秋作の植付時の気温などに注意する．

d. さんじゅう丸

(1) 来　歴

長崎県総合農林試験場 愛野馬鈴薯支場において，大いも・多収で外観に優れる'長系107号'を母，そうか病に強く，外観・食味に優れる'春あかり'を父として交配し，育成選抜を行い2012（平成24）年に品種登録され．品種名は，収量性，外観・品質，病害虫抵抗性に優れることと，系統名'西海30号'に由来するものである．

(2) 特　性

休眠期間はやや短く，出芽期は春作では早く，秋作ではやや遅い．初期生育は中程度である．茎長は短く，茎数は春作では中，秋作では少ない．草型はやや直立性．開花は稀であるが，花色は白である．熟期は中晩生である．いもの形成時期はやや早く，肥大はやや早い．

春作・秋作ともいもは大きく，収量は多い個重型の品種である．いもの形は卵形，皮色と肉色は白黄，目の深さはごく浅く，表皮は滑らかで，外観が良い．二次生長はないが，裂開は少発生する．デンプン含有量は低く，肉質は中からやや粘質で，食味は中である．煮くずれは少ない．

病害虫に対する抵抗性は，ジャガイモシストセンチュウ抵抗性を有するとともに，そうか病には中からやや強の抵抗性をもち，青枯病に中程度の抵抗性を示す．しかし粉状そうか病，疫病，Yウイルス病には弱である．

(3) 栽培上の注意点

春作マルチ栽培において収穫時期が遅れると，大いもでストロン基部からの腐敗が発生しやすいので，適期収穫を行う．高温時期の植え付けでは種いもの腐敗が起こりやすいので，小粒いもを切断しないで植え付ける，または，植え付け1～2日前に切断し切断面を乾燥させる．8月の種いも貯蔵温度を22℃にすることで，休眠明けが早まり，出芽期が揃い，秋作の収量が増加する．

e．ながさき黄金

(1) 来　歴

長崎県農林技術開発センターにおいて，高デンプン，ジャガイモシストセンチュウおよびジャガイモYウイルス抵抗性，青枯病に強い'西海35号'を母，青枯病に強く，多いも・多収の'西海33号'を父として交配し，育種選抜を行い 2015（平成27）年に品種登録出願した．品種名は育成地である長崎県と黄肉色に由来する．

母系統である'西海35号'は2倍体品種'インカのめざめ'の染色体倍加系統の後代であり，'ながさき黄金'は'インカのめざめ'の品質特性を引き継ぐとともに，病害虫抵抗性，収量性，栽培特性などを改良したものである．

(2) 特　性

休眠期間は短く，出芽期は早く，初期育成はやや早く，いもの早期肥大性は中である．草型はやや直立性で，茎長は長く，開花数は多く，花色は赤紫である．熟期は中晩生である．

春作・秋作ともいもはやや小さく，いも数はやや多く，収量はやや少ない．いもの形は短卵形，目の深さは浅く，表皮はなめらかである．皮色・肉色とも黄色で，カロテノイド（ゼアキサンチン，ルテイン）を多く含む．デンプン含有量は高く，肉質はやや粉質で，食味は良い．

病虫害に対する抵抗性は，ジャガイモシストセンチュウとジャガイモYウイルスに抵抗性を有し，青枯病には既存品種の中で最も強い．そうか病には中～やや弱，疫病には弱である．

(3) 栽培上の注意点

春作マルチ栽培において収穫時期が遅れると，いものストロン基部からの腐敗が発生することがあり，貯蔵中に腐敗が進行するので，適期収穫を行う．

〔中尾　敬〕

引用文献

1) 森　一幸ほか（2015）：日本育種学会　第128回講演会発表要旨，107.
2) 向島信洋ほか（2012）：長崎県農林技術開発センター研究報告，3：27-51.
3) 中尾　敬ほか（2004）：長崎県総合農林試験場研究報告，30：1-28.
4) 農林水産省（2013）：平成24年度いも・でん粉に関する資料，104-112
5) 知識敬道ほか（1979）：長崎県総合農林試験場研究報告，7：41-76.

2.3.3 加工用品種

　油加工適性のある'トヨシロ'が1976（昭和51）年に育成されてから，'ワセシロ'や'農林1号'などの既成品種もポテトチップス加工用としての栽培が増加し始めた．その後はフライ製品として褐変が少ない（還元糖含有率の低い）品種の開発が進み，チップスやフレンチフライ加工用の品種が新しく育成または外国より導入された．一方，コロッケやサラダ等の加工用には'男爵薯'等の生食用品種が用いられていたが，1995（平成7）年にサラダや煮物に適した'さやか'が育成された．ここでは，これら加工原料となるおもな品種について概説する．

a．農林1号

(1) (2)　来歴，特性については食用品種（寒冷地）に記載したとおり．

(3)　栽培と注意点

チップス加工用として'スノーデン'や'きたひめ'が育成されるまで栽培されたが，ジャガイモシストセンチュウ感受性や貯蔵による還元糖含有量の増加等のため栽培は減少した．比較的圃場を選ばないので栽培はしやすいが，大いもでは中心空洞も多くなる．気温が低下する遅い時期の収穫では打撲に注意する．

b．ワセシロ

(1) (2)　来歴，特性については食用品種（寒冷地）に記載したとおり．

(3)　栽培と注意点

チップス加工用としての栽培は関東以北で多い．貯蔵すると還元糖含有量が増えチップスが褐変するため，使用時期は収穫後短期間に限定される．病害虫では乾腐病に弱い．

c．トヨシロ

(1)　来　歴

北海道農業試験場において1960（昭和35）年に，'北海19号'を母，'エニワ'を父として交配し，選抜育成後の1976（昭和51）年に加工用としてわが国で初めて品種登録された．

(2)　特　性

そう性はやや開張型で，茎長は'男爵薯'と'農林1号'の中間である．茎色は緑，葉色は淡緑である．花色は白で，花数はやや多い．いもの形は扁卵

形，皮色は淡黄褐で，肉色は白である．目はやや浅い．萌芽は'男爵薯'よりやや遅く，熟性は中早生である．デンプン価は16前後で，還元糖の含有量は少なく，油加工製品の色は良い．

病害虫に対する抵抗性は，ジャガイモシストセンチュウに感受性で，疫病抵抗性の主働遺伝子 *R1* をもつが圃場抵抗性はなく，塊茎腐敗は中程度，そうか病と軟腐病に弱い．

(3) 栽培上の注意点

チップス加工用としては最も栽培の多い品種であり，北海道（十勝，上川等）から九州まで全国的に栽培されている．初期生育があまりよくないので，浴光育芽を適切に行う．乾燥地ややせ地では早期に茎葉が枯れ上がるため比較的地力のある畑を選ぶ．一方，多肥では二次生長が発生し，大いもは中心空洞となるため，徒長しない施肥が必要である．

d．ホッカイコガネ

(1) 来　歴

1970（昭和45）年'トヨシロ'を母に，'北海51号'を父として交配し，1981（昭和56）年に品種登録された．

(2) 特　性

そう生は直立型で，草姿は'トヨシロ'に似ている．茎長が長く，茎の着色はなく，花色は淡赤紫で，花弁の先は白い．いもの形は長楕円形，皮色は淡褐色でやや粗，目は浅く，大玉で揃いがよい．肉色は淡黄，肉質はやや粘質である．生理障害（褐色心腐，二次生長，裂開，中心空洞）の発生は少ない．'農林1号'並みの中晩生である．大玉で還元糖含有量が少ないので，フレンチフライ用に適する．煮くずれが少ないので煮物用としても利用できる．

病害虫に対する抵抗性は，疫病圃場抵抗性は中程度で，塊茎腐敗は少なく，粉状そうか病抵抗性は強である．青枯病には弱く，ジャガイモシストセンチュウには感受性である．

(3) 栽培上の注意点

加工用として北海道での栽培が多いが，生食用には暖地の南西諸島でも栽培されている．初期生育は劣るが，茎長は長くなり収量は多い．いもは'メークイン'並みの長形なので，緑化防止の培土を十分に行う必要がある．

e．アトランチック

(1) 来　歴

1969年に米国のメリーランド州において，'Wauseon' を母とし，'Lenape' を父として交配し，選抜を加え，1976年 'Atlantic' の名で発表された．1979（昭和54）年にカルビーポテト株式会社が導入し，1992（平成4）年に品種登録された．

(2) 特　性

そう性は直立型で，茎長はやや短い．茎は緑色で一部淡赤紫色を帯びる．花色は薄い藤色である．いもの着生はやや疎であるが，ストロンの離れはよく，いもの形は扁平度小の球で，皮色は淡褐色，表皮はやや粗，目は浅く，数も少ない．肉色は黄白である．チップス加工適性は高い．

病害虫に対する抵抗性は，ジャガイモシストセンチュウ抵抗性の主働遺伝子 $H1$ をもち抵抗性で，疫病抵抗性遺伝子 $R1$ をもつが，圃場抵抗性はなく罹病する．塊茎腐敗の発生は中で，そうか病は中程度の抵抗性を示す．

(3) 栽培上の注意点

褐色心腐が発生しやすいのが栽培の最大の障害となり，栽培地域が限られている．また，高デンプン価のため打撲の発生も多い．

f．さやか

(1) 来　歴

1983（昭和58）年に北海道農業試験場において，'Pentland Dell' を母，'R392-50' を父として交配し，1995（平成7）年に品種登録された．

(2) 特　性

そう性はやや開張型で，茎長は '男爵薯' より長く，葉は緑で，花は白い．いもの形は卵形で，表皮は滑らかであり，目は浅い．肉色は白で，肉質は粘質と粉質の中間であり，デンプン価はやや低い．以上の特性に加えて目が浅いので剥皮率が低く，調理後黒変が少なく，光を浴びてもグリコアルカロイドの生成が少ない等の特性をもつ．サラダや煮物に適する．

病害虫に対する抵抗性は，ジャガイモシストセンチュウ抵抗性の主働遺伝子 $H1$ をもち抵抗性で，疫病抵抗性遺伝子 $R1$ $R3$ をもっているが圃場抵抗性はなく罹病する．

(3) 栽培上の注意点

加工用としては業務用のサラダ向けとしての栽培が多い．大いもになりやすいので多肥と疎植を避ける．デンプン価の上昇がいもの肥大に比べてやや遅れるので，早期出荷には向かない．

g．スノーデン

(1) 来　歴

1973年に米国のウィスコンシン大学において，'B5141-6' を母，'Wischip' を父として交配され，1990年に 'Snowden' の名で公開された．カルビーポテト株式会社が1991（平成3）年に導入し，チップス加工用として2000（平成12）年に品種登録された．

(2) 特　性

そう性は中間型，茎長は長く，茎色は緑で，赤紫斑を生じる．葉色は淡緑，花色は白である．'トヨシロ' より遅い中晩生である．いもの形は球，大きさは中で揃いがよい．目はやや浅く，表皮は褐色で粗である．肉色は白，肉質は中，デンプン価はやや低い．チップス加工用としては還元糖含有量が少なく，6℃での長期貯蔵が可能である．

病害虫に対する抵抗性は，ジャガイモシストセンチュウに感受性で，褐色心腐と中心空洞は少ない．疫病抵抗性はないが，塊茎腐敗には強い．そうか病には中程度の抵抗性を示す．

(3) 栽培上の注意点

粒揃いがよく，長期貯蔵可能なチップス加工用として北海道で栽培されている．生育は初期にはやや劣るが中期以後に旺盛となる．ストロンの数が多くて長いため，培土は早く，大きく行う．生育後期に下葉が落下することがあるのでやせ地での栽培は避ける．

h．きたひめ

(1) 来　歴

1991（平成3）年に北海道農業試験場で 'ホワイトフライヤー' を母，'さやか' を父として交配し，以降ホクレン農業協同組合連合会農業総合研究所において選抜育成し，2001（平成13）年にチップス加工用として品種登録された．

(2) 特　性

そう性はやや開張で，茎長は'トヨシロ'並みである．茎色は緑で，葉色は緑，花色は白（花裏に紫）である．枯凋期は'トヨシロ'より1週間遅く，中生である．いもの形は球〜扁球で，皮色は黄白，目の深さはやや浅く，肉色は白である．休眠期間は'トヨシロ'より短い．チップス加工用としては還元糖含有量が少なく，低温（6℃）での長期貯蔵が可能である．

病害虫に対する抵抗性は，ジャガイモシストセンチュウ抵抗性の主働遺伝子 *H1* をもち抵抗性である．疫病とそうか病には弱く，塊茎腐敗には中程度の強さがある．

(3) 栽培上の注意点

チップス加工用としての栽培は北海道各地で増加傾向にある．中心空洞を防ぐために多肥栽培を避ける．疫病には概して弱いので，防除を励行する．

i.　オホーツクチップ

(1) 来　歴

1991（平成3）年に北海道立根釧農業試験場において，'アトランチック'を母，'ND860-2'を父として交配し，2004（平成16）年に品種登録された．

(2) 特　性

そう性はやや開張型で，茎長はやや短い．葉色は淡緑で，花色は白である．枯凋期は'ワセシロ'よりやや遅い早生である．いもの形は球形，目の深さは浅く，皮色は褐色，肉色は白である．還元糖含有量は少なく，チップス加工適性がある．

病害虫に対する抵抗性は，ジャガイモシストセンチュウ抵抗性の主働遺伝子 *H1* をもち抵抗性で，そうか病抵抗性は中で，茎葉部疫病に弱いが，塊茎腐敗には強い．Yウイルス病抵抗性は弱である．

(3) 栽培上の注意点

2007（平成19）年より北海道網走地区で栽培が始まった．チップス加工用としては収穫直後から年内に使用される．塊茎肥大性がやや遅いので，浴光育芽や早植えにより生育を進める．倒伏を避けるために施肥を行う．

j.　らんらんチップ

(1) 来　歴

北海道農業試験場において1991（平成3）年に，'とうや'を母，'83068C-

51' を父として交配し，生食用として選抜を進められたが，チップス加工用として 2005（平成 17）年に品種登録された．

(2) 特　性

そう性はやや直，茎長は中，茎色は緑で，葉色は淡緑である．開花数は少なく，花色は白である．熟期は中早生．いもの形は倒卵形で，皮色は黄褐色，目の深さは浅く，肉色は黄白である．デンプン価とチップス製品の褐変程度は'トヨシロ'並みである．

病害虫に対する抵抗性は，ジャガイモシストセンチュウ抵抗性の主働遺伝子 $H1$ をもち抵抗性で，Y ウイルス病に抵抗性で，そうか病抵抗性は弱である．

(3) 栽培上の注意点

2008（平成 20）年よりチップス加工用の栽培が始まったが，本格的な普及にはいたっていない．打撲に弱いので注意する．

k．こがね丸

(1) 来　歴

1995（平成 7）年に北海道農業試験場において'ムサマル'を母，'十勝こがね'を父として交配し，加工（フライ）用として 2006（平成 18）年に品種登録された．

(2) 特　性

そう性はやや直で，茎色は緑で赤紫の二次色が入る．葉色はやや淡緑で，花色は赤紫系である．早晩性は中晩生である．いもの形は楕円で，皮色は黄褐，目は浅く，肉色は淡黄で，デンプン価はやや高い．光によるグリコアルカロイドの生成が少なく，フレンチフライ用に適する．

病害虫に対する抵抗性は，ジャガイモシストセンチュウ抵抗性の主働遺伝子 $H1$ をもち抵抗性で，疫病には弱く，そうか病抵抗性は弱である．

(3) 栽培上の注意点

栽培にあたっては中心空洞が発生しやすいので，十分な培土を行い，多肥，疎植を避ける．打撲には弱いので収穫や移送時に注意して取り扱う．

l．アンドーバー

(1) 来　歴

米国のニューヨーク州において，1981 年に'Allegany'を母，'Atlantic'を父として交配し，1998 年に'Andover'の名で発表された．カルビーポテト株

式会社が1995（平成7）年に導入し，チップス加工用として2008（平成20）年に品種登録された．

(2) 特　性

そう性はやや開張，茎長はやや短，茎色は緑，葉色は緑，花色は白である．早晩生は中早生である．いもの形は球，皮色は黄褐でやや粗，目は浅く，肉色は白で，デンプン価はやや低い．チップス加工用としては還元糖含有量が少なく，9℃での貯蔵もできる．

病害虫に対する抵抗性は，ジャガイモシストセンチュウ抵抗性の主働遺伝子 *H1* をもち抵抗性で，Yウイルス病抵抗性は弱である．内部障害（中心空洞，褐色心腐）の発生は'トヨシロ'並みの微であり，そうか病は中程度の抵抗性を示す．

(3) 栽培上の注意点

いもの数が多いので，やや疎植にして地力のある畑で栽培する．

〔田中　智〕

2.3.4　デンプン原料用品種

デンプン原料用品種は，デンプン収量が安定多収であることに加え，収穫，運搬などの労働生産性やデンプンの製造費と工場歩留まりなどの点からデンプン含有率が高いことが求められる．早晩性は中晩生～晩生が主体であるが，収穫時期やデンプン工場の操業期間が短期に集中しないように，9月上旬から収穫が可能な早期肥大性に優れた品種も必要とされる．

バレイショデンプンは，市販されている植物デンプン（コーンスターチ，カンショデンプン，コムギデンプン，タピオカデンプンなど）のなかで最も粒子が大きい．また，糊化温度が低く，糊化した際の粘度，膨潤度が最大で，糊液の透明度が最も高いなど優れた性質をもつ[13]．そのため，バレイショデンプンでなければならない，あるいは，バレイショデンプンである方がよい「固有用途」と呼ばれる需要がある．しかし，食塩の影響を受けやすく，粘度安定性が低いなどの弱点もある．特にリン含有率の高いデンプンは，最高粘度は高いがブレークダウン（加熱保持時の粘度低下）も大きく，粘度安定性が低い．なお，糊液の老化の指標とされる，食塩水中で加熱した糊液を冷蔵したときの離水率は，低い方が望ましい．これらのことから，デンプン原料用バレイショの

育種では，低リン含有率，低離水率のデンプン品質を目標としている．

国内でデンプン原料用バレイショが栽培されているのは，北海道のみである．近縁種や海外の高デンプン品種を利用した育種の結果，デンプン原料用の基幹品種は，デンプン価16～17％の'紅丸'から約22％の'コナフブキ'に交替したが（表2.9，図2.18），'コナフブキ'はジャガイモシストセンチュウ抵抗性がない．1986年以降に育成されたデンプン原料用品種は，すべてジャガイモシストセンチュウ抵抗性であるが，センチュウ発生地域においても十分に普及が進んでいるとはいえない．

デンプン原料用の優良品種11品種を作付面積順に概説する．

表2.9 デンプン原料用バレイショ品種一覧（北海道優良品種）

品種名	系統名	優良品種決定年	育成場	組合せ 上段：母 下段：父	デンプン価（％）	備考
紅丸	本育309号	1938	北農試	Lembke Frühe Rosen Pepo	16	中晩～晩生．極多収，高デンプン品質
エニワ	北海22号	1961	北農試	島系267号 島系232号	19	中晩生．耐湿性，塊茎腐敗抵抗性強
コナフブキ	根育19号	1981	根釧農試	トヨシロ WB66201-10	22	中晩生．高デンプン価，高デンプン収量
アスタルテ	Astarte[a]	1993	オランダ[b]	SVP RR62-5-43 SVP VT5 62-69-5	20	晩生．高デンプン品質
サクラフブキ	根育26号	1994	根釧農試	コナフブキ トヨアカリ	23	晩生．高デンプン価，高デンプン収量
アーリースターチ	北海72号	1996	北農試	島系523号 R392-50	20	中生．早掘り用
ナツフブキ	北育5号	2003	北見農試	ムサマル 島系544号	22	中生．早掘り用
コナユキ	北育13号	2010	北見農試	紅丸 根育39号	21	中晩生．高デンプン品質
コナユタカ	北育20号	2014	北見農試	根育38号 K99009-4	21	晩生．高デンプン収量
パールスターチ	北海105号	2015	北農研	ムサマル 北海87号	20	極晩生．高デンプン収量
コナヒメ	HP07	2016	ホクレン	DP01 コナフブキ	20	中晩生

a：原品種名，b：導入品種の育成国．

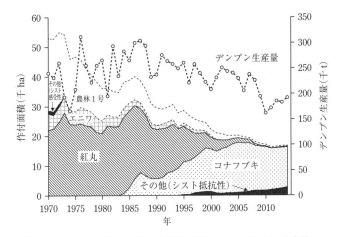

図 2.18 デンプン原料用品種の品種別作付面積およびデンプン生産量の推移（文献[2]および北海道農政部農産振興課資料より作図）
兼用品種 '農林 1 号' の面積は全用途の合計.

a. コナフブキ（ばれいしょ農林 26 号）

デンプン原料用バレイショの作付面積の 8 割以上を占める，高デンプン価，高デンプン収量の基幹品種である.

北海道農業試験場において 'トヨシロ' を母，'WB66201-10' を父として交配し，根釧農業試験場が交配種子の分譲を受けて選抜し，1981（昭和 56）年に優良品種に認定された．作付面積は，1996 年に '紅丸' を超え，デンプン原料用の首位になり，2002 年には食用の '男爵薯' を超え，北海道のバレイショ品種別作付面積の首位となった．2005 年には最大の 1 万 6823 ha に達し[2]，現在もデンプン原料用品種の作付面積の 8 割以上を占める（図 2.18）.

茎長は '紅丸' 並みである．小葉は濃緑色で，小さく厚みがある．花色は淡い赤紫系で，花弁の先端は白い．花数は多く自然結果も多いため，こぼれた種子から実生が発生しやすい．塊茎は扁球形で皮色は淡黄褐，目は淡赤色でやや浅く，数が多い．肉色は白である.

早晩性は '紅丸' より数日早い中晩生に属する．早期肥大性に優れ，早期収穫にも適する．'紅丸' より 1 個重がやや小さく，上いも収量は少ないが，デンプン価が約 22% と約 5 ポイント高いため，デンプン収量は 1～2 割多い[1].

ジャガイモシストセンチュウ抵抗性はない．疫病抵抗性遺伝子 *R1R3* をもつが，これを侵す菌が分化しており，感受性品種と同様の薬剤防除を要する．*S.*

chacoense 由来の PVY（ジャガイモYウイルス）抵抗性遺伝子 Ry_{chc} をもち[3]，ウイルスは塊茎に移行しない．

デンプンは'紅丸'に比べ白度は高いが，粒径がやや小さく，リン含有率も高い．糊化特性は最高粘度が高く，最高粘度時の温度は低いが，ブレークダウンが大きく[9]．離水率も高い[13]など，総じて'紅丸'よりやや劣る（表2.10）．

表2.10 'コナフブキ'，'紅丸'，'コナユキ'のデンプンの特性（北見農試産，2005〜2008年）[5]

品種名	リン含有率(ppm)	離水率(％)	平均粒径(μm)	糊化特性				白度	灰分率(％)
				糊化開始温度(℃)	最高粘度(BU)	最高粘度時温度(℃)	ブレークダウン(BU)		
コナフブキ	730	26.2	48.0	63.8	1640	70.6	1268	96.1	0.29
紅　丸	584	10.4	51.1	62.9	1435	73.8	1120	94.8	0.22
コナユキ	615	7.4	48.2	62.5	1408	74.4	1100	96.1	0.23

白度と灰分率はホクレン農総研（2004〜2006年），他の項目は北見農試の調査．

b．アーリースターチ（ばれいしょ農林37号）

早期収穫に適する中生のジャガイモシストセンチュウ抵抗性品種である．

北海道農業試験場において'島系523号'を母，'R392-50'を父として交配し，選抜を重ね，1996（平成8）年に優良品種に認定された．

茎長は短く，耐肥性に優れる．花色は赤紫系である．塊茎の皮色は白黄，形は扁球で，肉色は白である．早期肥大性に優れ，塊茎が大きく粒揃いもよく，早期収穫に適する．早晩性は中生に属し，デンプン価は'コナフブキ'より約2ポイント低く，デンプン収量も及ばないことから，おもにジャガイモシストセンチュウ発生地域において早期収穫用として栽培されている．ジャガイモシストセンチュウ抵抗性であるが，Yウイルス抵抗性はない．

デンプンは'紅丸'よりリン含有率が高く，最高粘度は高いがブレークダウンも大きい[8,9]など，'コナフブキ'に近い特性を示す．

c．アスタルテ（原品種名：'Astarte'）

オランダから導入した，デンプン品質が'紅丸'並みに優れた晩生のジャガイモシストセンチュウ抵抗性品種である．

オランダのカルナ育種研究所が'SVP RR62-5-43'を母，'SVP VT[5] 62-69-5'を父とした交配から1975年に育成した品種である．北海道澱粉工業協会とホクレン農業協同組合連合会が共同で導入し，1993（平成5）年に北海道の優

良品種に認定された.

茎長は'コナフブキ'より長く，茎数も多い．小葉は'コナフブキ'よりやや大きい．花色は赤紫系で花弁の先端は白い．自然結果はまれである．塊茎は'紅丸'より細長い卵〜長卵形で，皮色は白黄色，目はやや浅く，肉色は黄白色である．

早晩性は'コナフブキ'および'紅丸'より遅い晩生に属する．早期肥大性が劣るため早期収穫には適さない．'コナフブキ'に比べ，1個重が小さく，デンプン価はやや低い20％前後であるが，デンプン収量はほぼ同等である．

S. vernei 由来のジャガイモシストセンチュウ抵抗性をもつ．PVX（ジャガイモXウイルス）に免疫で，Yウイルスにも強いが，生育後半に健全株の葉に脈えそや巻き上がりがみられることがある．そうか病にはかなり弱い．

デンプンは，粒径，リン含有率，粘度特性，離水率とも'紅丸'並みに優れる[11, 13]．

d. サクラフブキ（ばれいしょ農林34号）

デンプン価，デンプン収量がともに'コナフブキ'を上回る晩生のジャガイモシストセンチュウ抵抗性品種である．

根釧農業試験場において，'コナフブキ'を母，'トヨアカリ'を父として交配し，選抜を重ね，1994（平成6）年に優良品種に認定された．

草姿，塊茎ともに'コナフブキ'に酷似するが，早晩性は'コナフブキ'より遅い晩生に属し，早期収穫適性は劣る．デンプン価は'コナフブキ'より約1ポイント高く，デンプン収量は'コナフブキ'より約1割多収である．ジャガイモシストセンチュウおよびYウイルスに抵抗性である[7]．

デンプンのリン含有率は'コナフブキ'並みかやや低いが，糊化開始温度および最高粘度時温度が高く[7, 9]，離水率は'コナフブキ'より高い[13]．ゲルの破壊強度は'コナフブキ'並みで，破壊時歪は'紅丸'および'コナフブキ'より小さい[7]．総じてデンプン特性は'コナフブキ'より劣る．

e. コナユキ（ばれいしょ農林62号）

デンプン品質が'紅丸'並みに優れた，ジャガイモシストセンチュウ抵抗性品種である．

北見農業試験場において'紅丸'を母，'根育39号'を父として交配し，選抜を重ね，2010（平成22）年に優良品種に認定された．

草姿は'紅丸'に似ており，花色は白で自然結果はない．塊茎は扁球形で皮色は紫，目の深さは中程度である．肉質は白で紫色の斑が入ることがある．

早晩性は'コナフブキ'並みか数日早い中晩生に属する．デンプン価は'コナフブキ'並みか1ポイントほど低い．デンプン収量は育成地では'コナフブキ'並みか若干上回るが，いも数が多く，1個重が小さいため，機械収穫での掘り残しによる野良いもの発生に注意が必要である．

ジャガイモシストセンチュウ抵抗性であるが，Yウイルス抵抗性はない．

デンプンの白度は'コナフブキ'並みに高い．粒径は'紅丸'よりやや小さいが，リン含有率はほぼ'紅丸'並みに低く，糊化開始温度，最高粘度，最高粘度時温度，ブレークダウンなどの糊化特性は'紅丸'並みである．離水率も'紅丸'並みに低く，総じて'紅丸'並みの高品質[5]であり（表2.10），固有用途のうち特にカマボコなどの水産練製品には，'コナフブキ'よりも適する[6]．

f．紅　丸

いもの収量が多く，デンプン品質に優れ，'コナフブキ'が普及するまで長年にわたりデンプン原料用の基幹品種であった（図2.18）．

北海道農事試験場本場において'Lembke Frühe Rosen'を母，'Pepo'を父として交配し，1938（昭和13）年に優良品種に認定された．多収で広域適応性に優れることから，終戦前後の食糧難時代には全国で広く栽培され，1949年における全国の作付面積が9万4500 ha[12]に達した後も，1995年までデンプン原料用の作付面積首位[2]の座に君臨した．

茎長は'コナフブキ'よりやや長く，緑地に赤紫色が斑紋状に分布し，葉軸も赤みを帯びる．花色は白で自然結果は少ない．塊茎は卵形〜短楕円形で皮色は淡赤，目はやや浅い．肉色は白で維管束部が赤紫色を帯びることがある．

早晩性は'コナフブキ'よりやや遅い中晩生〜晩生に属する．いも数が多く，1個重も大きく，上いも収量は国内品種で最も多収とされるが，デンプン価は'コナフブキ'より約5ポイント低いため，デンプン収量は'コナフブキ'より少ない．

ジャガイモシストセンチュウ抵抗性はない．茎葉の疫病抵抗性は弱いが，塊茎腐敗にはやや強い．Yウイルスにはれん葉型の病徴を現す．そうか病には弱い．二次生長や褐色心腐が発生しやすい．

デンプンは'コナフブキ'より白度は低いが，粒径が大きく，灰分およびリ

ン含有率は低い．最高粘度はやや低いが，ブレークダウンが比較的小さく[9]，離水率も低い[13]（表 2.10）など，幅広い固有用途に適する優れた特性をもつ．

g．エニワ（ばれいしょ農林 12 号）

デンプン価，デンプン収量とも近年の育成品種より劣るが，耐湿性が強いため，現在も十勝地方沿岸の冷涼な湿性の低地帯にわずかに栽培されている．

北海道農業試験場において'島系 267 号'を母，'島系 232 号'を父として交配し，選抜を重ね，1961（昭和 36）年に優良品種に認定された．作付面積は 1968 年の 8951 ha をピークに減少を続け，近年は 100 ha 強である（図 2.18）．

茎は直立し，'紅丸'よりやや短い．花色は白で自然結果は少ない．匍枝がやや長く，緑化が多い．塊茎は扁球形で扁平度が強い．表皮は淡黄褐色でやや粗く，ネット状を呈する．目はやや浅く，肉色は白い．中晩生で，デンプン価は'紅丸'より 1〜2 ポイント高い[10]．

ジャガイモシストセンチュウ抵抗性はない．塊茎腐敗抵抗性は強で耐湿性にも優れる．Y ウイルスにはえそ型病徴を現す．中心空洞，褐色心腐とも発生しやすい．

デンプンの粒径は'紅丸'並みに大きいが，リン含有率が高いため，最高粘度は高く，ブレークダウンも大きい[9]など，デンプン特性は'紅丸'より劣る．

h．ナツフブキ（ばれいしょ農林 47 号）

早期収穫に適する中生のジャガイモシストセンチュウ抵抗性品種である．

根釧農業試験場において'ムサマル'を母，'島系 544 号'を父として交配し，北見農業試験場において選抜を重ね，2003（平成 15）年に優良品種に認定された．

花色は赤紫色，塊茎の皮色は黄褐色，形は球形で，肉色は白である．早晩性は'コナフブキ'より早い中生で早期収穫に適する．枯凋期後のデンプン価は'コナフブキ'並みか若干低く，デンプン収量もやや及ばない．ジャガイモシストセンチュウ抵抗性であるが，Y ウイルス抵抗性はない．

デンプン特性は，リン含有率，粘度特性，離水率ともほぼ'コナフブキ'並みである[4]．

i.　コナユタカ（ばれいしょ農林66号）

　デンプン収量が'コナフブキ'より多収な，晩生のジャガイモシストセンチュウ抵抗性品種である．

　北見農業試験場において'根育38号'を母，'K99009-4'を父として交配し選抜を重ね，2014（平成26）年に優良品種に認定された．

　茎長は'コナフブキ'よりやや長く，花色は白で自然結果は'コナフブキ'より少ない．塊茎は球形で，皮色は黄，肉色は淡黄である．早晩性は'コナフブキ'より遅い晩生である．1個重が大きく，いも収量は'コナフブキ'より多いが，デンプン価は約1ポイント低い．デンプン収量は'コナフブキ'より1割以上多収である．

　ジャガイモシストセンチュウおよびYウイルスに抵抗性である．茎葉の疫病抵抗性は弱で，塊茎腐敗抵抗性は極弱である．

　デンプンの粒径は'コナフブキ'より大きい．離水率は'紅丸'より高く'コナフブキ'並みで，リン含有率は'紅丸'より高く'コナフブキ'よりやや低い．

j.　パールスターチ

　デンプン収量が'コナフブキ'より多収な，極晩生のジャガイモシストセンチュウ抵抗性品種である．

　北海道農業研究センターにおいて'ムサマル'を母，'北海87号'を父として交配し選抜を重ね，2015（平成27）年に優良品種に認定された．

　茎長は'コナフブキ'より長く，葉色は淡い．花色は白である．塊茎は短卵形で，目の深さは'コナフブキ'よりやや浅く，目の基部に赤い着色がある．皮色は淡褐色で，肉色は淡黄である．

　早晩性は'コナフブキ'より遅い極晩生である．'コナフブキ'よりいも数がやや多く，いも収量はかなり多い．デンプン価は'コナフブキ'より1〜2ポイント低いが，デンプン収量は'コナフブキ'より多い．

　ジャガイモシストセンチュウおよびYウイルスに抵抗性であるが，塊茎腐敗抵抗性は弱である．

　デンプンは，離水率は'コナフブキ'より低いが，リン含有率はかなり高い．

k．コナヒメ

中晩生のジャガイモシストセンチュウ抵抗性品種である．

ホクレン農業総合研究所において'DP01'を母，'コナフブキ'を父として交配し選抜を重ね，2016（平成28）年に優良品種に認定された．

塊茎は短卵形で，目は浅い．皮色は淡褐で目の基部に赤い着色はなく，肉色は白である．早晩性は'コナフブキ'並の中晩生である．'コナフブキ'よりいも数が多く，いも収量はやや多いが，デンプン価は1～2ポイント低く，デンプン収量は'コナフブキ'並である．

ジャガイモシストセンチュウ抵抗性であるが，Yウイルス抵抗性はない．疫病抵抗性は強である．褐色心腐が発生しやすい．

デンプンの粒径は'コナフブキ'より大きく，離水率，リン含有率は'コナフブキ'よりやや低い．　　　　　　　　　　　　　　　　　〔千田圭一〕

引用文献

1) 浅間和夫ほか（1982）：北海道立農試集報，**48**：75-84．
2) 北海道農政部農産振興課監修（2013）：北海道における馬鈴しょの概況，p.20-25，69，北海道馬鈴しょ生産安定基金協会．
3) Hosaka, K., *et al.* (2001): *Am. J. Pot Res.*, **78** (3): 191-196.
4) 池谷　聡ほか（2004）：北海道立農試集報，**87**：9-20．
5) 池谷　聡ほか（2010）：北農，**77**：188．
6) 池谷　聡（2012）：ジャガイモ事典，p.163-164．全国農村教育協会．
7) 村上紀夫ほか（1995）：北海道立農試集報，**68**：1-16．
8) 中尾　敬ほか（1996）：平成7年度 新しい研究成果―北海道地域―，北海道農業試験場，p.30-32．
9) Noda, T., *et al.* (2004): *J. Appl. Glycosci.*, **51**: 241-246.
10) 農林水産技術会議事務局（1963）：畑作物の新品種（昭和30～38年度）（品種解説4），p.242-248．
11) 千田圭一・村上紀夫（1993）：北農，**60**：191．
12) 高瀬　昇（1977）：馬鈴薯，p.62-63，グリーンダイセン普及会．
13) 山本和夫（2008）：いも類振興情報，**97**：18-23．

2.3.5　種いも栽培

ナス科の植物であるバレイショは，品種によっては小さなトマトに似た果実をつけ，その果実内の種子（真正種子）から実生（幼植物）を生じるが，雑種性が強く，一般的には収穫された塊茎を種（種いも）として利用する栄養繁殖

作物である．

　栄養体である種いもの内部には多量の貯蔵エネルギーが蓄えられていることから，イネなどの種子繁殖作物に比べ，初期生育が旺盛で早期に塊茎が肥大する（植え付け後50日ごろ以降，同化産物が塊茎に蓄積され肥大が始まる）等の利点がある反面，増殖倍率が非常に低く（8～15倍），種いもにウイルス病や細菌病等が内在すると外見からは判断ができず，気づかぬうちに病害が蔓延するといった特質がある．また，病害虫に汚染された収穫物を自家増殖等により種いもとして繰り返し使用すると，収穫量が年々減少することが知られている．減収率は品種や病害の種類によっても異なるが，ジャガイモ葉巻病ウイルス（potato leafroll virus：PLRV）の中および重症株で80～92％減収するとされている[1,2,4,6)]．このように種いもの健全性が収穫に大きく影響を及ぼすことから，わが国では1950年に制定された植物防疫法において国内検疫を行う植物として'指定種苗'に指定するとともに，健全無病な種いも生産のための採種体系が整備されている．

a．わが国の採種体系

　わが国の採種体系は，種苗管理センター（旧 独立行政法人，2016年4月より国立研究開発法人 農業・食品産業技術総合研究機構内の研究センターとして改組）がおもに生産する「原原種」を起点として，道県による「原種」，農業団体による「採種」の3段階で増殖する採種体系の組織化が図られている．図2.19に種いも増殖（3段階増殖）の流れを示す．試験研究機関等で育成または海外から導入された新品種は，種苗管理センターにおいて茎頂培養等により無病化される．無病化後4～5年の増殖期間を経て原原種が生産される．この増殖期間中においては植物防疫法に基づく病害検査（自主検査）が実施され，検査に合格したものだけが原原種として，各採種道県からの申請に応じ配布されている．2013（平成25）年度の原原種の生産配布実績は，75品種6万7966袋/20 kgである．図2.20に年度別・道県別バレイショ原原種配布数量の推移を示す[10)]．

　原原種の配布を受けた道県は原種圃を設置し，原原種を種いもに原種を生産・配布する．原種の配布を受けた農業団体は採種圃を設置し，原種を種いもとして採種を生産する．生産された採種は農家等の一般栽培用として販売される．原種，採種の生産においては栽培期間中に植物防疫官による検査を受ける

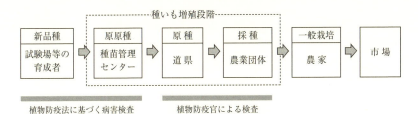

図 2.19 種いも増殖（3 段階増殖）の流れ[3]

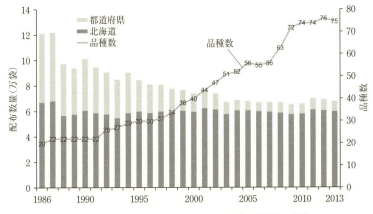

図 2.20 年度別・道県別バレイショ原原種配布数量の推移

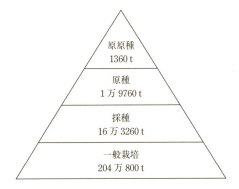

図 2.21 原原種を起点としたバレイショ生産の状況（2013 年）（種バレイショの生産流通に関する資料等をもとに種苗管理センター作成）

ことが義務づけられている．また，この検査に合格したことを証明する「種馬鈴しょ検査合格商標」を添付した場合に限り，種いもとして販売（譲渡）が認められている．2013 年の原原種の生産量は総生産量の 0.06％約 1360 t，原種

表 2.11 北海道の春作ジャガイモにおける種いも更新率と10aあたり収量の推移

年次	種いも更新率(%)	10aあたり収量(kg)
1955	7	1350
1965	35	2380
1975	49	2930
1985	73	3560
1995	78	3990
2005	93	3860
2008	96	3860
2012	92	3630

は同0.9%約1万9760t, 採種は同7.34%約16万3260t生産されている. 図2.21に原原種を起点としてバレイショの生産状況を示す. 検査合格種いもの利用率（更新率）が増加することにより10aあたり収量が大幅に向上した. 表2.11に北海道における春作バレイショにおける種いも更新率と10aあたり収量の推移を示す.

b. 原原種の増殖体系

バレイショの原原種の生産は，健全無病な優良種苗の供給を通じてバレイショ生産の安定と振興を図ることを目的として，1947（昭和22）年に7ヶ所の農林省馬鈴薯原原種農場（北海道4ヶ所，青森県1ヶ所，群馬県1ヶ所，長野県1ヶ所）が設置されたことに始まり，1964（昭和39）年に二期作用の農場として長崎県に1ヶ所が加わり，計8ヶ所の原原種農場において行われてきた. その後バレイショ原原種の需要の減少もあり，現在は全国7ヶ所（北海道4ヶ所，青森県1ヶ所，群馬県1ヶ所，長崎県1ヶ所）の農場で生産されている[4]．

バレイショ原原種の増殖体系は図2.22のとおり，①まず試験研究機関で育

図 2.22 原原種の増殖体系（文献[3]より一部改変）

成された新品種等について茎頂培養による無病化を行い，試験管内で増殖しウイルスフリー株を作出する．②次にこのウイルスフリー株の培養変異を確認するため，いったん塊茎を作らせて品種特性を確認し，増殖母本として保存する．毎年の増殖は，この増殖母本から開始することになる．③増殖母本から分割した幼苗を無菌の容器内で大量に増殖し，病害虫から隔離された温室で栽培することで，直径2〜3 cmで重量10 g前後のミニチューバー（MnT）を生産する．④ミニチューバーをジャガイモシストセンチュウとジャガイモシロシストセンチュウの土壌検診を済ませた隔離圃場に植え付け，ウイルス病を媒介するアブラムシから保護するために網をかけて栽培・増殖する（基本圃）．⑤最後に基本圃で生産された種いもを土壌検診を済ませた隔離圃場に植え付け，栽培期間中には病害虫の発生状況に応じた薬剤散布を行うとともに，圃場での10回前後の肉眼検定により病気にかかった株や異品種等を徹底して除去するなどの管理を行って，健全・無病な原原種を生産する（原原種圃）．

各増殖段階においては植物防疫法に基づき定められている，「種馬鈴しょの検査について農林水産大臣の定める基準（平成13年3月30日農林水産省告示第493号）」にしたがい，培養施設，培養用種バレイショ，植え付け予定圃場，植え付け予定種バレイショ，栽培中の圃場および生産された種バレイショについて，肉眼検定，電子顕微鏡検定，接種検定，ELISA検定，PCR検定，細菌病検定，およびジャガイモシストセンチュウとジャガイモシロシストセンチュウの土壌検診により，有害な動植物の有無および変異株の有無の検査を行い，これらの検査に合格したものが原原種として採種道県に配布される．原原種の生産に要する期間は，①のウイルスフリー株の作出から②の品種特性の確認までに2年，③のミニチューバーの生産から⑤の原原種圃での生産まで，3年を基本とする[3]．

c．茎頂培養によるウイルスフリー株の作出

茎頂培養はウイルス感染のない成長点（1〜2枚の葉原基を含む）を培養し，ウイルスフリー株を作出するものである．消毒したバレイショ塊茎を萌芽させ，芽の先端部から成長点を含む茎頂を0.2〜0.3 mm程度の大きさに切り取り，寒天培地などで3〜6ヶ月程度培養する．生育した器内の幼苗を無菌土壌に鉢上げし，無病化の確認を行うとともに，生産された塊茎により品種特性の確認を行う[3]．

d．ミニチューバー（MnT）の生産

種苗管理センターでは無菌の容器内で大量に増殖した幼苗を用い，専用の施設でMnTを生産している．その方法は種苗管理センターで開発・改良した養液栽培装置に器内培養苗を定植し，塊茎の肥大状況を観察しながら10g前後に肥大したMnTを漸次収穫する方法である．この方式では株あたり20〜30個程度の生産が可能である．MnTは萌芽性や収量性において通常塊茎と遜色がなく，また，季節に関係なく急速増殖により必要な幼苗が準備できることから，新品種の早期普及や需要の変化にも迅速な対応が可能となる．MnTは現在2ヶ所の農場で毎年約150品種，27万個程度生産されている．生産されたMnTは種苗管理センターの基本圃用の種いもとして利用される．

e．原種・採種の生産

原採種圃の設置面積は，一般栽培用種いもの計画需要数量を把握し計画的な生産が行われている．2014（平成26）年の原採種圃の設置状況は，春植用の原種圃は7道県，62品種，5万5588a，99万8417袋/20kg．採種圃は6道県，57品種，46万2027a，811万8805袋/20kg生産されている．原種圃，採種圃ともにその大半は北海道で生産されており，原種圃の96％，採種圃では98％の面積を北海道が占めている．

f．塊茎単位栽植

採種栽培では，前作で罹病した塊茎が汚染源となり他の健全な株に病気が蔓延しないよう，早期に確実に罹病株を抜き取り，圃場外へ持ち出し適切に処理することが重要である．

このため，罹病株の抜き取りが容易に行えるよう1つの種いもを切断して植え付ける場合，切断した切片を連続して植え付ける塊茎単位栽植が行われる．塊茎単位栽植により，罹病株が連続し罹病株が見つけやすくなる．また，生育の遅れや無病徴の保毒株により一部の株にしか発病しない場合でも，塊茎単位で抜き取り処分することで確実に罹病株を抜き取り除去することができる．

g．抜き取り

抜き取りは，出芽後から枯凋までの栽培期間中に圃場のすべての株を見回り，病株や生育異常，異品種等を圃場から除去する作業である．抜き取りにあたっては次の点に注意し行うとよい．①抜き取りは早期に行う．②病株は茎葉，新いもすべてを圃場外に持ち出し適切に処分する．③抜き取りは数人で行

い，1人2畦ずつ見てまわる．ウイルス病のモザイク症状は曇天が発見しやすい．西日や風の強い日は見づらい[1]．また，バレイショに感染するさまざまな病害の病徴や生理障害等の症状をよく知っておくことが重要である．特にウイルスの病徴はウイルスの種類やバレイショの品種，感染の時期により病徴が異なるので，注意が必要である．

h．ウイルス病の種類と病徴

わが国のバレイショに発生の記録がある病原ウイルスは12種類である．アルファルファモザイクウイルス（AMV），キュウリモザイクウイルス（CMV），ジャガイモ黄斑モザイクウイルス（PAMV），ジャガイモ葉巻ウイルス（PLRV），ジャガイモモップトップウイルス（PMTV），ジャガイモAウイルス（PVA），ジャガイモMウイルス（PVM），ジャガイモSウイルス（PVS），ジャガイモXウイルス（PVX），ジャガイモYウイルス（PVY），トマト輪点ウイルス（ToRSV），およびトマト黄化えそウイルス（TSWV）である．このうち現在の採種栽培で抜き取りの対象となるウイルスはPLRVとPVYであるが，特にPVYの発生が依然として多く，複数の系統が知られている．PVYの系統は普通系統（PVY^O），えそ系統（PVY^N）に大別され，塊茎えそ病の病原となる塊茎えそ系統（PVY^{NTN}）が含まれる．2008年には欧州型の塊茎えそ系統（Eu-PVY^{NTN}）が国内で発生していることが判明した[2]．種苗管理センターの調査の結果PVYとして抜き取った株の90％がEu-PVYNTNであることが明らかとなった．PVYの病徴はウイルスの系統と品種，感染当代（一次病徴）と次代病徴（二次病徴）が異なり，えそ症状やモザイク症状の強弱，または無病徴の場合もある．抜き取りにあたってはあらかじめこれらの病徴の違いを知っておくことが必要である．

i．栽培環境の浄化と病害虫侵入防止対策

採種栽培のウイルス感染防止対策として，ウイルス罹病株の早期の抜き取りやウイルス保毒源となる野良生え等の除去とあわせて，ウイルス保毒の可能性のある作物からの隔離が重要である．採種圃の周辺にバレイショの一般圃等が存在する場合，その一般圃に罹病株があるとウイルス感染を防止することは難しく，アブラムシ防除の徹底や一般圃バレイショの種いも更新を働きかけるなど周辺環境の浄化が必要である[1]．

また，ジャガイモシストセンチュウは1972（昭和47）年に北海道で初めて

その発生が確認されて以後，1992年には長崎県，2003年には青森県で確認され，現在も新たな汚染地域が確認されその被害が拡大し続けている．主産地の北海道においてはバレイショ栽培面積の約2割を占める状況である．また，2015（平成27）年に北海道網走市でジャガイモシロシストセンチュウが国内で初めて確認され，種馬鈴しょ検疫の検査対象とされた．これらのシストセンチュウはバレイショ栽培に甚大な被害をもたらす難防除害虫であり，土壌や種いもによって伝播されることから，採種栽培においては侵入を未然に防ぐための防除対策の徹底と，土壌・植物検診による発生がないことの確認が重要である．

j．種馬鈴しょ検疫

種馬鈴しょ検疫の対象地域は農林水産省告示（検査を受けるべき種苗及び適用場外地域の指定に関する件）で11の採種道県（北海道，青森県，岩手県，福島県，群馬県，山梨県，長野県，岡山県，広島県，長崎県および熊本県）が指定され，検査を受け合格しなければ販売や道県の区域外への移動ができない．他の都府県または種苗管理センターの生産については，農林水産大臣の定める基準（「種馬鈴しょの検査について農林水産大臣の定める基準」農林水産省告示第493号）によって自ら検査する種馬鈴しょおよび同一道県の区域内で行う自家採種については適用除外となっている[5]．

h．検疫対象病虫

種馬鈴しょ検疫の対象となる病害虫は，ジャガイモガ，ジャガイモシストセンチュウおよびジャガイモシロシストセンチュウ，ジャガイモウイルス病，輪腐病，そうか病，粉状そうか病，黒あざ病，疫病および青枯病である．

k．種馬鈴しょ検査の時期，方法等

植物防疫官による検査は，使用予定種馬鈴しょおよび植え付け予定圃場検査（原則として申請書類等による書類審査），圃場検査（春作：第1期（茎長15 cm程度になる時期），第2期（着蕾期から開花期までの時期），第3期（落花後20日頃までの時期）3期にわたり申請された圃場の数により一定の割合で圃場を抽出し行う），生産物検査（圃場別に，任意に抽出した収穫物200個以上を検査）の3回の検査が行われている．

l．合格基準

使用予定種馬鈴しょの検査の合格基準は，種苗管理センターで生産・増殖さ

れたもの，これを用いて道県の直接管理する原種圃において増殖されたものまたは植物防疫官が採種用種いもとして適当と認めたもので，植え付け前に消毒が実施されたものであることである．

植付け予定圃場検査の合格基準は，ジャガイモシストセンチュウもしくはジャガイモシロシストセンチュウの発生していない地域にあること，またはジャガイモシストセンチュウもしくはジャガイモシロシストセンチュウの発生している地域にあっては，土壌検診の結果ジャガイモシストセンチュウおよびジャガイモシロシストセンチュウが検出されないこと．高冷地にあることまたはアブラムシおよびヨコバイの発生が比較的に少ない地域にあることなどである．

各期の圃場検査の合格基準は，ジャガイモシストセンチュウおよびジャガイモシロシストセンチュウの付着をみとめないこと，またウイルス罹病株，異常株および青枯病罹病株をみとめないことなど，生産物検査の合格基準は，ジャガイモガによる被害を認めないこと，そうか病，粉状そうか病，黒あざ病および疫病の被害の軽微なものの合計が全体の1割を超えないこと，などである．これらの検査に合格したものだけに，検査合格証明書および合格商標が交付される．

〔三澤　孝〕

引用文献

1) 青木元彦・佐々木純（2008）：北海道立農試集報，**92**：73-77．
2) 眞岡哲夫（2012）：いも類振興情報，**112**：11-15，財団法人いも類振興会．
3) 中世古公男・西部幸男（1980）：北海道の畑作技術―バレイショ編，p.99，農業技術普及協会．
4) 農林省馬鈴薯原原種農場30周年記念事業協賛会（1977）：日本の種馬鈴しょ馬鈴薯原原種農場30周年記念，p.63-86．
5) 農林水産省食料産業局新事業創出課：種ばれいしょの生産流通に関する資料．
6) 田口啓作・村山大記（1977）：馬鈴薯，p.267-324，グリーンダイセン普及会．
7) 田中　智（1988）：ジャガイモの採種栽培技術，農業技術普及協会．
8) 知識敬道（1999）：馬鈴薯概説，全国農村教育協会．
9) 梅村芳樹（1984）：ジャガイモ―そのひととの関わり，p.115-118，古今書院．
10) いも類振興会編（2012）：ジャガイモ事典，p.237，いも類振興会．

2.4 バレイショ生産用機械の開発と利用

2.4.1 はじめに

わが国におけるバレイショ生産は北海道が群を抜いて多く，面積では全体の65％（5万5200 ha）を占めている．都府県では，九州の鹿児島県，長崎県が多く，栽培面積はそれぞれ4470 ha, 4230 haとなっている[13]．北海道と都府県

表2.12 北海道のバレイショ生産技術体系(生食・加工用，デンプン原料用)(文献[4]より作表)

月・旬	作業名	機械名等	投下労働時間 (h/ha)	作業回数
9下〜4上	種子運搬	トラック	10.0	
3中〜3下	融雪促進	融雪剤散布機，トラック	0.8	
前年冬〜3下	種子予措（種いも消毒）	ポテトカッタ（消毒装置付）	23.8	
4上〜4中	（浴光催芽，いも切り）			
前年秋または 4中〜5中	耕 起	プラウ	1.5	
4下〜5中	砕土・整地	ロータリハロー	3.2	2回
4下〜5中	施肥，播種	ポテトプランタ，トラック	10.6	
5上〜6上	除草剤散布	スプレーヤ，トラック	0.3	1回
5下	中 耕	カルチベータ	2.0	
6中〜6下	培 土	カルチベータ	0.9	
6下〜9中	病害虫防除	スプレーヤ，トラック	生食・加工食品用 2.0 デンプン原料用 2.4	6〜7回
7上〜8上	手取り除草	鎌 等	10.0	
7中〜9下	茎葉処理	茎葉チョッパ	2.5*	
7下〜10上	収穫・運搬	ポテトハーベスタ	生食・加工食品用 59.0 デンプン原料用 6.3	
（合計）			生食・加工食品用 126.6 デンプン原料用 74.3	

（ ）内は室内作業．＊：K社製茎葉チョッパKCP300の製品カタログからの試算値．

2.4 バレイショ生産用機械の開発と利用

表2.13 長崎県のバレイショ生産技術体系（春作マルチ栽培）（文献[9]より作表）

月・旬	作業名	機械名等	投下労働時間 (h/ha)
12上～12中	種子予措（種いも消毒）	トラック	120
12中～2上	（浴光催芽，いも切り）		
1上～2上	耕耘・整地 堆肥散布 土壌消毒	トラック ロータリーハロー 堆肥散布機 土壌消毒機	60
1下～3上	施　肥 植え付け 培　土 マルチ	トラック 植え付け機 管理機 マルチャ	80
3中～3下	芽出し	（人力）	80
4上～5下	防　除	動力噴霧機	180
5中～6上	茎葉刈取 マルチ回収 収　穫	茎葉処理機 マルチ回収機 ポテトディガ 運搬車トラック	70
（合計）			590

では1経営体あたりの生産規模も異なり，北海道では6.8 ha/戸[11]に対して，例えば長崎県では1.4 ha/戸[5]と差があるので，導入されている機械や作業体系も異なる．北海道においてバレイショは，コムギ，マメ類，テンサイとともに輪作体系の一翼を担う基幹作物として位置付けられ，大型機械による大規模省力生産が展開されている．都府県では，生食用を対象に小型機を用いる労働集約型の生産体系が一般的である．表2.12と表2.13に北海道と長崎県におけるバレイショ生産の技術体系を例示した．両表は元資料により作業項目のまとめ方が異なるので一概には比較できないが，一連の圃場作業と種子予措をあわせた1 haあたりの投下労働時間は，北海道と都府県では大きな開きがある．ここでは，おもに北海道を対象に，バレイショ用農業機械の開発の経緯と現状の機械技術および今後の開発動向を概説する．

2.4.2 北海道におけるバレイショ生産用機械の開発の経緯

北海道でバレイショの生産が本格化したのは明治以降であるが，一部の大規

模農場を除き，戦前までは畜力を利用した耕耘と資材運搬以外はほとんどの作業を人力に頼っていた．戦後になって畜力用の施肥機，中耕培土機，掘取機などを基幹とするいわゆる畜力機械化体系が定着するが，当時の投下労働時間は421 h/ha 程度[14]と，生産面積を拡大するには十分な作業体系とはいえず，人力作業も依然として多かった．バレイショ生産においては播種と収穫作業が重労働かつ長時間を要する作業であり，早くから改善が望まれていた．

播種作業では，昭和30年ごろまでは木製もしくはブリキ製の背負箱が用いられた．これは背負箱の種いもを両側の樋から流出させ，手で掴んで播種し，足で覆土する方式で，1人が1日でおよそ0.5 haの作業ができたといわれている[6]．しかし，昭和30年代に入ると，その頃から普及してきたトラクタにより種いもの圃場内運搬を行い，後追いする人間が播種溝内に人力で播種する方法へと移行した[8]．この間，海外からトラクタ装着型のポテトプランタが導入されたが，価格面，栽培法の違いなどにより普及にはいたらず，1960（昭和35）年に初の国産機が開発された[3]．この機械は，成畦，施肥，播種，覆土を一工程で行うもので，省力効果は大きく，約0.3 ha/hの作業量が得られた．ポテトプランタは1967（昭和42）年頃から本格的に普及するが，農家は重労働から解放されたばかりでなく，機械播種により播種深さと株間が均一となったので，生育が揃うことによる増収効果ももたらされた[6]．種いも植え付け機構は，ダイズ等の小粒種子用播種機構からヒントを得て作られた傾斜回転目皿式をはじめ，はさみ上げ式ホルダ型，くし刺し式ニードル型，すくい上げ式カップ・チェーン型等多くの方式が実用化されたが，装置への種いもの供給はいずれも半自動式と呼ばれ，作業者による補給操作を必要とするものであった．その後，全粒いもと切いも両方に対応できる全自動型や，種いもを2つ切りにし播種する切断装置付き（カッティング）ポテトプランタが実用化されるなど，食用バレイショの需要増とも重なり，わが国独自の技術が急速に進展した[2]．普及にはいたらなかったが，消毒装置付きのカッティングポテトプランタもこの当時に開発されている．半自動式も含め，当時開発された播種機構の原理は現在も活かされている．

収穫作業では，戦時中の労働力不足を補うために畜力用のポテトプラウが輸入されたのを契機に機械化の気運が高まった[6]．ポテトプラウは畦を崩し，イモを地表に露出させ，拾いやすくするものである．1日の圃場作業量は2 ha

程度であったといわれている[2]．海外からの輸入ばかりでなく，輸入機を参考にした国産機も多数出現した．1955（昭和30）年頃から一般農家にも乗用型トラクタが導入され始めると，掘り取り機は掘り残しの多いポテトプラウからスピンナ型に移行した[8]．スピンナ型は，ショベルで掘り上げた土壌を側方に放擲し，いもを表層に浮上させる機械である．スピンナ型は，ポテトプラウに比べ所用動力は大きいが，放擲後の拾い上げ作業を楽にする長所をもっていた．しかし，損傷が多い欠点もあり，トラクタの大型化につれて収穫機はエレベータ型のディガおよびハーベスタへと移行した．エレベータ型ディガはほとんどがトラクタ牽引式で，いもを掘取刃で掘り上げ，掘取刃直後に位置するスリット状のエレベータ（コンベヤ）に乗せ，斜め上方まで搬送する間に小さな土塊をスリットを通してふるい落とし，残ったいもをエレベータ末端から地表に放出する．エレベータ型はスピンナ型よりもさらに大馬力を必要とするが，掘取刃が広く，また，地中深く入るため掘り残しが少ない，放擲しないので損傷が少なく歩留まりが高い，などの特徴があり，昭和30～40年代前半にかけて急速に普及した．この形式は，現在でも小規模生産地において広く用いられている（図2.23）．表2.13に示した長崎の技術体系にも組み込まれている．

エレベータ型ディガに選別機能と収納タンクを加えたものがポテトハーベスタである．当初は，輸入機の導入が試みられたが高価なため普及しなかった．しかし，ポテトハーベスタは，従来のディガにおいて必要な拾い取り人員を不要とすることから，現地でのニーズは高く，昭和37年に初の国産機が登場し

図2.23　最近のトラクタ直装式ポテトディガ
（写真提供：東洋農機株式会社）

図 2.24 国産初のポテトハーベスタ（愛称・道東式ゴジラ号）（写真：北海道大学）

た（図 2.24）．ポテトハーベスタに求められる性能としては，処理能力，耐久性，操作性等農業機械一般に共通する事項のほか，①掘り残しがないこと，②土砂との分離精度が良いこと，③損傷いもを出さないこと，が重要な要件である[15]．国産機は，開発以降，テンサイ収穫との兼用化など曲折を経ながらも[3]，おもに地元メーカーの努力により技術が蓄積され，昭和 50 年代の後半（1980 年～）には輸入機の性能に追いついたといわれている[6]．

2.4.3 現在のバレイショ生産用機械

北海道で生産されるバレイショには生食・加工用とデンプン原料用とがあるが，表 2.12 に示したように，作業の基本的な流れはおおむね共通で，融雪促進，種子予措，耕起，砕土・整地，施肥・播種，除草剤散布，中耕・培土，病害虫防除，収穫，運搬となっている．これらの作業は機械化されており，種子予措，施肥・播種，収穫以外の作業機およびトラクタは畑輪作体系のなかで汎用的に用いられている．ここでは，バレイショ専用機械としてポテトプランタとポテトハーベスタの現状を述べる．なお，現在でも手取り除草の負担は大きく，高精度で省力的な機械除草技術の開発が強く望まれている．

a．ポテトプランタ

ポテトプランタは成畦，施肥，播種，覆土，鎮圧，次行程のためのマーキングを行う．現在では生産規模，生産立地等を勘案して，トラクタ装着式の 2 畦用もしくは 4 畦用が多い．種いも播種機構は，傾斜回転目皿式とすくい上げカップ・チェーン式が主流である．傾斜回転目皿式は播種機構を接地駆動輪によ

り動かす．傾斜板の円周上に配置されたバケットが種子ホッパ内底部を通過する際に種いもを取り込み，所定の位置で播種溝内に落下させる．補助作業者が1畦あたり1名搭乗して各バケットに種いもが1個ずつ充填されているかを確認し，補充もしくは除去する．作業速度は0.7 m/sから1.0 m/s，圃場作業量は4畦用で0.7 ha/h前後である．傾斜回転目皿式は軽量のため，トラクタ所要出力は小さくてすむ特徴がある．すくい上げカップ・チェーン式（図2.25）はチェーンに取り付けたカップで種子ホッパ内底部の種いもをすくい上げ，排出口までの搬送過程で余分な種いもを取り除き植え付ける[8]．1粒充填率が高いため補助作業者は2畦に対し1人で済み，作業速度も1.1 m/sから1.4 m/sと速いので近年普及が進んでいる．圃場作業量は4畦用で0.9 ha/hから

図2.25 すくい上げカップ・チェーン式による播種作業風景（写真提供：十勝農機株式会社）

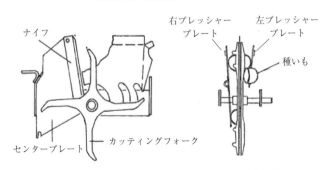

図2.26 種いもの切断機構（図提供：十勝農機株式会社）
固定ナイフで分割されたいもはそれぞれ長さの異なる左右のプレッシャープレートに押さえられ保持されたまま回転し，プレッシャープレートが開いて播種溝に落下する．プレートの開放は一定の時間差があるので，株間は均一になる．

1.0 ha/h である.

　切断装置付きの播種機（図2.26）は，バケットからイモを受けたカッティングフォークが，固定ナイフに種いもを押しつけて2分割し播種する．株間を均一に保つため，切断されたいもは一定の時間差をおいて落下する機構になっている．日本独自の技術であり，播種前の種いも切り作業を省略できる．

b. ポテトハーベスタ

　ポテトハーベスタはバレイショの掘り取り，土砂・茎葉分離，石礫・土塊・規格外いもの手選別，収納を行う．利用目的により，生食・加工用とデンプン原料用とがある．処理能力から1畦用と2畦用に分かれ，動力・走行方式によりトラクタ牽引式，半直装式および自走式に分類される．また，いもの収納形態から，収容タンクを備えているタンカー型，コンテナを利用するステージ型，伴走車に積み込むアンローディング型に分類される[8]．わが国で主流となっているのは，トラクタ牽引式の1畦用タンカー型である．最近の機種は，運転操作を容易にするための自動畦合わせ装置や自動畦追従装置などが装備されている．

　生食・加工用ポテトハーベスタ（図2.27左）では，いもの損傷を防ぎ，かつ，石礫・土塊・規格外いも高精度な選別を行うため，作業速度を抑え（0.2～0.3 m/s），4～6名の作業者を機上に乗せ手選別を行う[15]（図2.27右）．収納タンクには排出用のコンベヤが装備されており，衝撃による損傷を防いでいる．このほか，損傷を防ぐための工夫が各部に凝らされている．掘り残しと損傷をあわせた収穫損失は1％以下である．圃場作業量は0.09 ha/h程度であり，この値はコムギ用普通型コンバイン2 ha/h（刈幅4.5 m），ビートハーベスタ0.23 ha/h，ダイズ用コンバイン0.29 ha/h（2畦刈）と比べて著しく小さく[3]，生産性を高めるうえでネックとなっている．

　デンプン原料用ポテトハーベスタ（図2.28）は，生食・加工用に比べ，ある程度の損傷を許容しても装置を簡略化し価格も低くなるよう設定されている．具体的には，生食・加工用には標準的に装備されている掘り取り深さの調節機構を排し，トラクタのロアリンクの上下位置をオペレータが操作し掘り取り深さを調節している．タンクからの排出も簡易なダンプ方式が多い．作業速度は0.8～0.9 m/s，機上選別者は0～2名で行う．収穫損失は2％以下，圃場作業量は0.17 ha/h程度である[4]．

図 2.27 生食・加工用ポテトハーベスタと，その上での選別作業のようす
(写真提供：東洋農機株式会社)

図 2.28 デンプン原料用ポテトハーベスタによる
ワンマン作業

また，デンプン原料用いもの収穫には茎葉の処理は必要ないが，生食・加工用の場合は，主として病原菌の付着を防ぐ目的から，事前に茎葉を分離している．従来は枯凋剤の使用が一般的であったが，最近は専用のチョッパにより機械的に処理されることが多い．

2.4.4 バレイショ生産用機械の新技術

近年，わが国においてバレイショは加工原料用としての需要が高まっており，輸入加工品との競争に負けないためにいっそうの低コスト化と高品質化が求められている[12]．しかし，表 2.12 に示したように，生食・加工用バレイショの場合，収穫作業に要する時間が全体の 47％ を占め，コストを押し上げる要因となっている．これは，石礫・土塊・規格外いも選別を人力で行っているためで，研究レベルでは高精度機械選別の可能性も示されているが[1]，現状の技術では損傷を増やさずに高速化することは困難である．収穫作業能率の低

さは，バレイショ生産の規模拡大による低コスト化を妨げるだけでなく，この時期が秋まきコムギの播種作業とも競合することから，輪作体系のなかの他品目の規模拡大をも妨げる要因となっている．

高品質化と低コスト化が両立できる生産方法として，種いもの植え付け前に石礫や土塊を除去し，播種と同時に培土を行うソイルコンディショニング栽培体系が試験導入され成果をあげつつある．本体系は膨軟かつ均一な土壌環境を作出することで歩留まりを高めるとともに，収穫時における手選別の省力化を図ろうとするものである．本体系は，石礫の多い圃場や固結しやすい土壌において効果が大きい．北海道立農業試験場等が実施した現地試験では，塊茎の緑化率と変形率が減少し，また，収穫時に石礫が混じらないため打撲損傷率も減少することが実証された．さらに，手選別が省力化できることから作業速度の増加が可能となり，収穫作業時間は約40％削減されたと報告されている[17]．本体系では，慣行体系では用いられない以下の3種の機械が必要となる[16]．

① ベッドフォーマ（図2.29）：土寄せし，高さ40 cm以上，幅2条分の畦をつくる．一次砕土の機能も果たす．

② セパレータ（図2.30）：ベッドフォーマで寄せた土をすくい上げ，砕土と同時に石礫や砕土できなかった土塊をふるい分ける．直径10 cm以下の石礫・土塊はクロスコンベヤにより畦間に排出する．10 cm以上の石礫・土塊は一時貯留し圃場外へ搬出する．

③ ポテトプランタ（図2.31）：施肥，播種と同時にベッドフォーマで形成した畦を2畦として成形培土する．播種深度は15～20 cmとやや深植えとする．播種機構は傾斜回転目皿式とカッティング装置付すくい上げ

図2.29　ベッドフォーマと，それによる土寄せ作業のようす
（写真提供：東洋農機株式会社）

2.4 バレイショ生産用機械の開発と利用

図2.30 セパレータによる石れき・土塊の除去作業（写真提供：東洋農機株式会社）

図2.31 ポテトプランタによる施肥・播種・培土作業（写真提供：東洋農機株式会社）

カップ・チェーン式の両方がある．

ソイルコンディショニング栽培体系はヨーロッパで確立された技術なので，当初は輸入機を用いていたが，最近は機能を簡素化した低価格の国産機が開発され，同等の性能が得られることが確認されている[17]．

収穫作業では，掘り取り部を機体の側方に取り付けたオフセット型ハーベスタの普及が進みつつある．これまでの畦をまたぐインロー型ハーベスタは，トラクタタイヤにより畦の側面を崩し，いもの損傷の原因となっていた．また，収穫機上に取り込んだ土砂はいもの緩衝材としての機能を果たすが，畦を崩すと土砂の取り込み量が不足し，打撲率が増加する問題もあった．オフセット型ハーベスタの場合，牽引するトラクタはすでに掘り終えた場所を走行する（1行程目は外周部を走行）ため，畦を崩さず損傷が減る．また，十分な量の土砂による緩衝作用が得られるので，機上の流れを高速化でき，ひいては作業速度を速め処理面積の拡大に結びつけることが期待できる．　　〔柴田洋一〕

引用文献

1) Al-Mallahi, et al.（2009）: *Biosyst. Eng.*, **100**（3）, 329-337.
2) 北海道農業機械工業会（1989）: 北海道農業機械発達史, p.100.
3) 北海道農業機械工業会（2009）: 北海道農業機械工業会50年の歩み, p.33.
4) 北海道農政部（2005）: 北海道農業生産技術体系第3版, p.50.
5) 九州農政局（2009）: 52次長崎農林水産統計年報［http://www.n-nourin.jp/ah/toukei/toukei-52.htm］
6) 宮本啓二（1984）: 北海道十勝における農業機械化の展開, p.137, 小野哲也先生退官記念事業会.
7) 宮下高夫（1996）: 生物生産機械ハンドブック, p.721-724, 農業機械学会.

8) 村井信仁（1984）：北海道の農機具図譜，p.35，エー・アイピー．
9) 長崎県農林部（2004）：長崎県農林業基準技術．
10) 日本農業機械化協会（2009）：トラクタ作業機の構造と安全操作，p.39．
11) 農林水産省（2009）：工芸農作物等の生産費．
12) 農林水産省（2009）：品目別生産コスト縮減戦略，p.57-60．
13) 農林水産省（2010）：平成20年度産野菜生産出荷統計．
14) 大橋俊伸（2009）：農業機械北海道，No.869，北海道農業機械工業会．
15) 岡村俊民（1991）：農業機械化の基礎，p.163，北海道大学出版会．
16) 竹中秀行（2009）：経営・地域の機械化体系改善計画，p.83-86，北海道協同組合通信社．
17) 田中英彦ほか（2010）：北農，**76**（4），431-437．

第3章

サツマイモ・カンショ

3.1 緒　　　言

3.1.1 分類・起源・伝播
a. 分　類
　サツマイモはヒルガオ科（Convolvulaceae）サツマイモ属（*Ipomoea*）の6倍体植物で，学名は *Ipomoea batatas* である．トウモロコシ，ジャガイモ，トマト，カボチャ，タバコなどと同様，アメリカ大陸起源の作物であるとされている．

　サツマイモおよびその近縁野生種の分類については，Choisy がサツマイモと形態的に類似する植物群を *Batatas* 群（節）とする概念を発表した後[1]，広範に研究されることは少なく，van Oostroom（1953）[31] がアジアに自生するサツマイモと最も近縁な *Ipomoea* 属の種を *Batatas* 群（節）として整理するまで，顕著な業績は認められなかった．その後，Verdcourt（1963）[32] および Matuda（1963）[16] がそれぞれアフリカおよびメキシコの *Ipomoea* 属植物の記載を行ったが，アメリカ大陸，特に南アメリカにおける種の分布についての情報は不十分であった．1970年代に入ると，Austin は中南米，アフリカ，アジアおよび太平洋地域の広範な植生調査を行い，*Ipomoea* 属 *Batatas* 群（節）に属する種を *Ipomoea batatas* complex として，12種3雑種に分類し[1,3]，この分類系が現在最も広く用いられるようになっている．

　わが国ではサツマイモと交雑が可能で6倍体植物である K123 を西山（1959）がメキシコで見出し[18]，これを *Ipomoea trifida* と同定した．さらに，導入された野生植物とサツマイモと交雑試験が行われ，交雑が可能な植物は *Ipomoea* 属 *Batatas* 群（節）第1群植物，そうでないものが第2群植物と呼ば

れるようになり，生殖的な隔離に基づく分類の概念が導入された．その後，小林（1981）[10]，小林・梅村（1981）[13]，Muramatsu & Shiotani（1974）[17]，Shiotani（1983）[21] らがメキシコ，ベネズエラ，コロンビアなどで *Ipomoea* 属 *Batatas* 群（節）植物を探索・収集した．Kobayashi（1984）[11] および塩谷・川瀬（1981）[23] はこれらの植物の形態的特性の評価および細胞遺伝学的研究の結果，第1群植物のうち，6倍体植物をサツマイモと形態的に区別することは困難であること，Teramura（1979）[28] が *I. leucantha* とした植物を含む2倍体植物および同じく *I. littoralis* とした植物を含む4倍体植物のすべてが *I. trifida* であることを明らかにし，*I. trifida* は2倍体から6倍体までの倍数体を含む大きな倍数性複合体（*Ipomoea trifida* complex）を構成していると結論した．なお，小巻（2001）[14] はサツマイモと *I. trifida* の変異を形態的，生物学的および分子遺伝学的視点から解析し，これらをすべて *I. batatas* とするのが妥当であるという仮説を示している．

一方，米国では Jones（1967）[8] が K123 を野生化したサツマイモであるとし，Austin（1983）[2] も形態的な特徴から6倍体植物である K123 だけでなく，サツマイモと交雑が可能な4倍体植物も *I. batatas* であるとした．さらに，Bohac et al.（1993）[4] は花冠と萼片の先端の形状の分析，He et al.（1995）[5] は RFLP 分析，Jarret & Austin（1994）[6] は RAPD 分析に基づき同様の報告をしている．

種々の倍数体が混在している種または近縁の群は倍数性複合体（polyploid complex）と呼ばれているが，倍数体間で交雑が可能な倍数性複合体では，交雑によってさらにさまざまな倍数体が生じ，また，自然倍加あるいは非還元性配偶子の働きによって，ますます高次の倍数体が創出され，多様化と形質の変異が連続性をもって進み，外部形態による識別を不可能にするとされている[26]．サツマイモおよび *I. trifida* ではこのような現象が起こって，種の識別が困難になり，分類に関して多くの異説・異論が出る要因となったと考えられる．

Ipomoea 属 *Batatas* 群（節）を構成する種を Austin および日本の研究者による報告を元に取りまとめたものが表3.1である．

b．起　源

バビロフ（Vavilov）が植物の地理的微分法に基づき，サツマイモの発祥地は南部メキシコから西インド諸島を含む中米であるとして以来，細胞遺伝学的

3.1 緒言

表 3.1 *Ipomoea* 属 *Batatas* 群（節）を構成する種

栽培型または野生型	サツマイモとの交雑の可能性	倍数性	Austin (1978)[1], Austin (1987)[2]	Nishiyama et al. (1971)[19]	Teramura (1979)[28]	塩谷・河瀬 (1981)[23], Kobayashi (1984)[11]
栽培型	可	6x	I. batatas	I. batatas	I. batatas	I. batatas
野生型	可	6x	I. batatas	I. batatas	I. trifida	I. trifida
		4x	I. batatas I. trifida	I. batatas	I. littoralis******	I. trifida
		3x	*	I. batatas	I. trifida	I. trifida
		2x	I. trifida	I. batatas	I. leucantha*****	I. trifida
	否	4x	I. tiliacea	I. tiliacea I. gracilis****	I. tiliacea I. gracilis****	I. tiliacea
		2x	I. cordatotriloba*** (I. trichocarpa) I. triloba I. lacunosa	I. trichocarpa I. triloba I. lacunosa	I. triloba I. triloba I. lacunosa	I. trichocarpa I. triloba I. lacunosa
	*	**	I. tenuissima I. ramosissima I. cynanchifolia I. gracilis**** I. × leucantha***** I. peruviana I. littoralis****** I. × grandifolia 名称未同定の雑種	* * * * * * * * *	* * * * * * * * *	* * * * * * * * *

*：不明あるいは記載なし．**：染色体数を計数した報告はなし．
***：1978 年の報告では *I. trichocarpa* の種名が与えられていたが，1987 年の報告で変更．
****：Austin と Nishiyama *et al.*，および Teramura の同定した植物は異なる．
*****：Austin と Teramura の同定した植物は異なる．Austin は *I. lacunosa* と *I. cordatotriloba* の雑種と同定．
******：Austin と Teramura の同定した植物は異なる．

研究結果と現地調査に基づいて田中 (1975)[27] が示したメキシコ・グアテマラの地域，栽培種や近縁野生種にみられる変異の多様性から Austin (1987)[3] が示したメキシコのユカタン半島からベネズエラのオリノコ川河口にかけての地帯など，中米が起源地であるという説が主流であった．しかし，小林 (1981, 2006)[10),12)] はサツマイモ遺伝資源における交配不和合群の変異幅が南米北西部のコロンビアやペルーにおいて広いことや，祖先種とみられる *I. trifida* の分布状態や文化人類学的証拠から，エクアドルからペルーにかけてのアンデス山麓周辺をサツマイモの起源地と推定している．また，Yen (1974)[33] は環太平洋地域で栽培されていたサツマイモの品種の形態変異の分析を通して，南米西部で収集したサツマイモ在来種の変異幅が最も広いことを明らかにしている．こ

れらから，南米北西部を起源とする可能性も高いと考えられる．

　サツマイモの考古学的遺物としては，ペルー海岸のチルカ谷を中心とする地域で，紀元前1300年ごろに栽培されたとみられるサツマイモの乾燥・炭化したものが発見されている．最も古いものは，炭素同位元素分析によれば紀元前8000年から1万年と推定される炭化したサツマイモで，これらは栽培化される以前の野生型のサツマイモと考えられている．メキシコ周辺ではこのような遺物は発見されていないが，サツマイモが栽培されていなかったのか，高温多湿気候が遺物の残存を妨げたのかは明確ではない．

　このように，サツマイモおよびその近縁野生種の変異の多様性や考古学的遺物の存在からみて，メキシコからエクアドルにかけての中米および南米北西部にサツマイモの起源地があることは間違いないものと考えられる．

　サツマイモの起源について，Nishiyama (1971)[19] は *I. trifida* の倍数性進化によるものと結論している．*I. trifida* はおもにメキシコからベネズエラにおよぶカリブ海沿岸地域やエクアドル，ペルー中央部までの中南米の熱帯地域に自生している．茎は細く，葉は小さいがサツマイモに類似しており，特に花器の形や大きさはよく似ている．サツマイモとの交雑も可能である．

　細胞遺伝学的には，Magoon et al. (1970)[15]，Ting and Kehr (1953)[29] およびTing et al. (1957)[30] はサツマイモが複2倍体起源であるとし，Jones (1965)[7] はサツマイモの3組のゲノムのうち2組は特に近似していることを明らかにしている．一方，Nishiyama (1971)[19] はサツマイモが同質倍数体であるとし，Nishiyama et al. (1975)[20] は2倍体の *I. trifida* から染色体倍加を重ねて作られた同質倍数体は生育が貧弱で，稔性が低下するところから，2倍体から6倍体へと倍数化が進んでいく過程は単なるゲノムの重複によるものではなく，遺伝的または染色体分化が伴っていることを想定している．Shiotani (1988)[22] およびShiotani & Kawase (1987, 1989)[24, 25] は，サツマイモは2倍体および4倍体の *I. trifida* がもつ B_1 および B_2B_2 ゲノムからなる $B_1B_1B_2B_2B_2B_2$ というゲノム構成をもつが，B_1 と B_2 ゲノムは相同性が高く，同一ゲノムと考えられるところから，サツマイモは2倍体のゲノムからなる同質6倍体であると結論している．また，2倍体の *I. trifida* には塊根様の肥大根をもつものが認められている（図3.1）．これらの事実をふまえ，塩谷・川瀬 (1981)[23] やKobayashi (1984)[12] は *I. trifida* が2倍体から6倍体までを含む倍数性複合体

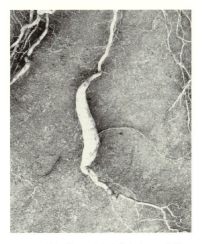

図 3.1 塊根様の肥大根を着生する 2 倍体の *Ipomoea trifida*

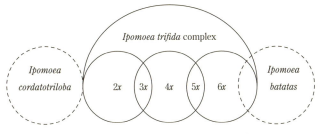

図 3.2 *Ipomoea trifida* complex の概念図[11]

であり，*Ipomoea trifida* complex という概念を提唱するとともに，サツマイモは 6 倍体の *I. trifida* の栽培化で生じたと論じている（図 3.2）．

c．伝　播

サツマイモは起源地と想定されるメキシコからペルーにかけての中南米から世界各地に伝播していったが，その経路については，呼称，航海記録，民俗学的伝承などから異なる 3 つのルートが想定されている（図 3.3）[33]．

1 つは，コロンブスの新大陸発見以前に南米北西部からポリネシアに伝わったと考えられる kumara ルートである．南米の中央アンデスではサツマイモを kumal または kumar と呼び，ポリネシアでも古くからサツマイモを kumala と呼んでいる．このような言語的共通性から，ペルー海岸からまずマルケサスに伝わり，その後数百年かけてハワイ，イースターなどのポリネシアの島々に伝

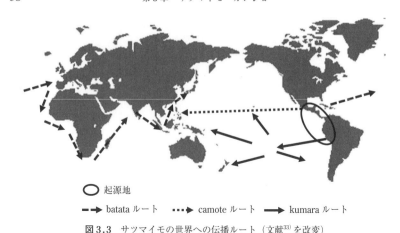

○ 起源地
➡ batata ルート　・・▶ camote ルート　➡ kumara ルート

図3.3　サツマイモの世界への伝播ルート（文献[33]を改変）

わったとみられている．

　2つめが，batata ルートである．サツマイモを batata または padada と呼んでいた西インド諸島からコロンブスが西ヨーロッパに持ち帰り，ヨーロッパに広まり，後にはポルトガル人がヨーロッパからアフリカ，インド，東インドへと伝え，ほぼ80年を経て東南アジアやメラネシア西部まで伝わった．

　3つめが，16世紀にスペイン人がメキシコのアカプルコからハワイやグアムを経由してフィリピンに伝えたルートである．アカプルコではサツマイモを kamote，フィリピンでは camote と呼ぶところから，このルートは camote ルートとされている．

　サツマイモはこれらの3つのルートのそれぞれ単独で，あるいは複数のルートを経て世界各地に拡がったと考えられ，すべてのルートが交わるパプアニューギニア，インドネシア，フィリピンなどに二次的な変異の中心地が形成されたものと考えられている．

　わが国へは17世紀以降インドネシアやフィリピンから中国や沖縄などのさまざまな経路を経て導入され，救荒作物として重要な役割を果たした．

〔小巻克巳〕

引用文献

1) Austin, D. F. (1978) : *Taxonomy. Bull. Torrey Bot. Club*, **105** : 114-129.
2) Austin, D. F. (1983) : *Proc. Amer. Soc. Hort. Sci., Tropical Region*, **27** (B) : 15-27.

3) Austin, D. F. (1987): 'Exploration, maintenance, and utilization of sweet potato genetic resources'. Rep. 1 st Sweet potato Planning Conf., CIP, Lima, Peru. 27-59.
4) Bohac, J. R., et al. (1993): Econ. Bot., **47**: 193-201.
5) He, G., et al. (1995): Genome, **38**: 938-945.
6) Jarret, R. L. and Austin, D. F. (1994): Genet. Resour. Crop Ev., **41**: 165-173.
7) Jones, A. (1965): Amer. Soc. Hort. Sci., **86**: 527-537.
8) Jones, A. (1967): Econ. Bot., **21**: 163-166.
9) King, J. R. and Bamford, R. (1937): J. Heredity, **28**: 279-282.
10) 小林 仁 (1981):育種学最近の進歩, **22**: 107-113.
11) Kobayashi, M. (1984): Proc. Symposium of the International Society of Tropical Root Crops. Lima, Peru, February 21-26, 1983. (Shideler S. F. and Rincon, H. eds.) International Potato Center, Lima, Peru. pp. 561-568.
12) 小林 仁 (2006):いも類振興情報, **87**: 1-8.
13) 小林 仁・梅村芳樹 (1981):熱研資料, **59**, 農林水産省熱帯農業研究センター.
14) 小巻克巳 (2001):作物研究所報告, **1**: 1-56.
15) Magoon, M. L., et al. (1970): Theor. appl. Genet., **40**: 360-366.
16) Matuda, E. (1963): An. Inst. Biol. Mex., **34**: 85-145.
17) Muramatsu, M. and Shiotani, I. (1974): Rep. Plant GermPlasm Inst. Kyoto Univ., **1**: 913.
18) 西山市三 (1959):育種学雑誌, **9**: 73-78.
19) Nishiyama, I. (1971): Bot. Mag. Tokyo, **84**: 377-387.
20) Nishiyama, I., et al. (1975): Euphytica, **24**: 197-208.
21) Shiotani, I. (1983): Rep. Plant Germ-plasm Inst. Kyoto Univ., **6**: 9-27.
22) Shiotani, I. (1988): In 'Exploration, maintenance, and utilization of sweet potato genetic resources'. Rep. 1 st Sweet Potato Planning Conf., CIP, Lima, Peru. 61-73.
23) 塩谷 格・川瀬恒男 (1981):育種学最近の進歩, **22**: 114-134.
24) Shiotani, I. and Kawase, T. (1987): Japan. J. Breed., **37**: 367-376.
25) Shiotani, I. and Kawase, T. (1989): Japan. J. Breed., **39**: 57-66.
26) 館岡亜緒 (1983):植物の種分化と分類, pp. 269, 養賢堂.
27) 田中正武 (1975):栽培植物の起原 (NHKブックス 245), 日本放送出版協会.
28) Teramura, T. (1979): Mem. Coll. Agr. Kyoto Univ., **114**: 29-48.
29) Ting, Y. C. and Kehr, A. E. (1953): J. Heredity, **34**: 207-211.
30) Ting, Y. C., et al. (1957): Amer. Nat., **91**: 197-203.
31) van Ooststroom, S. J. (1953): Blumea, **3**: 481-582.
32) Verdcourt, B. (1963): Flora of Tropocal East Africa (Hubbard, C. E. and Milne-Redhead, E. eds.), pp. 162. London.
33) Yen, D. E. (1974): The Sweet Potato and Oceania. Bishop Museum Bull., Honolulu, **236**: 1-389.

3.1.2 生理・生態

a. 塊根の形成と肥大

(1) 種いもの萌芽

サツマイモの萌芽原基は種いもの側根の根痕から生じる[7,21] (図 3.4). 塊根

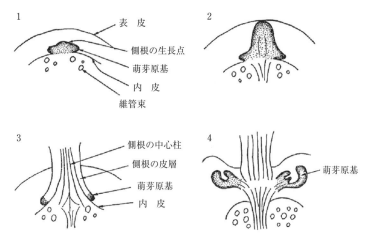

図 3.4 サツマイモの萌芽原基と側根原基の発達[7]

には原生木部が放射状に5〜6列に縦に走っており，側根はこの放射状の溝に沿って形成されることから，萌芽原基もこの溝に沿って形成されることになる．萌芽原基の分化と発達には品種間差があり，塊根発育の途中から発生してくる品種から，収穫後の後期に生ずる品種まで，さまざまである．萌芽原基の数は，側根がつくられるとともに決まる場合が多いが，1本の側根あたり1〜4本の萌芽がみられる．萌芽原基は茎と数枚の葉原基を分化して，塊根の表面近くまで発達し，ここで休眠芽となって塊根の中で翌春まで休眠する．種いもの萌芽の適温は25〜30℃である．一般に萌芽は主として各根痕列のしょ梗部（なり首）に近い部分に発生し，いもの尾部寄りでは萌芽原基は休眠したままで終わることが多い．したがって種いもを植えると，おもにしょ梗部側に多数の萌芽が発生し，尾部側では萌芽せず，側根のみを多く発生する．

(2) 塊根の形成と発育

ⅰ) 不定根の形成

苗の不定根原基は，葉隙または枝隙の部分の，茎の維管束環に近いところに数個ずつ分化する[21]．最も若い不定根原基は最上位展開葉の直上葉の節に初めて認められ，それより下位節になるに従って数を増し，最上位展開葉節から基部寄り5〜6節目で最大に達する．この5〜6節の不定根原基が最も植え付け後の発根が早く，その根径が太く，伸長が速やかであり，塊根になりやすい．

ii） 塊根の形成

発根初期の不定根は，5～6原型の放射中心柱であり，一般の根と同様，原生篩部が内鞘に接して放射状に散在し，その間に原生木部が介在する（図3.5）．植え付け後15日ほど経つと根の木部と篩部の間に一次形成層ができ，さらに発達して中心柱の内側で環状の構造となる．植え付け後20日目には，一次形成層の活動がきわめて旺盛になり，その外側に篩部，内側に木部を発達させる．このようにして維管束系が増大すると，一次形成層の内側に発達した木部柔組織内にも新たに多数の二次形成層が散在して分化する．この二次形成層活動の活発化により，中心柱の柔細胞数は急速に増加し，根径の増大が加速され，塊根化が促進される．その後，皮層と内鞘が脱落することと付随して最外層に周皮（皮部）が形成される．このようにして塊根の組織形態はほぼ完成する[10]．

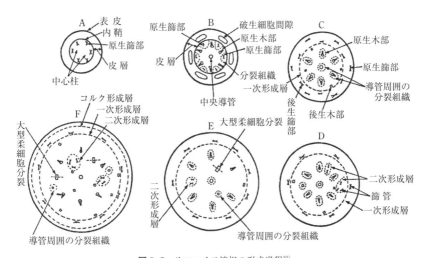

図3.5 サツマイモ塊根の形成過程[10]
A：植え付け後5日，B：植え付け後10日，C：植え付け後15日，
D：植え付け後20日，E：植え付け後25日，F：植え付け後30日．

iii） 根の発育方向

発根したすべての不定根が塊根化するわけではなく，細根や梗根（ごぼう根）に終わるものも多い（図3.6）．このような差は，組織的には一次形成層分化期以降に現れる[21]．一次形成層の活動が小さく，しかも中心柱柔組織の木化が大きいと根はほとんど肥大せず細根となる．反対に形成層の活動が大きく

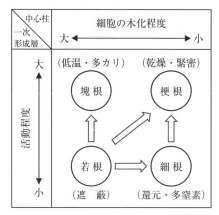

図 3.6 根の発達方向と植え付け当初の環境の影響[21]
矢印は発達の方向を示す.

中心柱柔組織の木化が小さいと,拡大した木部領域に多数の二次形成層が発達し塊根化の方向に向かう.また形成層の活動は大きくとも,中心柱の木化が大きい場合には二次形成層の発達が妨げられるため,肥大が進まず梗根となる.このような根の発達方向に対して,生育初期の土壌環境が支配的に作用する[21].①土の温度がやや低く(22〜24℃),通気が十分でカリ肥料が多い場合には塊根になりやすく,②土が乾燥し,硬く,地温が高い場合には梗根になりやすく,③窒素肥料が多く,過湿で,通気が不十分の場合には細根になりやすい.

 iv) 塊根分化

根の肥大開始期は,植え付け当初には苗に親葉のあること,苗体内の炭素／窒素比の高いこと[8]など,地下部への炭水化物供給のよい条件で早いことが知られている.このことは,植え付け後の発根に伴い炭水化物や窒素化合物は茎の基部に向かって転流するとともに,肥大根は細根に比べて,これら物質の含量および炭素／窒素比が著しく高まることからも裏付けられる[16].

塊根形成に対する生長調節物質の役割については,必ずしも十分な成果は得られているとは言いがたい.しかし,オーキシン,ビタミンなどの薬剤処理により塊根形成が促進されること,たとえばサツマイモでは塩化コリンによる苗の浸漬処理(10〜20 ppm・24 時間)によって効果が認められ,実用化されていること[11],塊根内でのサイトカイニン含量が肥大開始期に高まること[6,17]な

どが知られ，塊根の形成もまず生長調節物質が関与し，その後炭水化物，窒素化合物などの転流・蓄積が行われ肥大が開始されるものと考えられる．また，アブシジン酸（ABA）がサツマイモの根にも存在し，乾物蓄積が旺盛な品種で塊根のABAレベルが高い傾向があることが知られており，塊根の活発な乾物蓄積にABAが関与している可能性も指摘されている[17]．

v) 塊根の生長

個体の塊根収量は塊根数と個々の塊根の生長量によって決定される．塊根数は，植え付け後8週目ごろまでの比較的早い時期に決定される[13]．塊根の生長量は伸長生長（塊根長）と肥大生長（塊根幅）によって規定される．各々の生長時期をみると塊根の伸長生長は生育前期に大きく，植え付け後8週目にはほぼ完成する[19,20]．一方，塊根の肥大生長はむしろ生育中～後期に大きく，これらの時期の長さおよび幅の生長量の違いによって品種特有の形状になるが，一般に塊根長の長いものほど，その後の肥大が優勢に進む傾向がみられる[19]．

vi) 塊根肥大と地上部の相互関係

塊根形成が起こりうるかどうかは遺伝的素質によるが，実際にどの程度肥大するかは内外の要因によって決まる．その内因の1つに，地上部と地下部のどちらに肥大を起こす原動力が存在するかという問題がある．北条ら[5]は，塊根肥大性の異なる品種の接木実験を行い，早期肥大性の品種が台木であれば，接穂がどの種類のものでも地上部の生育は抑えられ，塊根の肥大はよく，反対に晩期肥大性の品種が台木であれば，逆の生育になることを示した．換言すると，接穂にした各品種の地上部繁茂の型は異なっていても，接木側品種が同一であれば，乾物分配率は台木の種類によって決まってくるということを意味している．このことから，塊根の肥大能力は，一義的には葉面積の大小などの地上部の特性より，台木に関係する根の固有の特性に強く影響されると考えられる．さらに，サツマイモの全植物体のうちで塊根の占める割合が大きいことにもよるが，地上部の生育が塊根の生長によって規定されやすいことを示している．このような塊根のシンクとしての能力の実体についてはよくわかっていないが，サツマイモの生産性向上のためには，地上部の物質生産能力とともに塊根のシンク能力の向上を図ることが求められる．

vii) 塊根のデンプン生成

サツマイモ生産の最も大きな目標は，塊根中に貯蔵されている炭水化物であ

り，そのなかでもデンプンが重要である．葉で生成された炭水化物はショ糖の形で維管束を経由し，塊根の貯蔵柔組織内で不溶性のデンプンに合成される．このことにより転流系内のショ糖の濃度勾配が維持され，塊根におけるデンプン合成反応が継続的に進行すると考えられている．

デンプン生合成に深いかかわりをもつヌクレオチドは，生育中のサツマイモ塊根から同定されている7種類[15]のうち，デンプン生合成に直接関係するアデノシン二リン酸グルコース（ADPG）およびウリジン二リン酸グルコース（UDPG）の含量の推移をみると，ADPGは塊根の肥大初期には痕跡程度であるが，次第に増加して，肥大盛期ごろに最大に達し，以降減少して，収穫期にはほとんど認められなくなる．一方，UDPGはADPGとは対象的に，肥大初期には著しく大で，次第に減少し，肥大盛期にはほぼ一定の値で経過し，後期にはさらに減少する．このように，ADPG含量の推移は，デンプン蓄積の推移に類似するが，同じデンプン合成のグルコース供与体と考えられるUDPG含量はデンプン含量とは一致せず，セルロース含量とよく似た推移を示す．塊根内のデンプン合成酵素の活性をみると，ADPG-デンプン合成酵素は肥大初期に高く，生育が進むに従って低下する．UDPG-デンプン合成酵素は全期を通じて同程度の活性を示す[15]．しかし，両酵素の活性を比較すると，ADPG-デンプン合成酵素の方が，肥大期全体を通じて15〜20倍と著しく高い．ADPGの酵素活性が肥大初期に高いにもかかわらず，その含量が痕跡程度しか認められないのは，生成されたADPGが速やかにデンプン分子中に取り込まれ，蓄積されないためと考えられ，ADPG生成反応がデンプン合成の律速因子になっていると推定される．また，UDPGの酵素活性が低いにもかかわらず，その含量が多いことから，デンプン合成への役割を無視することはできないが，ADPGとは異なり，ショ糖やセルロース合成にも関与するので，その役割も大きいと判断される[15]．一方，サツマイモはカリの施用効果の大きい作物であり，サツマイモのADPG-デンプン合成酵素活性は，カリの添加によって著しく促進される[14]．他の作物においてもカリによるADPG-デンプン合成酵素活性の促進効果は認められるが，とくにサツマイモ塊根で顕著である．

b．物質生産（光合成，乾物生産，分配）

(1) 光合成と乾物生産

津野・藤瀬（1965）[22]は物質生産について詳細な検討を行っている．光合成

の適温は C_3 植物としては比較的高く，23〜33℃である．30 klx 近くで光飽和に達し，葉面積あたりの光合成能力は約 12 mg CO_2/dm^2/hr で，品種間差は比較的小さく，また生育後期にもあまり低下しない．個体群生長率（CGR）の最大値は 17 g/m^2/日程度で，イネやムギ類より低く，C_3 植物としても高い方ではない．その原因は葉面積あたりの光合成能力が低いことと，葉が水平で葉層が薄く，受光態勢がよくないことにある．サツマイモの CGR の推移をイネのそれと比べてみると，際立った相違が認められる．図 3.7 に示すように，イネでは CGR の最高値は高いが，その持続期間は著しく短い．その原因は主として葉面積指数（LAI）の大きさとその推移の違いにある．すなわち，図 3.8 に示すように，サツマイモとイネの間には LAI の推移においても個体群生長率でみたときとほとんど同じ推移の違いが認められる．CGR と LAI との関係については，サツマイモの場合にはその CGR に対して最適 LAI が存在することが示され，その値は 3 程度である．一方，イネではそのような最適 LAI は存在しないか，存在しても 4〜7 という大きい値である[25]．サツマイモの場合にこのような低い最適 LAI がみられるのは，すでに述べたように，受光態勢がよくないためと考えられる．

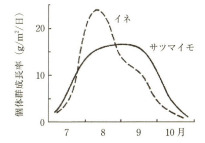

図 3.7 イネとサツマイモの CGR の比較[22]
イネ：6 月 28 日移植，サツマイモ：6 月 27 日移植．

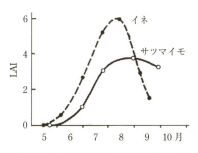

図 3.8 イネとサツマイモの葉面積指数（LAI）の比較[22]

サツマイモでは，光合成能力と葉身中のカリ濃度や窒素濃度とは正，デンプン含有率とは負の相関関係が認められる．カリ濃度が 4% 以下の条件では窒素濃度の影響は小さく，窒素が高濃度でも低い光合成能力しか発揮できない．しかし，4% 以上の条件では，窒素濃度が 2.2% 以下になると光合成能力は窒素濃度に支配され，窒素濃度の減少に伴って急激に低下する．したがって，光合成能力を高く維持するためには，葉身中のカリや窒素濃度を一定レベル以上に

上げることが必要である．このようなカリ濃度の高い植物体では，塊根肥大が促進され，光合成産物の転流が促進されるため，葉身中の貯蔵デンプン含有率が低く押さえられ，光合成速度も高まるものと考えられる．すなわち，葉身中の炭水化物濃度自体というより，植物全体としての光合成作用-光合成産物の転流-塊根の肥大という一連の相互関係が，葉身中の炭水化物濃度と光合成活性との関係を律しているといえる．

サツマイモのような需根作物の乾物生産特性は，同じ C_3 植物のイネ科作物に比べて有利とはいえないが，単位面積あたり，あるいは単位期間あたりの経済的収量は高いという特徴をもっている．その要因として，①光合成産物の貯蔵器官である塊根の生育期間が長いこと，②純同化率（NAR）の高い時期に光合成産物を蓄積・貯蔵する生育経過をたどり，乾物の分配効率がよいこと，③貯蔵器官が地下部にあるので，それを支持する丈夫な組織を必要としないこと，④生育後期まで落葉せずに葉の機能を維持するので，後半におけるCGRの低下が小さいことなどの生育特性が考えられる．一方，光合成産物の呼吸による消費も無視できない．生育中期以降の1日あたりの呼吸量は，葉／茎比のよい条件でも，光合成量の20〜30％に達する．また図3.9に示すように，生育時期によって異なるが，全生育期間の平均では，呼吸量は光合成量の約40％になるという[1]．器官別の呼吸量は，一般に葉身＞茎＞塊根の順に高い傾向がある．しかし，葉身の呼吸量と光合成量との間には高い正の相関関係が認められ，また，塊根の呼吸量とその肥大生長量との間も同様で，いずれも呼吸の

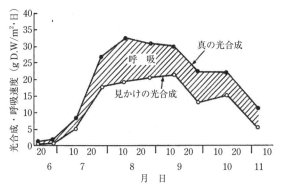

図3.9 サツマイモの生育に伴う個体群の光合成速度と呼吸速度[1]
品種：コガネセンガン．

増大は再生産の増大につながる．したがって，無駄な消費を少なくする意味では，茎や葉柄の呼吸量をできる限り小さくすることが大切である．

(2) 乾物分配

塊根の形成されていない生育初期では，光合成産物は地下部よりも地上部に優先的に転流するが，塊根肥大が始まると，光合成産物の転流先は地上部から地下部に変わり，塊根への転流量が多くなる．このような光合成産物の転流の動態は，光合成器官（ソース）と貯蔵器官（シンク）の双方の機能の相互関係によって影響されると考えられる．

体内の栄養生理的要因のなかで，乾物分配をコントロールする要因として，最も重要視されるのは窒素とカリである[22]．塊根肥大の原動力は光合成産物の豊かな供給と蓄積によってもたらされることから，光合成の母体である葉の生長に特に有効な窒素は，塊根形成のうえからも重要である．しかし，窒素を過剰に与えると，地上部の生長のために光合成産物の大部分が消費され，塊根はほとんど形成されず，いわゆる「つるぼけ」を起こす事態も生じる．サツマイモでは生産された乾物は，体内の窒素濃度が高ければ地上部に，低ければ地下部により多くが分配されるが，カリ濃度が高くなるにつれて，同じ窒素濃度でも地下部への分配率が高くなる．これにはカリがデンプン合成酵素の活性を高める働きをもつことも関与していると考えられる．したがって，窒素濃度が低くなる生育後期ほど，塊根への乾物分配率は高くなる傾向を示す．また，サツマイモでは塊根内のカリ/窒素比が高いほど塊根肥大を促進することが知られており，この比率が高まる条件下で塊根への乾物分配率が向上する．

c. 生育と環境

(1) 土壌通気性

塊根の肥大に直接関係する土壌の物理的要因としては，土壌の通気性が最も重要である．土壌を団粒化して通気をよくしたり[9]，深耕して土壌の気相率を高めると[23]，いずれも塊根の肥大が促進されるが，反対に土壌を緊密にするなどして土壌気相率を下げると，塊根の形成が悪くなる[24]．サツマイモの塊根は，肥大初期には個体全体の呼吸量のおよそ25%を占めているが，肥大が進むにつれて乾物あたりの呼吸は低下する一方，塊根重が大きくなるため，全体の呼吸量に占める比率はさらに大きくなる[22]．しかし，サツマイモはイネのように通気組織をもたないため，塊根や細根の呼吸に必要な酸素はすべて土壌空

気に依存している．したがって土壌通気が不良になると，呼吸のための酸素が不足し，他方，高濃度のCO_2が蓄積するため，塊根の呼吸が阻害されて生長のためのエネルギーが得られず，無機養分，特にカリウムの吸収が阻害され，その結果，塊根の肥大が抑制されると考えられる．

(2) 土壌水分

土壌水分は地上部や細根の生育には多い方がよい傾向にあるが，塊根肥大には圃場容水量の60～70%が最もよく，これより多湿でも乾燥でも生育が劣る．しかし，水分の影響には他の要因も関係しており，土壌が膨軟かつ標準的な施肥条件であれば，いずれの時期も多湿の悪影響はみられないが，土壌が緊密あるいは多肥条件下にあれば，生育初期以外の多湿は塊根の肥大を妨げ，その悪影響は生育後期ほど著しい．このことから，植え付け時にはやや多湿の方が苗の活着がよく初期生育を早めるが，生育中期以降には適度の土壌通気を保つことが求められる．生育時期別の乾燥の影響をみると，初期の乾燥はその後の回復によって減収の程度は少なく，生育後期の乾燥もすでに塊根の肥大が進んでいるので悪影響は少ない．最も影響の大きい時期は，地上部の最大繁茂時期であり[4]，塊根が肥大を急速に始めようとするときである．

(3) 土壌酸度

サツマイモは酸性土壌には強い作物で，pH 4.2～7.0の範囲では生育に大差なく，石灰の施用効果の小さい作物である．したがって，後作のことを配慮しなくてよければ，土壌酸度について特に注意する必要はない．

(4) 温　度

一般に，地上部は地下部に比べて生育適温が高いので，高温では茎葉の，低温では根の生長を促進する．15℃以上35℃までは高気温ほど地上部の生長が良好になり，通常は高温障害は起こらない[2]が，それを超えるとさまざまな悪影響が生じ，40℃を超えると生長は停止する[18]．塊根肥大の適地温はおよそ25～30℃である．高地温では地上部の生長は旺盛になるが，塊根数や塊根重が抑えられる[3]．また，高地温は塊根の柔組織の木化を進めるとともに，夜間の高地温で地上部から地下部への光合成産物の転流が妨げられる[12]．したがって，塊根肥大は夜間の地温に大きく支配され，昼間高地温であっても夜間低地温であれば，転流は順調に行われ，障害の程度は軽減される．

(5) 光

日照不足の条件下では根の形成層の活動が抑えられ，若根の状態にとどまるため，塊根分化が遅れる[21]．また，乾物生産が抑えられるため，塊根肥大が悪く，塊根数は少なくなる[16]．塊根肥大期に入ってからの日照不足は地上部以上に地下部の生長に影響が大きく現れ，塊根の肥大が著しく阻害される[22]．このように，日照が不足すると生産された同化産物は地上部に優先的に利用され，葉面積はある程度確保されるものの，純同化率の低下を招き，乾物生産を抑制し，さらに乾物の地下部への分配を悪くする．

(6) つるぼけの原因

つるぼけの誘起原因としては土壌環境要因によるところが大きく，①肥沃地で，特に窒素分が多く，カリの肥効が小さい，②土壌水分が多い，③土壌が硬くなりやすい，④土壌通気が悪い，などが助長要因とされる．特に，塊根の肥大する生育後半に，このような環境に遭遇すると，つるぼけが著しい．粘質土が砂質土に比べてつるぼけを起こしやすいのはこのような条件になりやすいためである．

〔佐々木 修〕

引用文献

1) Agata, W. and Takeda, T. (1982)：*J. Fac. Agr. Kyushu Univ.*, **27**：75-82.
2) Harter, L. L. and Whitney W. A. (1926)：*J. Agr. Res.*, **32**：1153-1160.
3) 長谷川 浩・八尋 健 (1955)：九州農業研究, **16**：83.
4) 長谷川新一・塩島角次郎 (1958)：関東東山農業試験場研究報告, **11**：49.
5) 北条良夫ほか (1971)：農業技術研究所報告, **D22**：165-191.
6) 北条良夫 (1973)：農業技術研究所報告, **D24**：1-33.
7) 井浦 徳 (1969)：九州農業試験場彙報, **14**：247-272.
8) 小林 章・福島与平 (1944)：農及園, **19**：499-500.
9) 児玉敏夫 (1962)：農事試験場研究報告, **1**：157-222.
10) 国分禎二 (1973)：鹿児島大学農学部学術報告, **23**：1-126.
11) 小中伸夫 (1972)：千葉県農業試験場特別報告, **3**：1-22.
12) 九州農業試験場 (1967)：九州農試研究15年, p.177-178.
13) Lowe, S. B. and Wilson, L. A. (1974)：*Ann. Bot.*, **38**：307-317.
14) 村田孝雄 (1969)：植物生理, **8**：15-19.
15) 村田孝雄 (1970)：日本農芸化学会誌, **44**：412-421.
16) 中 潤三郎 (1962)：香川大学農学部紀要, **9**：1-96.
17) Nakatani, M. and Komeichi, M. (1991)：*Jpn. Jour. Crop. Sci.*, **60**：91-100.
18) 中谷 誠 (1992)：農業研究センター研究報告, **21**：1-53.
19) 佐々木修ほか (2004)：日本作物学会紀事, **73**：65-70.

20) Somda, Z. C. et al. (1991): *J. Plant Nutr.*, **14**: 1201-1212.
21) 戸苅義次 (1950)：農事試験場研究報告, **68**：1-96.
22) 津野幸人・藤瀬一馬 (1965)：農業技術研究所報告, **D13**：1-131.
23) 渡辺和之ほか (1966)：日本作物学会紀事, **34**：409-412.
24) 渡辺和之ほか (1968)：日本作物学会紀事, **37**：65-69.
25) Yoshida, S. (1972): *Ann. Rev. Plant Physiol.*, **23**: 437-464.

3.2 世界での栽培と利用

3.2.1 世界のサツマイモ生産と利用の概要

国連食糧農業機関（FAO）によれば，サツマイモは2008年には世界で約800万 ha 栽培され，約1億1000万 t 生産されている（図3.10，3.11）[1]．図3.10には，比較対照とするため，ジャガイモとキャッサバ，穀類の代表として水稲の値も示した．なお，開発途上地域においては，図3.12に例示するように，サツマイモは農家の裏庭的な畑で，必要に応じて収穫されることも多く，正確な統計調査が困難であることに留意する必要がある．

世界におけるサツマイモの生産は，現在，普通作物において栽培面積で22位，生産量で11位に位置付けられる．1980年代中ごろまでは，生産量に関してキャッサバと7位の地位を争っていたが，以降サツマイモの生産量は停滞し，対して水稲に代表される主要穀類や，キャッサバが生産量を3倍以上に増やしたため，生産量からみた作物としての地位は低下している．1980年代の急激な収穫面積の減少は，後述する中国での減少がおもな要因であるが，世界的にみると，単位面積あたりの収量の停滞が明白である．1960年代の収量水準と比較すると，「緑の革命」を経た水稲やキャッサバでは2倍以上に向上しているが，サツマイモでは1割増程度にすぎない．収量停滞にはさまざまな要因が関与しているが，栽培技術などの技術水準が大きく影響すると考えられる．

近年，おもに開発途上地域の農業研究の文脈のなかで，「Orphan crop」という用語が聞かれる[7]．この用語は，国際的な食糧政策の対象にされず，研究開発投資もあまり行われてこなかった作物のことを指す．サツマイモは，典型的な Orphan crop である．たとえば，生産量で7位の作物であった1983年当時，国際農業研究協議グループ（CGIAR）におけるサツマイモに対する研究開発

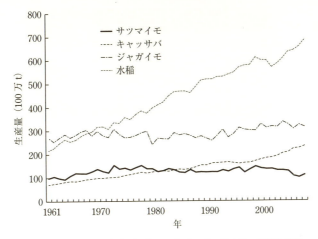

図 3.10 サツマイモならびにキャッサバ,ジャガイモ,水稲の世界の生産量の推移

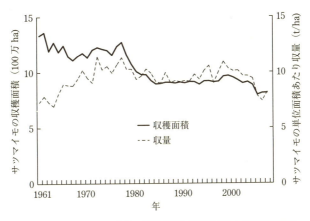

図 3.11 サツマイモの世界の収穫面積と単位面積あたり収量の推移

投資額は 19 位にすぎなかった[3]．過去の低調な研究開発投資が現在の地位低下の要因の 1 つと考えられる．

図 3.13 には，サツマイモの生産量の国別シェアを示した[1]．主要な生産地域は日本を含むアジアで，生産量の約 90％ を占めており，特に中国は世界全体の生産量の 4 分の 3 を占めている．次いで多いのがアフリカで，特に西アフリカで 1990 年以降急速に栽培が拡大したところから，約 35％ の栽培面積を占めている．しかし，単位面積あたりの収量が低いこともあり，生産量では約

図3.12 発展途上地域におけるサツマイモの裏庭的栽培の事例（フィリピン・レイテ島）
農家の庭先にキャッサバ，タロとともに品種を混ぜた状態で栽培されている．

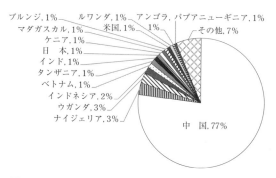

図3.13 サツマイモの世界の生産量の国別シェア（2008年）

10％を占めるにすぎない．アジア・アフリカ以外の地域で，生産量のシェアが0.5％を超える国は，米国とパプアニューギニアのみで，原産地である中南米での生産は少なく，ヨーロッパではほとんど栽培されていない．

サツマイモの栽培方法としては，一部種いも直播きや種子播き栽培も試みられてはいるが，挿し木苗の移植による栄養繁殖という栽培法の基本は世界共通である．年間を通じて生育が可能な熱帯圏では，生育中の地上部を採取するつる先苗の利用が一般的である．一方，冬期に生育が不可能な温帯圏では，日本と同様，貯蔵した種いもからの萌芽苗の利用が一般的である．

病害虫は，地域によってさまざまであるが，栄養繁殖ゆえに，ウイルス病害は世界的に共通の問題となっている．また，センチュウ被害も共通の問題である．日本の南西諸島を含む亜熱帯・熱帯圏では，アリモドキゾウムシやイモゾ

ウムシの被害が深刻である.

1人あたりの年間消費量をみると（図3.14），アジアでの消費量が1961年の約45 kgから約15 kgへと3分の1に激減している. 一方，オセアニアやカリブ諸国では20 kg前後で安定しており，アフリカでは微増で推移している. 他の地域では年々減少しており，世界平均では10 kg程度である.

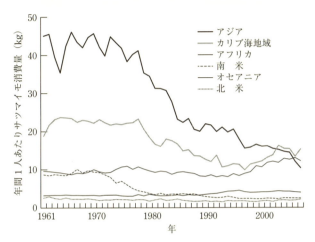

図3.14 世界のおもな地域のサツマイモの1人あたり年間消費量の推移[2]

　熱帯圏では，塊根が肥大していれば随時収穫可能なことから，農家の自給作物としての位置づけが強く，救荒作物としても重要である. 一方で，塊根は穀類種子に比べると，重く輸送が難しいうえに，貯蔵性も劣るため，高度な流通インフラをもたない開発途上地域においては，広域流通が困難な生産物である. 市場販売は，地域の小規模なマーケット（図3.15）が主体で，換金作物としての有利性は劣る. 貧困農家の食料というイメージもあって，経済発展による所得向上や都市化に伴い，消費・生産の低迷につながるケースが多い.

　開発途上地域の利用方法としては，基本的には，食用ないし養豚などの飼料用である. 食用の際は，蒸す，焼く，煮るといった基本的な調理法が行われることが多い. 飼料としては，塊根のほか，茎葉も重要である. また，茎葉を食用に利用する地域も多い. 加工方法としては，日本の生切り干しに相当する簡易な加工は世界的にもみられるが，日本や中国，米国のように，サツマイモを原料とした食品加工産業が成立している例は少ない. 世界的には，換金作物へ

図3.15 路傍の露店で販売されるサツマイモ
（インドネシア・東南スラウェシ州）

図3.16 インドで開発されたサツマイモジャムの例

の脱皮を目指して，加工技術の開発に関心が寄せられている（図3.16）．

3.2.2 アジア
a. 中国

世界で最大の生産国である中国の2008年の栽培面積は，1960年代に比べ半分以下に減少したとはいえ，約400万ha，生産量は8500万tである（図3.17）[1]．中国におけるサツマイモ生産の推移は，時差はあるものの，おおむね日本と類似の経過をたどっていると思われる．すなわち，以前は，農家の自給食料あるいは準主食的地位を占め広く栽培されたサツマイモは，経済発展に伴ってその地位を失い，急速に収穫面積が減少した．一方で，技術的向上により単位面積あたり収量は全国平均で23 t/haまで向上しており，これは日本に次いで世界第2位である．それが収穫面積の減少をある程度補ったと考えられる．

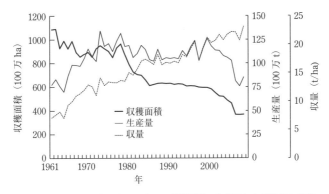

図3.17 中国におけるサツマイモの収穫面積，生産量および収量の推移

中国では，サツマイモは，南は海南省から北は黒竜江省まで栽培されているが，四川省が最大の産地で，約100万ha栽培され，生産量は1700万tに上る．河南省，安徽省，重慶市，山東省，広東省，湖南省，福建省がこれに次ぐ[5]．

第二次世界大戦前に日本から導入された'沖縄100号'が'勝利100号'の名前で長く栽培されていたが，現在の主要品種は'徐薯18'である．新品種の育成も盛んで，'ミナミユタカ'などの日本品種も交配親として利用されている．

一部では，他作物との混作（図3.18）もみられるが，栽培様式の大半は日本と同様，萌芽苗の移植栽培で，単一品種の高畦栽培である．ポリエチレンフィルムマルチやウイルス病回避のための組織培養苗の利用も盛んである．南部地域にはアリモドキゾウムシの被害がみられる．

図3.18 四川省の山間部でみられたサツマイモとトウモロコシの混作状況

1960年代以前は食用が全消費量の約半分，次いで飼料用が約3割を占めていたが，1990年代以降は飼料用に大きな変化はないものの，食用が1割程度にまで減少し，それに代わって加工利用が5割程度に増えている．実際，サツマイモデンプンを用いた即席麺や紫サツマイモの粉の加工など，新しい用途開発が活発に行われている（図3.19）．

図3.19 最近中国で開発されたサツマイモ加工食品の例
左上：サツマイモ麺の調理例，右上：サツマイモクラッカー，
左下：紫サツマイモの干し芋，右下：スナック菓子．

b．韓　国

韓国のサツマイモ栽培を取り巻く状況はほぼ日本と同様である．すなわち，1960年代初頭の収穫面積は30万 ha を超えていたが，以後急速に減少し，現在では2万 ha を割り込んでいる[1]．生産量は33万 t である．韓国で独自に育成された品種に加えて，'高系14号'や'ベニオトメ'のような日本品種も広く栽培されている．作付け体系や栽培技術も日本とほぼ同様である．

消費は食用が中心である．日本と異なるのは，100 g 前後の小形の塊根が流通の主力であることで，少量をスナック感覚で食べられることから人気が高い．また，韓国では，サツマイモの葉柄をフキやゼンマイのように食用に利用する．加工品としてはデンプンを用いた春雨があるが，原料費の安い中国産に依存しているところが大きい．最近ではカロテンやアントシアニンを含む品種を用いたジュースなどの加工品の開発も行われている．おもな栽培地域は全羅南道の海南地域である．

なお，FAO の統計によれば，北朝鮮にも韓国と同程度のサツマイモ生産が

認められる[1]が，その詳細は不明である．

c. 東南アジア

東南アジアにおけるおもなサツマイモ生産国はインドネシア，ベトナムで，フィリピンがこれに次ぐ．図3.20にはこれら3国の生産量の推移を示した[1]．フィリピンの生産量は1960年以降，多少の変動はありながらも80万t前後を安定的に維持している．ベトナムは1980年代から1990年代にかけて生産が急増したが，それ以降は減少傾向にある．インドネシアは長期にわたる減少傾向に歯止めがかからない．この原因として，水稲などの主要穀類の生産あるいは輸入が安定すると食料としての利用が減少すること，また食用以外の加工利用がそれに見合うだけ産業化されていないことがあげられる．収量については，ベトナムおよびインドネシアは改善されて，それぞれ8 t/haおよび10 t/haであるが，フィリピンはこの50年間5 t/haを前後しており，いずれの国も生産性は低い．この原因はアリモドキゾウムシなどの病害虫の発生が甚だしいこと，フィリピンにおいては台風による被害が著しいことがあげられる．

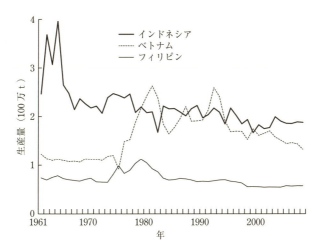

図3.20 インドネシア，ベトナムおよびフィリピンのサツマイモ生産量の推移

栽培様式としては，自給的な裏庭栽培（図3.12）から，市場出荷を目指した比較的大規模な栽培までみられ，果樹やトウモロコシ，豆類との混作など，作付け体系も多様である．裏庭的な栽培では，品種を混植する場合も多く，種苗圃ないし品種保存圃の機能を果たしている例も多い．なお，インドネシア

は，その国域にサツマイモの第二次多様性中心を含んでおり，特に品種は多様
である．

　いずれの国でも食用とブタを主とする家畜の飼料用がおもな用途であるが，
ベトナムでは穀類の生産の安定化に伴い，主食や救荒作物というより飼料用と
しての利用が特に北部で増加している．加工用途としては，サツマイモを原料
としたケチャップの開発・製品化等の成果もあがっているが，広範な産業化と
いう視点では，課題を残している．

　これら3国以外でも，シンガポールを除く東南アジア諸国ではいずれもサツ
マイモ生産が行われているが，生産の規模は小さく，より自給作物的色彩が強
い．

d．南アジア

　インドの2008年のサツマイモの生産量は100万t強で，バングラディシュ
が約30万t，スリランカが5万t程度で，パキスタンの生産は1万tに達しな
い[1]．パキスタン以西では，ヨーロッパにいたるまで，サツマイモの生産はわ
ずかである．

　インドのサツマイモ生産は1970年代に250万t前後でピークに達し，以降
現在まで減少を続けている．生産量の減少は，もっぱら収穫面積の減少によっ
ており，収量は，1960年代の7 t/haの水準から，現在の9 t/haの水準まで，
徐々にではあるが，一貫して向上している．

　インドでは全国的にサツマイモが生産されているが，主要産地は，オリッサ
州，ビハール州，ウッタル・プラデーシュ州などである．年間を通じて栽培が
可能であるが，モンスーン期の天水利用の作型と乾期の灌漑利用の作型があ
る．

　食用と飼料用の利用が主体であるが，近年，図3.16に例示したように，加
工利用も進められている．

3.2.3　アフリカ

　アフリカにおけるサツマイモの主産地は，サハラ砂漠以南の，サブサハラ地
域である．アフリカでのサツマイモは年々収穫面積を拡大し，1961年の62万
haから，2008年には330万haに増大している（図3.21）[1]．もともと栽培が
盛んであったウガンダやルワンダなどの東アフリカに加えて，ナイジェリアを

3.2 世界での栽培と利用

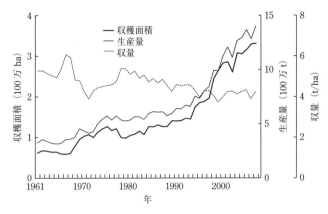

図 3.21 アフリカにおけるサツマイモの収穫面積, 生産量および収量の推移

中心とする西アフリカでの栽培が 20 倍以上に拡大していることによる. その理由は明らかではないが, 西アフリカにも元来ヤムを栽培する根栽農耕文化が存在し, サツマイモを受け入れやすい文化的素地はあったといえる. さらに, 凶作のリスクが高いこの地域では, サツマイモ等イモ類の収穫が比較的安定している[4]ことから, 食料安全保障政策が増産の背景となっていると推察される. さらに, 乳幼児のビタミン A 不足の問題が深刻で, 国際バレイショセンター (CIP) などがカロテンを含むサツマイモの栽培を推奨していることも背景にあるのかもしれない.

生産量についてはもっぱら栽培面積の増加を反映するにとどまっており, 1300 万 t 程度である. 収量は 5 t/ha 前後と低く, 長期的には低下傾向がみられる. このことは技術の停滞を示唆しており, アフリカのサツマイモはまさに Orphan crop といえる. この背景のもと, 最近では, 米国の財団等によるサツマイモ研究開発への投資の機運が高まっている.

ナイジェリアではサツマイモが大規模栽培されることは少なく, 裏庭的栽培か, ヤム, キャッサバなどのいも類やトウモロコシ, ミレットなどの穀類と混作されることが多い. ウガンダやルワンダではサツマイモの単作が主体で, 品種ごとに栽培される. しかし, 豆類やトウモロコシと混作されることも多い. アフリカでは, ウイルス病害が他地域よりも深刻である.

年間の 1 人あたり消費量は, 東アフリカのブルンジやウガンダ, ルワンダでは 100 kg 近くで, 重要な食用作物であるといえる (図 3.22)[2]. ギニアやナイ

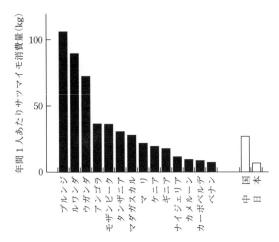

図 3.22 アフリカ諸国における年間1人あたりサツマイモ消費量
2007年の消費量上位の順に日本より多い国を表示.

ジェリアなど西アフリカにおいても，日本より1人あたり消費量は多い．いずれも必要に応じて収穫するが，ときに収穫が遅れるとアリモドキゾウムシによる食害や病害が甚大になるため，ウガンダではサツマイモをスライスまたはつぶして乾燥させ，保存食とする場合もある．ルワンダではサツマイモが低所得者層の食物と見なされるところがあり，収入が増加すると消費量が減る傾向がある．西アフリカの人々は，一般的にヤムを好み，甘みの強いサツマイモは好まない傾向がある．

3.2.4 北　　米

米国は，新大陸では最大のサツマイモ生産国である．収穫面積は，1960年代の7万haから1990年代に3万haまで減少したが，今世紀には増加に転じ，現在は約4万haである[1]．収量は1960年代の9t/haから一貫して増加し，近年は20t/haを超えている．2008年の収穫量は84万tである．主産地は，ノースカロライナ，カリフォルニア，ミシシッピ，ルイジアナで，この4州で収穫量の90％以上を占める[8]．

米国の品種の大半はカロテンを含むが，最近は移民向けにカロテンを含まない品種も育成されている．基本的な栽培様式は日本と同様であるが，大規模機械化栽培が前提となるため，採苗は苗床を一斉に刈り取る．労力を要する収穫

作業には季節労働者の利用が多い．組織培養苗の利用が増加しており，また，輪作も一般的である．

米国での利用は，ほぼ食用に限られる．消費量の 1〜2 kg/人/年[2] は，日本の 3 分の 1 以下である．食用で A 等級以外にランクされたサツマイモの多くは缶詰加工される．缶詰加工は米国のサツマイモ利用の特徴の 1 つとなっている．

3.2.5 中南米

サツマイモの原産地である中南米では，2008 年に合計で 23 万 ha 栽培されているにすぎない[1]．カリブ諸国を除くと栽培面積は減少の一途をたどっており，南米では 1970 年と比べると半減している．収量は中米で 20 t/ha であるが，カリブ諸国では 5 t/ha，南米では 11 t/ha に止まっている．1 人あたりの年間消費量はカリブ諸国では世界平均を上回り，17 kg であるが，中米および南米では 0 および 6 kg であり[2]，主たる食用作物とはなっていない．

バルバドスでは，スプリンクラーを用いた灌漑設備を整備するとともに，サトウキビとの輪作体系を確立し，カリブ諸国で最も高い収量を上げている．ただし，アリモドキゾウムシやコガネムシの被害が大きいことから，アリモドキゾウムシが侵入しにくいように大型畦を用いた栽培を行っている．

カリブ諸国では，サツマイモは家庭料理（図 3.23）などに使われる食材の 1 つで，自国内での食用としての利用がほとんどである．パウダーなどを食品加工用として生産している例もあるが，ごく一部である．

図 3.23 ジャマイカのサツマイモを用いた料理（左）とパウダー加工品（右）

3.2.6 オセアニア

a．パプアニューギニア

パプアニューギニアはオセアニアの栽培面積の 90％，生産量の 80％を占め

るサツマイモ生産国である．栽培面積は徐々に拡大し，2008年には10万ha を超えている．しかし，収量は5t/haと低いことから，生産量は60万t弱である[1]．サツマイモは海浜から標高2800mの高地まで栽培される[6]が，おもな産地は，標高1500～2000mの高地である．それ以上の高地ではジャガイモが，低地ではタロイモが栽培の中心となる．

　栽培方法は，大きな盛り土を作り，そこに雑草や前作のつるなどを埋め込むと同時に苗を植えるのが一般的である．高地のサツマイモ栽培は基本的に単作である．パプアニューギニアは，サツマイモの遺伝的多様性の二次中心とされており，品種はきわめて多様である．

　パプアニューギニアは世界で最もサツマイモを食べる国であり，1996年のデータでは1人あたり264kgを消費していると推定されている．このデータはブタの飼料としての消費も含まれているが，パプアニューギニアの高地の人々は，生存に必要なカロリーの多くをサツマイモに頼っている．

b．その他のオセアニア諸国

　ニュージーランドには先住民族であるマオリ族により13世紀にポリネシアからサツマイモが持ち込まれたといわれている．一時消滅寸前であったサツマイモ栽培は，マオリ文化復興の機運などを背景に，2008年には1500haに拡大している[1]．ほとんどが食用として利用される．最近では少量ではあるが，フレンチフライやチップスなどの加工利用も始められている．

　この他，ポリネシアやメラネシアの島嶼国でも生産量は少ないものの，サツマイモが栽培・利用されている．なかでも，ソロモン諸島では，年間1人あたり約170kgのサツマイモを消費している[2]．　　　　　　　　　　〔中谷　誠〕

引用文献

1) FAO (2010)：FAOSTAT Production. Crops, FAO [http://faostat.fao.org/site/567/default.aspx#ancor]
2) FAO (2008)：FAOSTAT Food supply. Crops Primary Equivalent, FAO. [http://faostat.fao.org/site/609/default.aspx#ancor]
3) Gregory, P, et al. (1989)：*Improvement of Sweet Potato* (Ipomoea batatas) *in Asia.*, p. 183-188, International Potato Center (CIP).
4) Hartmann, P. (2007)：Proceedings of the 13th ISTRC Symposium, p. 1-7.
5) 樊　雨時・渡邉和男 (2004)：育種学研究，**6**：87-92.
6) 久木村久・高柳謙治 (1984)：熱研資料，**64**：88-122.

7) Nayler, L. R., *et al.* (2004): Food Policy, **29**（1）: 15-44.
8) Walker, C.（2008）: *Sweet Potato Statistical Yearbook* 2008. The United States Sweet Potato Council, Inc.

3.3 日本での栽培と利用

3.3.1 食用品種（本州・四国）
a．生産の概要

全国のサツマイモの作付面積は約4万ha（2010年）で，地域別にみると，本州・四国と九州・沖縄でほぼ二分している．また，県別では，鹿児島が第1位で全国の37%を占め，次いで茨城（17%），千葉（12%），宮崎（8%）の順となっている．

本州・四国地域で生産されるサツマイモは青果用が中心である．また，蒸切干用（干しいも）の約9割が茨城県で生産されている．茨城や千葉などでは火山灰土地帯，徳島や石川などでは海成砂質土地帯に産地が形成され，地域の気候や土壌に適した品種が栽培されている．

b．品種の概要

本州・四国における主要品種は'ベニアズマ'と'高系14号'の派生系統である．'ベニアズマ'は1984年に育成されて以降，千葉や茨城で奨励品種に採用され，関東を中心に急速に栽培面積を増やした．'高系14号'の派生系統は関東以西の幅広い地域で栽培されている．

サツマイモの品種改良は国立研究開発法人 農業・食品産業技術総合研究機構の九州沖縄農業研究センター（宮崎県都城市）および次世代作物開発研究センター（元 作物研究所；茨城県つくば市）が中心に行っており，青果用では良食味を基本に，病害虫抵抗性や貯蔵性など優良形質をもつ品種育成（交配育種）が進められている．近年育成された'べにはるか'や'ひめあやか'等は今後の普及が期待される品種である．関東の産地では，かつて主力であった品種，一時期より作付けが減ったものの特産的に栽培されている品種や，蒸切干用として長く作られている品種などがある．

c. 主要品種等の概要

(1) ベニアズマ

'関東85号'（母）と'コガネセンガン'（父）の交配組合せから農業研究センター（後の作物研究所）が選抜し，1984年に'ベニアズマ'（'かんしょ農林36号'）と命名された．'高系14号'など従来の品種に比べて，皮色や肉色（黄）が濃く，粉質で甘みが強く，栽培が容易で収量性が高い．2009年の作付面積は9721 ha（24％）で，全国で最も多く栽培されている品種である．

栽培面でのおもな利点は，①苗の伸長がよく，育苗が容易である，②耐肥性が高く，野菜栽培跡地など残存窒素量の多い圃場でも栽培ができる，③早期肥大性があり，早掘り栽培ができる，④土壌病害の立枯病にやや強いことである．一方，欠点は，①サツマイモネコブセンチュウにやや弱い，②生理障害の裂開，皮脈，条溝が発生しやすく，収穫遅れに伴う過肥大を含めて形状が乱れやすい，③砂質土ではいもが長く，曲がりやすい，④貯蔵性がやや劣り，また蒸しいもの肉色が暗緑化（調理後黒変）しやすいことである[9]．

(2) 高系14号

'ナンシーホール'（母）と'シャム'（父）の交配組合せから高知県農事試験場が選抜し，1945年に'高系14号'と命名された．蒸しいもの肉質は粉質と粘質の中間で食感がよい．収穫直後の甘みは少ないが，貯蔵後に増す．蒸しいもの肉色は鮮明な黄白で，惣菜やペーストなどの加工品に適する．2009年の作付面積は6556 ha（16％）で，'ベニアズマ'に次いで作付けの多い品種である．

栽培面でのおもな利点は，地域や土壌の違いによる形状変化が小さく，広域適応性があり，特に砂質土で栽培されている．また，早期肥大性や貯蔵性が優れることから，早掘り栽培から普通掘り栽培まで広範囲に利用されている．一方，欠点は，斑紋モザイクウイルスによる帯状粗皮病や立枯病，サツマイモネコブセンチュウなどに弱いことである．

この品種は育成経過が長く，系統の分離がみられる．現在，各産地で外観や良食味の派生系統が選抜されている．一例として，'土佐紅'（高知），'坂出金時'（香川），'なると金時'（徳島），'五郎島金時'（石川），'愛娘'（千葉），'紅さつま'（鹿児島），'紅ことぶき'（宮崎）などがある[9]．

(3) べにはるか

'九州 121 号'（母）と'春こがね'（父）の交配組合せから九州沖縄農業研究センターが選抜し，2007 年に'べにはるか'（'かんしょ農林 64 号'）と命名された．蒸しいもの肉色は黄白で収穫直後から甘みが強い．肉質は，収穫直後は粉質と粘質の中間であるが，貯蔵後は粘質化しやすい．

栽培面でのおもな利点は，①いもの着生本数が多く，揃いがよい，②つる割病やサツマイモネコブセンチュウにやや強い，③貯蔵中の腐敗が少ないことである．一方，欠点は，①収穫時にいもの切り口からヤラピン（白い樹液）の分泌が多く，表皮に付着して黒変する，②貯蔵後の肉質の変化（粘質化）が大きいことである[3]．近年，シェアを伸ばしている品種であり，しっとり甘い特性を生かした販路拡大や商品開発が期待される．

(4) ひめあやか

'九州 127 号'（母）と'関系 91'（父）の交配組合せから作物研究所が選抜し，2009 年に'ひめあやか'を育成した．200 g 以下の食べきりサイズの小いもが多く，蒸しいもの肉質はやや粘質で甘みが強い．また，調理後黒変が少なく，肉色は鮮やかな黄である．

つる割病，立枯病および黒斑病にやや強いが，サツマイモネコブセンチュウにやや弱い．今後，家庭で利用しやすいサツマイモとして消費拡大が期待される[8]．

(5) クイックスイート

'ベニアズマ'（母）と'九州 30 号'（父）の交配組合せから作物研究所が選抜し，2002 年に'クイックスイート'（'かんしょ農林 57 号'）と命名された．従来の品種に比べて約 20℃ 低い温度で糊化する低温糊化性デンプンをもつことから，電子レンジなどの短時間の加熱でもデンプンを分解する酵素 β-アミラーゼが働いて甘くなる．蒸しいもの肉質は粉質と粘質の中間で，甘みが強い．また，蒸切干用にも使われている．

つる割病やサツマイモネコブセンチュウにやや強いが，生理障害の裂開が発生しやすく，また種いも利用の育苗で二番苗の採苗数が少ない[9]．

(6) パープルスイートロード（紫いも）

'九州 119 号'（母）と'関東 85 号'・'関東 99 号'・'関東 103 号'・'九州 105 号'・'ベニオトメ'の混合花粉（父）の交配組合せから作物研究所が

選抜し，2002年に'パープルスイートロード'（'かんしょ農林56号'）と命名された．'アヤムラサキ'など高アントシアニンの紫いも品種に比べて甘く，いもの外観がよいことから青果用に向く．蒸しいもの肉質はやや粉質で，食味は中程度である．

つる割病とサツマイモネコブセンチュウにやや強いが，立枯病にごく弱く，湿害による腐敗が発生しやすい[9]．

(7) アヤコマチ（カロテンいも）

'サニーレッド'（母）と'ハマコマチ'（父）の交配組合せから九州農業試験場（現 九州沖縄農業研究センター）が選抜し，2001年に'アヤコマチ'（'かんしょ農林60号'）と命名された．蒸しいもの肉色は橙色，肉質はやや粘質で，ニンジン臭が少ない高カロテン品種である．

サツマイモネコブセンチュウに強く，貯蔵性が優れる品種である．カロテンいものなかでは青果用として有望である[11]．

(8) 紅 赤

1898年に埼玉県木崎村（現 さいたま市）の山田いちが，在来品種'八房(やつふさ)'の栽培圃場から皮色の鮮やかな株を発見し，以後各地に普及した品種である．蒸しいもの肉質は粉質で，甘さはやや少ないが，風味があり，天ぷらやきんとんに適する．

現在の主力品種に比べて，早期肥大性や耐肥性が劣り，つるぼけしやすいなど栽培の難しい品種である．1930〜1940年代は3万haあまりの作付面積があり，西日本の'源氏'に対して東日本の'紅赤'といわれ，現在も"金時"の名称で流通している．'ベニアズマ'の普及により'紅赤'の作付けは急減したが，千葉県や埼玉県などで栽培されている[4]．

この品種は，発見から100年以上が経過し，系統分離がみられる．このうち，千葉県成田市の'紅赤'栽培圃場で発見された自然突然変異株をウイルスフリー化の過程で得た培養変異株から品種'総(ふさ)の秋(あき)'が育成され，千葉県の北総台地で栽培されている[7]．

(9) ベニコマチ

'高系14号'（母）と'コガネセンガン'（父）の交配組合せから農事試験場（作物研究所の前身）が選抜し，1975年に'ベニコマチ'（'かんしょ農林33号'）と命名された．蒸しいもの肉質は粉質で，良食味であること，貯蔵性が

よいことから，従来の'高系14号'や'紅赤'に代わり普及した．しかし，つる割病をはじめ，立枯病やサツマイモネコブセンチュウに弱く，マルチ栽培ではいもの形状が細長く，曲がりが多くなるなど栽培面の問題が大きいことから，作付けは急減した[9]．現在，育成当初から取り組んでいる千葉県香取市栗源地区では，「紅小町の郷」として栽培を維持している．

(10) タマユタカ

'関東33号'（母）と'クロシラズ'（父）の交配組合せから関東東山農業試験場が選抜し，1960年に'タマユタカ'（'かんしょ農林22号'）と命名された．蒸切干用（干しいも）の代表的な品種で，日本一の生産地である茨城県での主力品種である．蒸切干の肉色は灰色を帯びた白〜ごく淡黄白色で，独特の風味をもち，多収性で比較的作りやすい．しかし，「シロタ」（蒸切干の一部が白く硬く変質すること）が発生しやすいなど品質面で問題がある[5]．

d. 栽培方法

地域や土壌，作型，品種の違いによって一様ではないが，ここでは関東の火山灰土における青果用品種の標準的な栽培方法を記す．

(1) 育　苗

苗床に種いもを伏せ込み，萌芽，伸長した苗（長さ25〜30 cm）を切り取る．萌芽から第1回目の採苗までは40日前後で，以降，5〜7日間隔で4〜5回採苗する（種いも育苗）．

近年，青果用品種ではウイルスフリー苗の利用が一般化している．ウイルスフリー化により，帯状粗皮病（ウイルス病）の防止をはじめ，いもの肥大，皮色や貯蔵性などの向上効果がある[2]．一方，ウイルスフリー化により立枯病（土壌病害）に対する抵抗性の低下現象が確認され，基核株を選抜する際に考慮する必要がある[10]．

通常，生産者は購入したウイルスフリー苗を苗床に移植し，摘心後に伸長した側枝を順次，親株として増殖する（通称：ポット苗育苗）．ポット苗育苗は，種いも育苗に比べて良質の苗が得やすいが，育苗に数ヶ月を要し，手間やコストがかかる．

(2) 作付体系

サツマイモは連作することが多く，10年以上の長期連作圃場がみられるが，土壌病害虫の増加や地力の消耗が激しくなるため，良品生産には4〜5年まで

の連作にとどめる[1].

(3) 作　期

明確な作型区分はないが，収穫時期の違いから早掘り栽培（在圃期間3ヶ月前後）と普通掘り栽培（同4～5ヶ月）がある．後者は収穫後，数ヶ月間貯蔵することが多い（図3.24）．

(4) マルチ栽培

早掘り，普通掘り栽培ともポリエチレンフィルムを用いたマルチ栽培が行わ

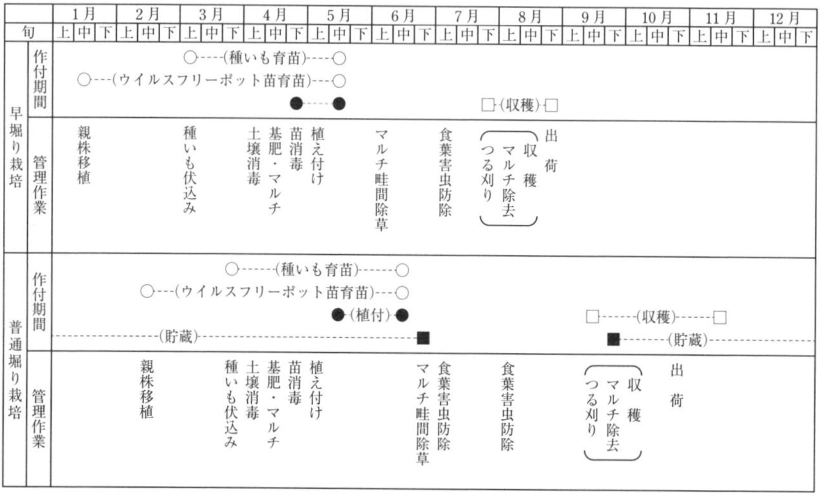

図3.24　青果用サツマイモの栽培暦例

図3.25　小型機械を利用した青果用サツマイモ栽培（普通掘り）の作業体系

れている．マルチ栽培は，生育促進，食味向上および雑草抑制，中耕培土の省略，収穫作業機の利用向上などの効果があり，小型機械を利用した作業体系に欠かせない栽培法である（図3.25）．

(5) 施 肥

火山灰土での施肥は基肥のみとし，10aあたり窒素3kg，リン酸10kg，カリ10kgが標準量である．野菜栽培跡などの残存窒素量が多い圃場では，無窒素で栽培する[1]．

(6) 貯 蔵

貯蔵適温は13～14℃，湿度は93～95％RHである．11℃以下に長く置くと腐敗しやすく，15℃以上では腐敗は少ないものの皮色の劣化や萌芽（割れ）がみられる．貯蔵腐敗の防止には貯蔵開始時のキュアリング処理が有効である[6]．

〔吉永　優〕

引 用 文 献

1) 猪野　誠（2006）：野菜の施肥と栽培（根茎菜・芽物編），p.100-106，農文協．
2) 猪野　誠・屋敷隆士（1994）：千葉県農業試験場研究報告，**35**：101-108．
3) 甲斐由美（2010）：サツマイモ事典（いも類振興会編），p.150，いも類振興会．
4) 熊谷　亨（2010）：サツマイモ事典（いも類振興会編），p.142，いも類振興会．
5) 蔵之内利和（2010）：サツマイモ事典（いも類振興会編），p.154，いも類振興会．
6) 宮崎丈史・新堀二千男（1991）千葉県農業試験場研究報告，**32**：73-80．
7) 大越一雄（2002）：千葉県農業総合研究センター特別報告，**1**：63-88．
8) 高田明子（2009）：いも類振興情報，**101**：4-6．
9) 高田明子（2010）：サツマイモ事典（いも類振興会編），p.145-150，いも類振興会．
10) 高野幸成ほか（2006）：関東東山病害虫研究会報，**53**：29-33．
11) 吉永　優（2010）：サツマイモ事典（いも類振興会編），p.156-157，いも類振興会．

3.3.2　食用品種（九州・沖縄）

a． 生産の概要

九州・沖縄におけるサツマイモの作付面積は約2万ha（2010年）で，そのうちの87％を鹿児島県および宮崎県が占める[12]（表3.2）．鹿児島と宮崎県は，デンプンや焼酎向けなど原料用の生産が多く，その他の県では食用の比率が高い．九州・沖縄全体では，約8万3700tの食用サツマイモが生産されている．

b． 品種の概要

九州地域の食用品種としては，'高系14号'およびその派生系統の栽培が多

表3.2 九州沖縄におけるサツマイモの栽培面積と生産量（2010年産）

県名	栽培面積 (ha)	(%)	生産量 (t)	うち食用 (t)	(%)[a]
鹿児島	14,300	72.0	347,500	22,830	6.6
宮崎	3,040	15.3	77,200	22,495	29.1
熊本	1,210	6.1	27,000	23,876	88.4
長崎	459	2.3	6,540	4,326	66.1
大分	305	1.5	4,630	4,453	96.2
沖縄	254	1.3	4,100	2,422	59.1
福岡	170	0.9	2,080	1,789	86.0
佐賀	115	0.6	1,840	1,525	82.9
（合計）	19,853	100.0	470,890	83,716	17.8

a：各県の生産量に占める食用の比率．

い[12]（表3.3）．鹿児島県では1959年に'高系14号'が奨励品種に採用され，1990年には'高系14号'の選抜種'土佐紅'のなかから濃紅の皮色でいもの肥大が早い優良株が選抜され，'ベニサツマ'として普及に移された[4]．宮崎県では1973年に'高系14号'から選抜された'ことぶき1号'が奨励品種になった．その後も優良株の選抜は続けられ，'紅ことぶき'を経て現在の'宮崎紅'にいたっている[17]．熊本県では'高系14号'が主要品種であり，'ほりだしくん'の統一ブランドで販売されている[1]．'ベニアズマ'は，いもの形状不良が生じやすく，貯蔵向きでない等の理由から九州での普及は少ない．長崎県では'ベニオトメ'，佐賀県では'べにまさり'が栽培されている．近年，

表3.3 九州・沖縄における主要な食用品種別の栽培面積（ha, 2009年産）

	ベニアズマ	高系14号	べにまさり	ベニオトメ	備瀬	宮農36号	沖夢紫	（合計）
福岡	42	32	0.2					74
佐賀	6	2	1.4					9
長崎		137		90				227
熊本	89	1,053						1,142
大分	77	182						259
宮崎		1,248						1,248
鹿児島		1,587						1,587
沖縄					93	22	28	143
（合計）	214	4,241	1.6	90	93	22	28	

注1：'高系14号'にはその派生系統が含まれる．
注2：鹿児島県の'高系14号'には加工用も含まれる．

鹿児島県，大分県や熊本県では'べにはるか'の産地化が進められている．このほか，鹿児島県では在来種の'種子島紫'や'安納いも'が地域特産品として栽培されている．沖縄県では'備瀬'，'宮農36号'や'沖夢紫'が主要品種となっている．これらは「紅いも」と呼ばれ，肉色が紫で食味がよく，県内の生産量の約7割を占める[14]．

c．主要品種の特性

(1) 高系14号

関東から南九州まで，幅広い地域で安定した収量性と外観を示す品種である．1945年，高知県農事試験場で'ナンシーホール'と'シャム'の組合せから育成された．早期肥大性を有し，貯蔵性が優れていることから，早掘りによる早期出荷から貯蔵いもの出荷まで年間出荷が可能である．いもの形状は紡錘形，皮色は赤，肉色は黄白である．蒸しいもの肉質はやや粉質から中，食味は中からやや上である．立枯病やサツマイモネコブセンチュウに弱く，つる割病にやや弱いことから，本品種の植え付け前には，クロルピクリンくん蒸剤やDD油剤などの殺線虫剤による土壌消毒が必須になっている．

(2) ベニアズマ（'かんしょ農林36号'）

食味が良好な多収品種である．1984年，農業研究センター（後の作物研究所）で，'関東85号'と'コガネセンガン'の組合せから育成された．いもの形状は長紡錘形，皮色は濃赤紫，肉色は黄色である．早期肥大性や耐肥性に優れ多収であるが，掘り取り時期が遅れると形状が乱れやすい．また，栽培条件によっては生理障害である裂開や皮脈が生じる．蒸しいもの肉質は粉質で甘みが強く食味はよい．黒斑病に弱く，サツマイモネコブセンチュウとつる割病には中の抵抗性であるが，立枯病には比較的強い．

(3) ベニオトメ（'かんしょ農林43号'）

いもの外観が優れ，多収で食味がよい品種である．1990年に九州農業試験場（現 九州沖縄農業研究センター）で'九州88号'と'九系7674-2'の組合せから育成された．いもの形状は紡錘から長紡錘形で，皮色は赤紅，肉色は黄白である．蒸しいもの肉色は黄白，肉質は粉質で，食味は'高系14号'より優れている．サツマイモネコブセンチュウに強，黒斑病にやや強の抵抗性を示すが，ミナミネグサレセンチュウ抵抗性は中程度である．内部黒変症が発生しやすいため普及は限られている．

(4) べにはるか（'かんしょ農林 64 号'）

いもの外観と食味が優れ，センチュウにも比較的強い品種である．2007 年に九州沖縄農業研究センターで'九州 121 号'と'春こがね'の組合せから育成された．いもの形状は紡錘形，皮色は赤紫，肉色は黄白である．条溝や裂開がなく，いもの表面はなめらかで，外観は'高系 14 号'より優れる．蒸しもの肉質は，掘り取り直後はやや粉質であるが，貯蔵中に粘質化して，ねっとりとした食感になる．食味は'高系 14 号'より優れる．サツマイモネコブセンチュウに強，ミナミネグサレセンチュウにやや強，立枯病に中程度の抵抗性を示す．

(5) べにまさり（'かんしょ農林 55 号'）

早掘適性があり多収で食味が良い品種である．2001 年に九州沖縄農業研究センターで'九州 104 号'と'九系 87010-21'の組合せから育成された．いもの形状は紡錘形で，皮色は赤，肉色は淡黄である．蒸しもの肉質はしっとりとしており，'高系 14 号'より食味が良い．サツマイモネコブセンチュウとミナミネグサレセンチュウに中程度の抵抗性を示し，黒斑病には比較的強い．

(6) 種子島紫

アントシアニンを含み，紫の肉色を示す種子島の在来種である．蒸しもの肉質は粉質，舌触りがなめらかで食味が良い．皮色が淡紫と白の 2 種類があり，鹿児島県は優良株の選抜を行って，前者を'種子島ろまん'，後者を'種子島ゴールド'として 1999 年に品種登録した．

(7) 安納いも

カロテンを含み，オレンジの肉色を示す種子島の在来種である．蒸しもの肉質は粘質で，糖度が高く食味は良好である．皮色が褐色と淡黄褐色の 2 種類があり，鹿児島県は優良株の選抜を行って，前者を'安納紅'，後者を'安納こがね'として品種登録した．

(8) 備瀬

沖縄の紅いも品種である．1950～70 年代に沖縄県本部町備瀬区の農家で自然交雑した種子から選抜された．皮色は黄白，肉色は紫で食味がよい．立枯病にやや強く，いもの外観は良好である．

(9) 宮農 36 号

沖縄の紅いも品種である．1947 年に宮古民政府産業試験場（現 沖縄県農業

研究センター宮古島支所）で'ハワイ種'と'中国紅'の組合せから育成された．いもの形状は紡錘形，皮色は赤紫，肉色は紫で食味は良い．立枯病に弱く，収量性はやや低い．

(10) 沖夢紫（おきゆめむらさき）

沖縄の紅いも品種である．2007年に沖縄県農業試験場で'備瀬'と'V4'の組合せから育成された．いもの形状は長紡錘形で，皮色および肉色は紫である．蒸しいもの肉質は粘質で，甘みが強く食味がよい．立枯病にやや強い．

d．栽培方法

(1) 作　型

鹿児島県や宮崎県では，温暖な気象条件を生かして，食用サツマイモが超早掘り，早掘り，普通掘り，貯蔵などの作型で栽培されている（表3.4）[15]．超早掘りでは12月から3月までの低温下での生育を確保するため，ビニールハウスとトンネルを併用またはトンネルのみを用いて，ポリフィルムでマルチした畦間に湛水して保温する．1965年頃から本格的に導入されたマルチ栽培は，無マルチに比べて地温上昇が著しく，土壌の物理性を良好にし，養分の溶脱防止の効果も認められて増収することから[5]，早期多収に欠かせない技術になった．ただし，普通掘りでは，透明フィルムを用いたマルチ栽培は，高地温や乾燥によって苗の活着不良，立枯病の発生，つるぼけによる品質収量の低下などを引き起こしやすいので，黒色フィルムを用いたマルチ栽培あるいは無マルチ栽培とする[15]．熊本県や大分県でも早掘り栽培はわずかにみられるが，大部分は普通掘りである．亜熱帯気候の沖縄県では，サツマイモは1年中生育できるが，春植（収穫期8〜10月）と秋植（収穫期4〜6月）があり，植付後の台風被害が少ない春植の栽培が多い[17]．

(2) 作付体系

おもに早掘り作型において，ニンジンやダイコンなどの露地野菜やエンバク

表3.4　鹿児島県における食用サツマイモの作型

作　型	栽培様式	植え付け期	収穫期	適　地
超早掘	ハウス＋トンネル	12月中旬〜1月下旬	5月中旬〜6月下旬	極暖地
超早掘	トンネル	2月中旬〜3月中旬	6月中旬〜7月上旬	暖　地
早　掘	透明マルチ	3月下旬〜5月上旬	7月中旬〜8月下旬	県内全域
普通掘	無マルチまたは黒マルチ	5月中旬〜6月下旬	9月上旬〜11月下旬	県内全域
貯　蔵	無マルチまたは黒マルチ	5月中旬〜6月下旬	10月上旬〜11月下旬	

などの飼料作物を組み合わせた輪作体系がみられるが，サツマイモの単作が多い．ニンジン栽培跡地のサツマイモは外観が良好で，A品として出荷できる比率が高い[9]．サツマイモネコブセンチュウの被害を回避するためには，前作としてラッカセイが適しており，バレイショやキャベツ跡はセンチュウ密度が高くなり，収量性や外観品質が劣る[10]．サツマイモと秋作ダイコンの体系に高度なセンチュウ抵抗性をもつサツマイモ品種を導入すると，ダイコンやサツマイモのセンチュウ害が回避でき，作付体系の後作においても土壌消毒なしで'高系14号'のセンチュウ被害が抑制できることが示されている[20]．また，サツマイモネコブセンチュウの増殖抑制効果があるエンバク品種'たちいぶき'を夏播き栽培し，その後作として'高系14号'を早掘り栽培すると，収量や品質に対するセンチュウ被害が抑制されることが明らかにされている[21]．

(3) 施肥・土壌条件

施肥量は土壌の種類や作型などによって異なるが，たとえば鹿児島県における普通掘りの施肥量は10aあたり窒素が3〜4 kg，リン酸が6 kg，カリが8〜10 kgとなっており[15]，作畦前に全量基肥として施す．施肥量はいもの収量だけでなく食味にも影響を及ぼす．特に，腐植質黒ボク土より可給態窒素量が少ない淡色黒ボク土での窒素増施は，蒸しいものブリックス（屈折糖度計で表示される数値）や全糖量を増加させる[13]．また，可給態窒素量が多い土壌ではβ-アミラーゼ活性が高まり，麦芽糖の生成量が増加して食味評価が高くなる傾向が認められている[7]．

e．品質と利用

(1) いもの外観

食用サツマイモは，いもの形状，皮色などの外観，大きさなどの選果基準により評価される．一般に形状は紡錘形で，いもの長さが太さの3〜5倍，表面が滑らかで，曲がりや病害虫による傷がないものがA品とされる．大きさはL（200〜300 g程度）またはM（150〜200 g程度）が望ましい．いもの外観や揃いの良否には品種間差があり，'高系14号'に比べて，'べにはるか'や'べにまさり'は外観が良好で商品化率（A品率）が高い．一方，形状等の外観は土壌によって差があり，黒色火山灰土（黒ボク土）では形状が乱れやすいが，火山噴出物が風化してできた赤黄色のアカホヤ土壌等を客土することで外観品質が改善されることが示されている[18],[19],[22]．皮色は鮮紅か濃紅色が高く評価

される．本来'高系14号'の皮色は鮮やかでないため，古くから民間で皮色選抜が行われ，1967年に皮色が濃赤紫の'坂出金時'が作出された．さらに，1978年には'坂出金時'から早掘適性の高い優良株として'土佐紅'が選抜された[16]．皮色は遺伝的な形質であるが，灌水による高水分条件で赤みが増す[2]ほか，土壌の種類[6,19,22]や在圃期間[8]などの栽培条件によっても変わる．また，帯状粗皮病の横縞や退色が現れやすい'高系14号'では，ウイルスフリー苗を利用することにより，皮色が改善されて商品化率が向上するほか，地上部の生育や塊根肥大も旺盛になって増収する[3,11]．

(2) 食 味

サツマイモの食味には甘みと肉質が大きく影響する．甘み成分は果糖，ブドウ糖，ショ糖と麦芽糖であり，なかでもショ糖と麦芽糖の含量が多い．'高系14号'は掘り取り直後の糖含量は少なく，食味は劣るが，貯蔵中にショ糖が増加して食味が向上する．一方，'ベニアズマ'，'べにはるか'や'べにまさり'は，'高系14号'に比べて収穫後から糖含量が多く，食味は良い．

肉質は粉質と粘質に大別され，これまではだいたい'高系14号'や'ベニアズマ'のような粉質のものが好まれてきた．しかし，近年，消費者の嗜好が多様化し，'べにまさり'や'べにはるか'のような，しっとり，ねっとりとした肉質が好まれる傾向にある．一般に高デンプンほど粉質になるが，粉質の品種でも貯蔵中にデンプンが糖化して粘質になる場合がある．'ベニアズマ'や'べにはるか'は'高系14号'に比べて貯蔵中に粘質になりやすい．

(3) 利 用

九州の食用サツマイモは，おもに名古屋，大阪，福岡などの市場に出荷されるほか，市場を通さず，産地直送や地元の農産物直売所などに流通する場合もある．一般家庭において各種料理に利用されるほか，焼きいも，大学いもなどにも使われる．'高系14号'は，調理後黒変が少なく，貯蔵中も適度な肉質が維持されることから，ペーストなど加工用にも幅広く利用される．'べにはるか'も汎用性が高い品種であり，青果用のほか菓子原料や焼酎などに幅広く利用されている．鹿児島県の'種子島紫'や'安納いも'は種子島で，沖縄の'備瀬'等は読谷村を中心に栽培されており，いずれも青果用のほか，焼きいも，ペースト，フレークや菓子類などに利用されている．　　〔吉永　優〕

引 用 文 献

1) 深田正博（2010）：サツマイモ事典（いも類振興会編），p. 206-207，いも類振興会.
2) 生駒泰基・持田秀之（1993）：日本作物学会紀事，**62**（別号2）：57-58.
3) 猪野　誠・屋敷隆士（1994）：千葉県農業試験場研究報告，**35**：101-108.
4) 鹿児島県さつまいも・でん粉対策協議会（2010）：特産種苗，**6**：26-29.
5) 梶本　明（1969）：日本作物学会九州支部会報，**32**：69-71.
6) 梶本　明ほか（1976）：九州農業研究，**38**：66.
7) 柏木伸哉ほか（2007）：日本作物学会九州支部会報，**73**：47-51.
8) 加勇田　誠ほか（1987）：九州農業研究，**49**：65.
9) 町田道正ほか（1996）：九州農業研究，**58**：27.
10) 持田秀之ほか（1997）：日本作物学会九州支部会報，**63**：53-55.
11) 長田龍太郎（1990）：宮崎県総合農業試験場研究報告，**25**：77-90.
12) 農林水産省生産局地域作物課（2012）：いも・でん粉に関する資料，p. 28，43.
13) 小野　忠・矢野輝人（1995）：大分県農業技術センター研究報告，**25**：77-94.
14) 大見のり子（2010）：サツマイモ事典（いも類振興会編），p. 176-177，（財）いも類振興会.
15) 小山田耕作（2010）：サツマイモ事典（いも類振興会編），p. 175-176，（財）いも類振興会.
16) 塩谷　格（2006）：サツマイモの遍歴（法政大学出版局），p. 300-302.
17) 白木己歳（2010）：サツマイモ事典（いも類振興会編），p. 207-208，（財）いも類振興会.
18) 下西　恵・児玉寿人（1987）：九州農業研究，**49**：66.
19) 須崎睦夫ほか（1995）：九州農業研究，**57**：43.
20) 鈴木崇之ほか（2007）：日本作物学会紀事，**76**（別号2）：106-107.
21) Tateishi, Y., Sano, Z. et al.（2008）：*Japanese Journal of Nematology*, **38**(1)：1-7.
22) 脇門英美ほか（1992）：鹿児島県農業試験場研究報告，**20**：11-18.

3.3.3　多用途品種

a．生産と利用の概要

　サツマイモは基本的にすべての品種が食用となるが，各品種の特性を利用しさまざまな用途に活用される（図3.26）．図3.27に用途別生産量の推移，表3.5に主産地における生産量を示す．おもに糖化用に利用されるデンプン原料用サツマイモの生産は1963年の最盛期に300万tを超えたが[29]，同年に粗糖が輸入自由化され，また安価な輸入トウモロコシデンプンとの競合により，主産県である鹿児島での生産量は2013年には14万tにまで減少した[30]．アルコール（焼酎）用は製品歩留りの高い高デンプン・多収，すなわちデンプン兼用品種の生産が多く，江戸時代からいも焼酎の醸造が盛んであった鹿児島県，宮

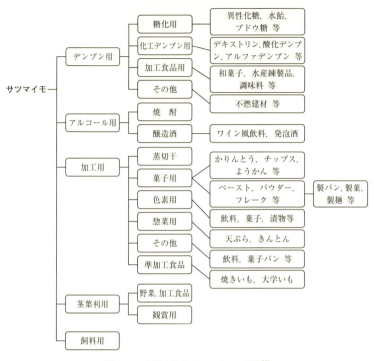

図 3.26 食用を除くサツマイモの用途[30]

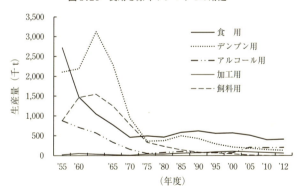

図 3.27 用途別生産量の推移[30]

崎県などの南九州地域で全体の99%, 26万 t が生産されている[30]. 特に第三次焼酎ブームの始まる2003年ごろより生産が急増し, 2005年にはデンプン原料用の消費量を抜いている. すでに焼酎の消費は安定期に入ったが, 北海道から沖縄にかけて地域振興等を目的とした小規模産地が誕生する一方で, 香味の

表 3.5 用途ごとにみた都道府県別生産数量上位 3 県 (t, 2013 年産)[30]

	デンプン用	アルコール (焼酎) 用	加工用			
			蒸切干	菓子用	色素用	その他
1	鹿児島 (140,600)	鹿児島 (194,865)	茨 城 (41,840)	鹿児島 (8,484)	鹿児島 (715)	熊 本 (156)
2	宮 崎 (3,600)	宮 崎 (67,814)	静 岡 (2,190)	宮 崎 (5,757)	宮 崎 (665)	長 崎 (10)
3	— (—)	熊 本 (1,522)	長 崎 (836)	茨 城 (3,015)	熊 本 (220)	茨 城 (1)

差別化が可能な品種の育成と産地化に向けた取り組みが現在も進められている．加工用では蒸切干向けの生産量が最も多く，2013 年には茨城県と静岡県を中心に合計 4 万 6000 t 生産されている[30]．かりんとうやいも羊羹などの伝統菓子には良食味の食用品種が多く使われてきたが，平成以降に育成された β-カロテンやアントシアニン，特にアントシアニンを多く含む色素・加工用品種は，生産者，色素やパウダー，ペーストあるいは搾汁を行う一次加工業者，そして食品メーカーという三者の食品産業クラスターを形成し，新たな加工需要の創出に貢献している．加工用有色サツマイモ品種の正確な普及面積は不明だが，聞き取り調査からは 200 ha を超えると推測される．また，沖縄県でもアントシアニンを含む独自の食用兼加工用品種，いわゆる「紅いも」が読谷村を中心に約 230 ha で栽培されている．

食用品種が約 50 万 t の生産量で推移し，デンプン原料用や飼料用品種の作付が減少するなかで，サツマイモ全体の生産量は 2000 年以降しばらくは 100 万 t の水準を維持していた．デンプン原料用の減産分を焼酎用と加工用の増産が相殺したことによるものだが，2010 年以降は 90 万 t を下回るなど漸減傾向にあり，今後の大幅な伸びは期待できない．また，蒸切干やペースト，大学いもなど，サツマイモ関連品目の外国からの輸入は 2014 年に 6 万 t を超える[30]．しかし一方では，新たに育成された付加価値の高いデンプン特性を備えた品種や，茎葉を野菜あるいは観賞用として利用する品種が普及段階に入っている．最近ではバイオマス資源としても注目され，燃料用アルコール原料に適した系統の開発[37]，さらにはデンプン粕や焼酎粕，茎葉などの未利用資源に含まれる有用成分の機能性解明[7,9,31,40]とその用途開発[5,36]など，カスケード（多段階）利用と適品種育成に向けた研究が進められている．

b． 品種の概要

平成以降（1989年～），国立試験研究機関で育成された44品種（種苗登録出願中含む）のうち，食用以外の多用途品種が占める割合は77%である．デンプン生産が盛んな戦後から1960年代の主力品種は'農林2号'，'農林1号'であるが，輸入デンプンの増加に伴い，より高デンプン・多収を目標として1966年に'コガネセンガン'が育成された．ネコブセンチュウなどの病虫害抵抗性や貯蔵性に劣る'コガネセンガン'は，デンプン用としてはその後'シロユタカ'や'シロサツマ'に置き換わるが，焼酎の酒質に対する実需者の評価は高く，現在，生産量のほとんどが焼酎向けである．今後の普及が期待されるデンプン原料用品種には'コナホマレ'，'ダイチノユメ'，そして低温糊化性で老化によるゲルの品質変化が少ない'こなみずき'などがある．焼酎用では，'コガネセンガン'の酒質に近く，貯蔵性，形状および病虫害抵抗性を改良した'サツママサリ'や'コガネマサリ'が育成された．一方，淡麗で飲みやすい'ジョイホワイト'，甘みとコクがあり，いもの香りが強い'ときまさり'，焼酎の特徴香成分と関連のある有色色素を含むアントシアニン品種'ムラサキマサリ'やβ-カロテン品種'タマアカネ'などが育成され，食用品種の利用も含めた酒質の多様化が進んでいる．加工用のうち安価な中国産が流通している蒸切干は，主力品種'タマユタカ'，'泉13号'以外に黄肉色の'タマオトメ'，β-カロテンを含む'ヒタチレッド'，'ハマコマチ'，アントシアニンを含む'九州137号'．通常の品種より糊化温度がやや低くシロタの発生が少ない'ほしキラリ'，食用品種'クイックスイート'など，差別化と品質向上を目指した品種選択がなされている．高アントシアニンの加工用品種では，'アヤムラサキ'が色素，ペースト，搾汁用など広範囲に利用され最も普及している．'ムラサキマサリ'は切干歩合が高く製品歩留りが良好なため生産の大部分が焼酎用で，普及途上の'アケムラサキ'は育成品種のなかで最もアントシアニン含量が高い．β-カロテン品種は上記品種のほか，'ベニハヤト'がペースト，焼酎，「ひがしやま」（干しいも菓子）など，'ジェイレッド'が焼酎用，'アヤコマチ'が食用，焼酎用として利用されている．茎葉利用には野菜，健康食品素材として'すいおう'，'エレガントサマー'，観賞用として'花らんまん'，'九育観1号'などがある．

c. 品種の特性とその用途

(1) コガネセンガン（'かんしょ農林31号'，焼酎・デンプン原料用）

九州農業試験場（現 九州沖縄農業研究センター）で，1966年に'鹿系7-120'と'L-4-5'の組合せから育成された，早期肥大性で広域適応性の高い多収のデンプン原料用品種である．晩植適応性や耐肥性が高く栽培条件を選ばないため，近年では北海道での栽培もみられる．おもに焼酎用だが，粉質で食味が良く，舌触りが滑らかなことから，食用や加工用にも用いられる．

(2) シロユタカ（'かんしょ農林38号'，でん粉原料用）

九州農業試験場で，1985年に'九系708-3'と'S684-6'の組合せから育成された個数型で多収のデンプン原料用品種である．'コガネセンガン'と比較し，デンプン歩留りは同程度だが上いも収量が高く，デンプン収量は上回る．また，早期肥大性で早掘り，晩植栽培の収量性，デンプン白度などにも優れる．デンプン原料用の主力品種．

(3) こなみずき（デンプン原料用）

九州沖縄農業研究センターで，2010年に'99 L04-3'と'九系236'の組合せから育成された低温糊化性デンプンを有する原料用品種である．デンプン歩留りは25％で，標準栽培におけるデンプン収量は'シロユタカ'をやや上回る．本品種のデンプンは，糊化開始温度が他の品種より約20℃低く，耐老化性に優れる特長をもつ[14]．葛粉，わらび粉の代替，あるいは他の粉類を使った加工食品に添加し食感改善に用いるなど，さまざまな用途への利用が期待される．

(4) ジョイホワイト（'かんしょ農林46号'，焼酎用）

1994年に'九州76号'と'九州89号'の組合せから育成された焼酎用品種である．上いも収量およびデンプン収量は'コガネセンガン'よりやや劣る．鹿児島県酒造組合や鹿児島県工業技術センターの協力を得て，九州農業試験場で育成した低糖の焼酎用品種で，モノテルペンアルコールの一種であるリナロールの含量が'コガネセンガン'の5倍以上高く，淡麗でフルーティな焼酎ができる[12]．

(5) タマアカネ（焼酎・醸造酒用）

九州沖縄農業研究センターで，2009年に'Resisto'と'九系179'の組合せから育成されたβ-カロテンを含む焼酎・醸造用品種である．β-カロテン含

量は既存の品種のなかで最も高く，上いも収量は'コガネセンガン'を上回る．また，慣行栽培のような苗ではなく，種いもを直接圃場に植え付ける直播栽培適性が既存品種のなかで最も高い．醸造酒は鮮やかな橙色を呈し，焼酎には β-カロテン由来の β-イオノンが含まれ，華やかで果実様の香味を持つ[8]．

(6) タマユタカ（'かんしょ農林22号'，蒸切干用）

関東東山農業試験場で，1960年に'関東33号'と'クロシラズ'の組合せから育成された多収の蒸切干用品種である．現在の蒸切干用の主力品種であり，その製品は灰色を帯びた白～ごく淡黄白で食味が良い．しかし，土壌乾燥条件下ではいもの水分低下を起こし，蒸煮時の糊化不良によるシロタを生じることがある[27]．

(7) アヤムラサキ（'かんしょ農林47号'，色素・加工用）

九州農業試験場で，1995年に'九州109号'と'サツマヒカリ'の組合せから育成された高アントシアニンの色素・加工用品種である．アントシアニンの濃度を示す色価は在来品種'山川紫'より3～4倍高く，明るい色調の紫色を呈するため，色素・加工用として広範に利用されている．また，アントシアニンの健康機能性には肝障害改善，血圧上昇抑制，血糖値上昇抑制のほか，血液循環障害などの予防効果が報告されている[34]．

(8) すいおう（茎葉利用）

九州沖縄農業研究センターで，2002年に'ツルセンガン'の突然変異から育成された地上部収量の優れる茎葉利用品種である．草勢が強く，地上部収量は他の茎葉利用品種'エレガントサマー'や'シモン1号'より高く，葉身部分のタンパク質，食物繊維，ミネラル，ビタミン類の含量はホウレンソウと同等か上回る[8]．また，抗がん作用，抗炎症作用，抗HIV活性[40]，あるいは眼病予防効果[26]などを示すポリフェノール類やルテイン含量が高い．利用形態は，野菜，青汁，お茶様飲料，サプリメント，いも焼酎など広範にわたる．

d. 栽培方法

サツマイモの栽培方法は用途，品種，地域の取り組みなどにより異なる．ここでは，おもな用途別に栽培方法および栽培環境が品質に及ぼす影響について紹介する．

(1) デンプン・アルコール（焼酎）原料用

製品歩留り向上や生産コスト低減などの点から，高デンプン・多収品種と多

収穫栽培技術を組合せた生産が行われる．サツマイモはイネと比べ，比較的高い乾物生産速度を長く維持し，塊根への乾物の分配率が高いため[38]，生育期間の拡大による増収効果が高い[25]．昭和50年代半ば（1980年〜）から南九州で普及のみられるポリフィルムマルチ栽培[1]は地温上昇効果が高く，4月上旬の早植えが可能で，それに伴ういも1個重の増大により飛躍的に増収する[24]．また，品種によってはデンプン歩留りも向上する．掘取り時期は10月上旬〜11月下旬だが，工場の操業期間拡大が求められる焼酎用は8月初旬〜12月上旬にかけて順次収穫が行われる．鹿児島県を例に施肥量についてみると，無マルチ栽培で10aあたり堆肥1000 kg，窒素8 kg，リン酸12 kg，カリ24 kg，マルチ栽培では無マルチ栽培の4/5倍量を施用する[28]．カリは窒素との施肥割合が3:1〜5:1の範囲で増収効果が高く，同化器官である葉身寿命の延長と増収をもたらす[23]が，品種によってはデンプン歩留りの低下に留意する[35]．栽植密度は早植え・マルチ栽培であれば疎植（150〜200本/a）でも標準栽培（380〜400本/a）と同等の収量確保ができ，省力，低コスト化が可能である[23]．また，疎植はいもの肥大が早く，早掘りでも出荷規格内の割合が高い[16]．ただし，5月以降に植え付ける場合，生育期間の短縮に応じて栽植密度を高める工夫が必要である．その他，水平植え[23]やウイルスフリー苗[16]の利用による増収効果が報告されている．省力・低コスト化が可能な直播栽培も試みられたが[2]，収穫物の品質にばらつきを生じやすく[15]広く普及するにはいたっていない．

(2) 加工用

蒸切干の主産地である茨城県の主力品種'タマユタカ'を例にとれば，5月上旬〜6月中旬植え付け，10月掘取りで，堆肥1000 kg，窒素3 kg，リン酸10 kg，カリ10 kgを全量基肥として施用する[4]．'タマユタカ'は耐干性がやや劣り[32]，土壌の乾燥がシロタの発生を助長するため[27]，通常，マルチ栽培は行わず，黒ボク土壌より水分保持力の優れる腐植質黒ボク土壌で多く生産される[11]．また，丸いもが発生しやすいウイルスフリー苗の利用はほとんどない．

アントシアニンやβ-カロテンを含む有色加工用品種は，主力産地の南九州地域ではデンプン・焼酎原料用の普通作型に準じて栽培される．アントシアニン含量には塊根肥大期の地温が影響し[18]，晩植を行うか，不織布や紙マルチを利用し地温を抑制することで色素含量が向上する[18, 21]．また，ボラや赤ホヤ土

壌で色素含量の向上がみられるが[3,20]，施肥量は色素含量やその組成に影響しない[18,19]．β-カロテン品種では，カリ肥料や収穫時期，土壌の種類が色素含量に及ぼす影響は明らかではないが[20,22]，土壌の乾燥で高まることから[17]，土壌の保水力や地下水位などの影響については今後検討の必要がある．また，ウイルスの感染がβ-カロテン含量を低下させるとの報告もある[17]．

(3) 茎葉利用

栽培法は一般的なサツマイモに準ずるが，最低気温が－3.5℃以上であれば無加温ハウスを利用した周年栽培ができる[13]．植え付けは4月下旬～6月中旬で，子いもを利用した直播栽培も可能である．茎葉部の収穫は5月下旬～10月中旬まで繰り返し行い，適宜追肥を行う．全刈りではなく葉柄収穫であれば収穫回数を増やすことができる[33]．全刈りでは収穫回数が増すにしたがい，いもの肥大が抑制されるため，種いもを確保するには3回程度の収穫に留める[6]．茎葉の食害性害虫に対しては，防虫ネットの利用，チオジカルブ剤（商品名：ラービンフロアブル）を使用するが，黄色蛍光灯も被害軽減に有効である[39]．茎葉部に含まれるタンパク質，ミネラル，ビタミン類などの栄養成分は収穫時期による変動が少なく[6]，総ポリフェノール含量は遮光率が高まるにしたがい減少する[10]．

〔境　哲文〕

引用文献

1) 中馬克己（2002）：日本甘藷栽培史，p. 224-225，高城書房．
2) 東　孝行ほか（1994）：九州農業研究，**56**：40．
3) 東　孝行ほか（1993）：九州農業研究，**55**：42．
4) 茨城県農業総合センター（2004）：野菜栽培基準 Ⅲ．根菜類 5. サツマイモ，p. 149-151.
5) 石黒浩二ほか（2008）：九州農業研究，**71**：52．
6) 石黒浩二ほか（2004）：日本作物学会九州支部会報，**70**：36-39．
7) Ishiguro, K. and Yoshimoto, M. (2006)：*Acta Horticulturae*, **703**：253-256．
8) 石黒浩二ほか（2003）：九州沖縄農業研究成果情報，**18**：93-94．
9) 石黒浩二ほか（2007）：日本食品科学工学会誌，**54**（1）：45-49．
10) Islam, M. S., *et al.* (2003)：*J. Ameri. Soc. Hort. Sci.*, **128**：182-187．
11) 泉澤　直（2010）：サツマイモ事典（いも類振興会編），p. 200-201，いも類振興会．
12) 神渡　巧ほか（2006）：日本醸造協会誌，**101**（6）：437-445．
13) 金子正寿・石橋哲也（2007）：業務年報：平成18年度（佐賀県上場営農センター編），p. 178-179，佐賀県上場営農センター．
14) 片山健二（2008）：でん粉情報，**6**：1-4．

15) 片山健二ほか（2007）：九州農業研究，**70**：30．
16) 河野健次郎ほか（2007）：九州沖縄農業研究成果情報，**22**：57-58．
17) 小林　透ほか（2005）：日本作物学会九州支部会報，**71**：42-43．
18) 小林　透ほか（1997）：日本作物学会紀事，**66**（別2）：57-58．
19) 小林　透ほか（1999）：日本作物学会紀事，**68**（別2）：46-47．
20) 小林　透・持田秀之（1999）：九州農業研究，**61**：21．
21) 小林　透・持田秀之（2000）：日本作物学会紀事，**69**（別2）：88-89．
22) 小林　透・持田秀之（2002）：日本作物学会九州支部会報，**68**：88-89．
23) 上妻道紀（1995）：農業技術，**50**（6）：16-20．
24) 上妻道紀・江畑正之（1981）：九州農業研究，**43**：45．
25) 上妻道紀ほか（1994）：九州農業研究，**56**：42．
26) Massacesi, A. L., *et al.* (2001): *Assoc. Res. Vision Ophthalmol.*, **42**：S234．
27) 中村善行ほか（2007）：日本作物学会紀事，**76**（4）：576-585．
28) 西原　悟（2010）：サツマイモ事典（いも類振興会編），p. 175-176，いも類振興会．
29) 農林省蚕糸園芸局畑作振興課（1968）：甘しょの生産・流通に関する資料，75．
30) 農林水産省生産地域作物課（2013）：いも・でん粉に関する資料，1-141．
31) 奥野成倫ほか（2006）：日本食品科学工学会誌，**53**（4）：207-213．
32) 小野敏忠（1981）：畑作全書　イモ類編（農文協編），p. 478-479，農文協．
33) 柴戸靖志ほか（2003）：農業関係試験研究の成果：平成15年度前期に取りまとめた成果（福岡県農政部編），p. 51-52，福岡県農政部．
34) 須田郁夫（2009）：アントシアニンの科学，p. 228-247，建帛社．
35) 高瀬　昇・坂田公男（1962）：日本作物学会九州支部会報，**18**：23-24．
36) 高瀬良和ほか（2008）：研究成果第464集「農林水産バイオリサイクル研究－農水産エコチーム－」（農林水産省農林水産技術会議事務局編），p. 103-113，農林水産省農林水産技術会議事務局．
37) 徳安　健ほか（2010）：食品試験研究成果情報，**22**：50-51．
38) 津野幸人・藤瀬一馬（1965）：農業技術研究所報告，**D13**：1-131．
39) 浦田貴子ほか（2009）：九州農業研究，**72**：24．
40) 吉元　誠（2005）：食品工業，**48**（6）：1-7．

3.4　新しい栽培方法の開発と利用

3.4.1　省力化栽培

　サツマイモの省力化栽培は，機械化の進展や資材の発達とともに飛躍的に進んできている．デンプン原料用の場合，その労働時間は1989年に10 a あたり77時間を要していたが，乗用トラクタの普及や各種作業機の開発・実用化とともに生産の効率化が図られ，2008年の先進農家体系では10 a あたり35時間，試験段階での最新省力化体系では10 a あたり26時間となっている（表3.6）．

畦　立　　　　　　　　植え付け　　　　　　　収　穫

図3.28　1980年代までのサツマイモ生産

表3.6　デンプン原料用サツマイモ労働時間の変遷（鹿児島県農業開発総合センター大隅支場調査資料より）

	10aあたり作業時間（のべ）							1989年に対する比率(%)
	苗床	本　圃					(合計)	
	育苗採苗	施肥〜畦立	植付	管理	茎葉処理	掘取り	(小計)	
1989年 慣行体系	16.5	11.8	6.0	11.7	6.0	25.0	60.5	77.0	100
2008年 慣行体系	16.5	4.5	6.0	5.1	3.0	16.0	34.6	51.1	66
2008年 先進農家体系	16.5	4.5	6.0	1.6	3.0	3.4	18.5	35.0	45
2008年 最新省力化体系	16.5	2.1	1.8	0.7	2.0	3.3	9.9	26.4	34

a. 育苗・採苗

育苗は1月ごろから開始され，ハウスや簡易トンネルを利用した形態が多い．近年は3月下旬ごろからの本圃の植え付けや1戸あたりの栽培面積拡大により，大量増殖が比較的可能なハウス育苗が主流になりつつある．本圃作業の機械化が進むなかで，育苗と採苗にかかわる機械化はほとんど進んでいないのが実態で，その労働時間は本圃10a相当分の苗を確保するのに16.5時間を要する．これはサツマイモ栽培にかかわる全労働時間の過半を占め，育苗・採苗作業の省力化対策が望まれている．また，近年は挿苗機の実用化により，挿苗機に適した曲がりが少なく揃った苗の確保も求められ，苗の生産段階で均一な苗を生産することが重要な課題となっている．サツマイモの苗は，茎の伸長が早いものから順に鋏で切り取る選択採苗が一般的であるが，この方法では苗床で茎が倒伏し曲がった苗が多くなる．この倒伏による苗の曲がりを少なくし，揃いがよい苗を生産する手法として図3.29に示した一斉刈り採苗法がある．この手法の特徴は，苗床の両側にシート等で簡易な防壁を設け，苗床両脇への倒伏を防ぎ苗の曲がりを少なくすることと，一斉刈りによる採苗で2番，3番苗の揃いがよくなることがあげられる．この手法による採苗回数は3〜5月の

①苗床造成（造成機）　②種いも伏せ込み　③一斉刈り（刈取機）　④苗調製（苗揃機）

図 3.29　一斉刈りを前提とした育苗採苗作業
採苗（刈り取り）は，3～5月の植え付け期におおむね3回程度．

表 3.7　採苗法の差異と挿苗機適応性

採苗法	苗の湾曲割合（％）			挿苗機適応性	
	0～20度	21～40度	41度以上	適正植え付け株率（％）	作業能率（h/10 a）
一斉刈り採苗法	93.3	6.7	0.0	96.4	1.5
慣行法（選択採苗）	40.0	53.3	6.7	90.4	1.8

一斉刈り採苗法：苗を1本ずつ選択採苗する慣行法に対し，全刈りして一斉に採苗を行う手法．
適正植付け株率：挿苗機で植え付けを行う際に，正常に植え付けが行われた株の割合を示す．

採苗期間中に3回程度で，採苗本数は慣行法に比べ減少するが，本圃 10 a 相当分の苗確保に要する労働時間は7時間程度と慣行法に比べ省力効果が高い．また，揃いのよい苗が確保できることから，植付けに挿苗機を利用した時の作業能率や植え付け精度が向上する（表 3.7）．

b．畦立作業

南九州地域におけるサツマイモの植え付けは，降霜被害が少なくなる3月上旬ごろに始まり7月中旬ごろまで続く．この期間中の本圃畦立て作業のピークは3月上旬～5月で，苗の植付けまでに①耕耘，②土壌消毒，③鎮圧，④堆肥散布，⑤肥料散布，⑥施薬，⑦耕耘整地，⑧畦立マルチ被覆の作業を短期間に行わなければならない．生産者の規模拡大が進むなかで，本圃植え付けまでの多くの作業は天候に左右されやすく，作業遅延による収量の低下や労働負担の増加が課題とされ，改善が求められている．そこで，いくつかの作業を同時工程化し，作業の省力化と効率化を図る作業機の実用化が進んでいる．また，複数作業の同時工程化と合わせて，肥料や農薬を畦内の所定の位置に必要な量を精密に施用する技術の開発も進みつつある（図 3.30，3.31，3.32）．

3.4 新しい栽培方法の開発と利用

図3.30 本圃畦立までの作業工程
デンプン用途向けは，一般に②土壌消毒③鎮圧⑥施薬は行わない．

図3.31 畦立マルチ・土壌消毒・施肥・施薬同時工程作業機

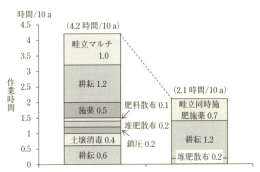

図3.32 畦立作業の同時工程化による省力効果の例

c. 植え付け

　サツマイモの植え付けは，2000年ごろまではすべて人力で行っていたが，腰を曲げた姿勢で長時間におよぶ作業であることから機械化が強く望まれてい

た．このような背景のもと，1990年ごろからサツマイモ挿苗機の開発研究が本格化し，2003年に実用化にいたった．

現在普及している挿苗機は小形の歩行用挿苗機で，横送りコンベヤ上に人力で苗を整列供給し機体下方に搬送，クランク運動を行う挿苗爪で搬送コンベヤから苗の基部を挟みながら引き出して畦に挿し込む方式である．現在は，青果用向けの船底植えタイプとデンプンや加工用途向けの斜め植えタイプの2機種が普及用機種となっている（図3.33）．本機の作業能率は10 a あたり1.5～2.2時間で，手作業に比べ5倍程度の能率向上が図られ，植付け苗長は苗性状によりやや変動するが，深さや角度は安定している（図3.34）．なお挿苗機の能力を最大限引き出すには，「育苗・採苗」のところで記述したように，曲がりが少なく揃いがよい苗を利用することが重要なポイントである（表3.7）．また近年，植え付け後の活着を安定させるために，苗を畦に挿し込むと同時に苗の基部周辺に挿苗爪の先端から約20 cc程度の少量灌水を行う「植え付け同時少量灌水技術」が開発され，これによって植付後の活着が安定することが確認されている（図3.35）．

図3.33　サツマイモ挿苗機

茎長 (cm)	20	25	30
植え付け深さ (cm)	10.4	10.5	10.9
植付苗長 (cm)	16.5	19.5	20.1
植付角度 (°)	28.7	29.3	28.5

※機種：船底植え仕様，品種：'シロユタカ'

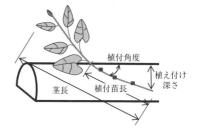

図3.34　サツマイモ挿苗機による植え付け姿勢の例

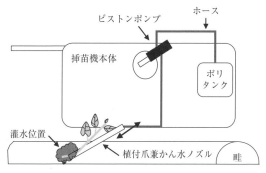

図3.35 サツマイモ挿苗機の少量灌水機構

d. 肥培管理

本圃植え付け後の管理作業は，マルチ栽培の場合，茎葉が繁茂するまでの期間は畦間（通路）の除草，茎葉が繁茂した後は病害虫防除作業が主となる．裸地栽培では，除草作業や防除作業に加えて茎葉が繁茂するまでの期間に数回の培土作業を行う．マルチ栽培における畦間の除草剤散布は，背負い式噴霧機が主流であるが，近年は歩行用畦間除草剤散布機の利用も進みつつある（図3.36）．生育中の薬剤散布については，動力噴霧機，ブームスプレーヤ，乗用管理機等が利用されている（図3.37）．

図3.36 畦間除草剤散布機
作業能率：0.3〜0.5 h/10 a.

図3.37 乗用管理機（薬剤散布仕様時）
作業能率：0.1〜0.2 h/10 a.

e. 収 穫

(1) 茎葉処理，マルチフィルム除去

サツマイモの収穫作業は，茎葉処理，マルチフィルム除去，掘り取りの順に行われ，それぞれの工程に対応する作業機械の実用化と普及が進んでいる．茎

図3.38 茎葉処理機（つる切り機）
作業能率：0.7～1.0 h/10 a.

図3.39 サツマイモ茎葉ハーベスタ
作業能率：1.0～1.2 h/10 a，茎葉回収率 90～95％.

図3.40 マルチフィルム剥取回収機
作業能率：0.5～0.9 h/10 a.

図3.41 マルチフィルム巻取機
人力で剥ぎ取った後，巻き取り回収を行う．

葉はその大半がフレールモア形の茎葉処理機で細断して処理され，生産現場では，歩行用の茎葉処理機と乗用トラクタに装着するものが多く利用されている（図3.38）．また，サツマイモ茎葉は家畜の粗飼料として古くから利用されてきたが，近年は生産者の規模拡大とともに茎葉の飼料利用は低迷している．この理由として，茎葉収穫作業の機械化が進んでいないことが一因となっていることから，鹿児島県においては「サツマイモ茎葉ハーベスタ」の実用化を進めている（図3.39）．

茎葉処理後は，マルチフィルムを剥ぎ取り回収を行う．回収を行う作業機械は剥取回収機，人力で剥ぎ取ったのち回収する定置式の巻取機等が普及している（図3.40，3.41）．

(2) 塊根掘り取り

サツマイモ掘り取り機は他のいも類の掘り取りと併用されるものが多く，掘

3.4 新しい栽培方法の開発と利用

分離形（振動式）　　　分離形（エレベータ式）　　分離調製形（エレベータ式）

図 3.42 サツマイモ（いも類）掘り取り機の例

表 3.8 サツマイモ収穫機（掘り取り機）の種類と特徴

作業法分類	構　造	種　類	塊根収納	用　途	適応畦幅	備　考
分離形	リフタ式	ティラー用，乗用トラクタ用	人力で拾い上げて収納は用途別に行う	青果・加工（焼酎）・デンプン	80～100 cm	塊根損傷：少 小規模生産向け
	振動式					
	エレベータ式					
分離調製形	エレベータ式（コンベア式）	自走式ハーベスタ	ミニコンテナ	青果	80～100 cm	塊根損傷：少
			フレキシブルコンテナ	加工(焼酎)，デンプン		塊根損傷：少～中
			スチールコンテナ	加工(焼酎)		
		自走式ハーベスタ	タンク	加工(焼酎)，デンプン	90～100 cm	塊根損傷：中～多 大規模生産向け
		牽引式ハーベスタ				

分離形：掘り取って土壌の分離のみを行う．分離調製形：掘り取ったあと土壌を分離し，機上において人力で選別調製してタンク等に収納する．

図 3.43 乗用トラクタ仕様のエレベータ式掘り取り機
作業能率：1.0～2.0 h/10 a（塊根回収は人力；4～7 h/10 a）．青果用からデンプン用まで利用される．

図 3.44 自走式ハーベスタ（ミニコンテナ仕様）
作業能率：3～4 h/10 a（4人作業）．おもに青果用で利用される．

図3.45 自走式ハーベスタ（フレキシブルコンテナ仕様）
作業能率：1.3～1.8 h/10 a（4人作業）．加工用（焼酎用）とデンプン用で利用される．

図3.46 自走式ハーベスタ（タンカー仕様）
作業能率：0.8～1.5 h/10 a（5人作業）．焼酎用とデンプン用で利用される．

り取り部の構造と土のふるい分け方や選別法によって，分離形と分離調製形に大別される．分離形は掘り取って土壌を分離するのみで，塊根の回収は人力で行うのに対して，分離調製形は土壌分離から塊根の回収までを行う（図3.42）．生産現場においては1980年代まで，分離形の簡易掘り取り機が主流であったが，近年は分離調製形の自走式ハーベスタの実用化により，大幅な省力化が可能となってきている．また畦幅や植え付け株間などの栽培様式が，青果用，加工用（焼酎用），デンプン用で異なることから，それぞれの掘り取り機の特徴を活かした利用が行われている（表3.8，図3.43～3.46）．

〔大村幸次〕

引 用 文 献

1) 鹿児島県農業試験場大隅支場（1985-2005）：農業機械化試験成績書．
2) 鹿児島県農業開発総合センター大隅支場（2006-2010）：農機装置部門試験成績書．
3) 農業機械学会編（1984）：農業機械ハンドブック（第3版），p. 834-836，コロナ社．
4) 飛松義博（2010）：サツマイモ事典（いも類振興会編），p. 178-185，いも類振興会．
5) 中馬克己（2002）：日本甘藷栽培史，p. 216-221；247-256，高城書房．
6) 馬門克明・大村幸次ほか（2009）：九州農業研究，**72**：105．
7) 馬門克明（2010）：機械化農業，**3108**：21-24．

3.4.2 多収栽培

鹿児島県では原料用サツマイモを対象とした多収栽培の試験を実施している．表3.9は約6～8 t/10 aの収量を得た事例である．この項では，本県で行

3.4 新しい栽培方法の開発と利用

表3.9 鹿児島県における多収事例

	事例1	事例2	事例3
年次	1981	1990	2009
収量（kg/10 a）	6970	8060	6080
デンプン重量（kg/10 a）	1645	1800	1562
品種名	コガネセンガン	シロユタカ	ダイチノユメ
試験地	鹿児島市	西之表市	鹿屋市
挿苗本数（本/10 a）	3810	2780	2780
施肥量（kg/10 a） 窒素：リン酸：カリ	20：25：55	8：12：24	8：12：24
栽培期間	222日間	290日間	209日間
植付月日～収穫月日	4/3～11/11	4/10～1/25	4/15～11/9

われた試験結果から得られた多収のための要件について解説する．

a. 多収品種の導入

'シロユタカ'や'ダイチノユメ'は，ポリフィルムマルチ栽培適応性が高く，つるぼけが発生しにくい等の多収栽培に必要な特性を備えている．多収栽培を行うにはこれらの品種を導入することが重要である．

b. 健苗の育成

多収栽培を行うために最も重要なことは，健苗を使用することである．健苗とは，完全展開葉7～8枚，苗長25～30 cm，1本重25 g以上の苗である．このような苗を4月上旬に採苗するためには，ハウスまたはトンネルによる育苗が必要である．種いもは200～300 g程度のものを使用し，品種により萌芽数が異なるので，品種にあった間隔で伏せ込みを行う（表3.10）．また，種いもの伏せ込み直後から萌芽までの育苗床の温度は28～33℃，萌芽後の気温は昼間25～30℃，夜間15℃とし，生育前半はやや高めに管理する．また，ウイルスフリー苗を導入することで収量を向上させることが可能になる．

表3.10 品種による種いもの伏せ込み間隔

品種	伏せ込み間隔
コガネセンガン	縦20 cm×横20 cm
シロユタカ	縦30 cm×横30 cm
ダイチノユメ	縦20～25 cm×横20～25 cm

c. 採苗

採苗は葉数8～10程度に伸長した茎を基部2～3節を残して切る．これは次の採苗に備えると同時に，黒斑病の伝染を予防するためである．また，苗床面

積が少ないと採苗回数が多くなり，植え付け時期が遅れて栽培期間が短くなり減収する．したがって，採苗回数は2回を限度として苗床面積を確保することが大切である．なお，'コガネセンガン'，'シロユタカ'，'ダイチノユメ'の苗床面積は表3.11のとおりである．

表3.11 苗床面積と必要種いも個数（栽培面積10 aあたり）

品　種	1回採苗		2回採苗	
	苗床面積 (m²)	種いも個数 (個)	苗床面積 (m²)	種いも個数 (個)
コガネセンガン	24	600	15	400
シロユタカ	27	300	18	200
ダイチノユメ	24〜27	450〜600	15〜17	300〜400

d．植え付け時期

図3.47は'シロユタカ'を供試し，植え付け時期の違いが収量にどのように影響するかを1999〜2001年までの3年間試験した結果である．収量は4月植と比較して5月植で約20％，6月植で約30％減収した．このように多収栽培を行うためには早植をして栽培期間を長くすることが重要である．そのため，ポリフィルムを利用したマルチ栽培で地温を高め，降霜の時期等を考慮しながら遅くとも4月上旬には植え付けを行うことが重要である．

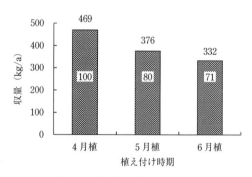

図3.47 植え付け時期と収量の関係
栽培場所：鹿児島県農業試験場 大隅支場（現 鹿児島県農業開発総合センター 大隅支場）．
栽培方法：4月植―マルチ栽培（透明ポリフィルム），5月植―マルチ栽培（黒ポリフィルム），6月植―無マルチ栽培．
収穫月日：11月15日（1999），11月21日（2000, 2001）．
数値は1999〜2001年の平均値，（ ）は4月植収量を100とした指数．

e. 栽植密度

図3.48は1985～86年に'シロユタカ'を供試し,畦幅90 cm, 110 cmの2水準,株間40 cm, 50 cm, 60 cmの3水準(植え付け本数152～278本/a)で栽植密度を検討した結果である.この結果から4月上旬に植え付けを行い,栽培期間を約220日間とすることで植え付け本数を150本/aまで少なくしても収量に影響はないと考えられた.

また,栽植密度を低くすると単位面積あたりに必要な苗の本数が少なくなるので育苗,採苗,植え付け等の作業が省力化されコスト低減が図られる.

なお,栽植密度が低い場合,欠株が発生すると収量への影響が大きくなることから,晩霜の時期を考慮しながら植え付けを行い,降霜等による欠株が発生しないよう留意が必要である.

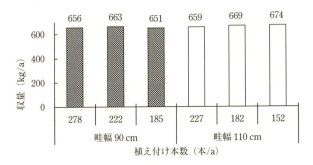

図3.48 栽植密度と収量の関係
栽培場所:鹿児島県農業試験場(現 鹿児島県農業開発総合センター).
栽培方法:マルチ栽培(透明ポリフィルム).
植え付け月日:4月2日(1985),4月3日(1986).
収穫月日:11月15日(1985, 1986).
数値は1985, 1986年の平均値.

f. 植え付け方法

1992年に'シロユタカ'を供試して植え付け方法の検討を行った.耕種概要は植え付けが斜め植えと水平植え,栽培条件はマルチと無マルチ,栽植密度はマルチで畦幅110 cm, 株間40 cm (227本/a), 無マルチで畦幅90 cm,株間40 cm (277本/a)で試験を実施した.

その結果,斜め植えに比べて水平植えはマルチで124%,無マルチで121%の増収効果が認められた(表3.12).水平植えが増収した要因は,いも個数が多かったためである.つまり4月は気温が低いため,斜め植えでは地温が高い

表3.12 植え付け方法が収量に及ぼす影響

栽培方法	植え付け方法	収量 (kg/a)	いも個数 (個/a)	デンプン歩留 (無水%)
マルチ栽培	水平植え	698	1984	28.0
	斜め植え	565	1458	28.1
無マルチ栽培	水平植え	537	2389	28.0
	斜め植え	448	1611	28.9

試験地：鹿児島県農業試験場 熊毛支場（現 鹿児島県農業開発総合センター 熊毛支場）.
植え付け月日：マルチ―4月17日，無マルチ―4月23日.
収穫月日：マルチ―11月13日，無マルチ―11月13日.

畦の上部ではいもの着生はよいが，地温が低い畦の下部ではいもの着生が悪い．一方，水平植えは畦の上部に苗の各節が位置し，いもがよく着生する．そのため，植え付け方法による収量差は気温が低い時期で大きく，5月以降の高温時にはその差は小さくなる．

このように同じ苗を同じ時期に植え付けても，植え方によっては収量に大きな差がでることを認識する必要がある．また，植え付け時には生長点だけを地上部に出し，その他の節を完全に土中に埋め込むことがいもの着生をよくするうえで重要である．

g. 活着対策

苗が根付くことを活着といい，この活着の良否が収量に大きく影響する．特に3月下旬から4月上，中旬は低温と季節風によって活着不良を起こしやすく，いもの着生が悪く，低収の要因になっている．活着不良の対策としては以下のようなものがある．

(1) 取り置き苗

苗を取り置きすることで発根数は減少するが，根の伸長はよくなり，根重も増加するので活着や塊根形成を促進する効果がある．ただし，苗に発根のきざしがみえたときが取り置き苗の植え付け限界であり，発根してしまうと植え傷みが起きたりいもの形成を阻害したりする．取り置きの期間は気温で異なる．根の出始めが植え付け適期であり，3～4月でおおよそ4～5日間である．

取り置きの方法は，倉庫など日光，風の当たらない場所に50～100本程度を束ねて立てて置く．その上からポリフィルムで被覆し湿度を保つと発根が早い（図3.49，図3.50）．

3.4 新しい栽培方法の開発と利用

図3.49 苗を束ねて立てる

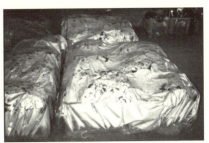
図3.50 ポリフィルムで被覆する

(2) 植え付け時の留意点

植え付け時には，展開した葉で生長点を包み込むように植える．また，生長点を風上に向けて植え付けすると風を受けて葉が萎凋し活着が悪くなるので，植え付けの方向を当日の風向きによって決める．特に3～4月の風の強い時は注意する．

h．施肥

多収を達成するためには，施肥量や施肥方法は重要なポイントである．施肥量は前作や畑の肥沃度，土壌条件，栽培期間，品種などによって異なる．鹿児島県における原料用サツマイモの一般的な栽培の指標になる施肥基準は表3.13のとおりである．過去に栽培面積が大きかった'農林2号'は，肥料が多いとつるぼけを起こしやすく，施肥量の増加による多収は困難であった．これに対してシロユタカやダイチノユメは，つるぼけが起こりにくく，基準施肥量の2倍に相当する窒素量の10 a あたり 16 kg までは増収した事例もあり，施肥量の増加による多収栽培を行うことは可能である．しかし，コスト面を考

表3.13 鹿児島県の原料用サツマイモ施肥基準 (kg/10 a)

成　分	マルチ	無マルチ		
	基　肥	基　肥	追　肥	(合計)
窒　素	8	4.8	1.4	6.2
リン酸	12	7.2	—	7.2
カ　リ	24	14.4	1.7	16.1
堆　肥	1000	1000	—	1000

慮すると施肥量の増加より，作条施肥などを行い，効率的な施肥に努めることが重要である．

以上，鹿児島県における原料用サツマイモの多収栽培技術について述べたが，要点を整理すると①多収品種の導入，②健苗の育成，③マルチ資材利用等による適期植え付けと適正な栽植密度，④植え付け方法と活着対策，⑤適正な施肥である．このほかにも，堆肥や緑肥の利用による土づくりや輪作などがある．

〔西原　悟・竹牟禮　穣〕

第4章

サトイモ

4.1 起源・分類・伝播・形状

4.1.1 サトイモとタロイモ

サトイモは，サトイモ科（Araceae），サトイモ属（*Colocasia*）の植物である．日本や温帯東アジア圏で広く栽培されているサトイモには，親いもが比較的小さく，子いもや孫いもを利用する3倍体（$3n=42$）の品種群（*Colocasia esculenta* var. *antiquorum*）に属するものが多い．一方，東南アジアからポリネシアにかけては，親いもが大きくこれを利用する2倍体（$2n=28$）の品種群（*Colocasia esculenta* var. *esculenta*）に属するものが中心で，このなかには長いストロンを伸ばし，葉柄や葉身を野菜として利用する品種もある．

サトイモ科植物で，いもや葉柄，葉身が食用に利用されるものは，一般にタロイモと総称されている．タロイモには，サトイモ属のほかにキサントソマ属（*Xanthosoma*），クワズイモ属（*Alocasia*），キルトスペルマ属（*Cyrtosperma*）がある（図4.1）．

キサントソマ属のヤウテア（*X. sagittifolium*，英名 yautia）は，中南米原産でアメリカサトイモともいい，草丈は1.5〜2 m，葉身は矢じり形をしている．16世紀以降にアフリカや太平洋諸島に導入された．乾燥に強く，生育が盛んで，味もよいため，これらの地域ではサトイモより多く栽培されるようになった．

クワズイモ属の多くはえぐみ（シュウ酸カルシウムの結晶）が強烈なため，水にさらすなどのあく抜きをしたうえで利用されていることもあるが，インドクワズイモ（*A. macrorrhiza*，英名 giant alocasia, giant taro）はえぐみが少なく，トンガやサモアでは食用として栽培されている．草丈は3〜4 m，茎（親

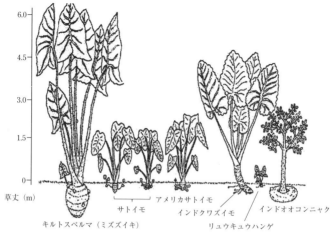

図 4.1 食用として利用されるサトイモ科植物（タロイモ）[10]

いも）は直径 20 cm 程度で地上 1 m くらいまで伸長して木化する．この茎が主要な可食部である．

キルトスペルマ属は葉柄にとげがあり，草丈は 5〜6 m にも達し，上記サトイモ科 4 属のなかでは最も巨大化する．ミクロネシアやメラネシアで食用にされ，英名 swamp taro が示すように湿地で栽培されている．いもは黄色を帯び，直径 20 cm，長さ 50 cm にもなり，収穫まで 3〜4 年を要する．

こんにゃくの原料となるコンニャク属（*Amorphophallus*）のコンニャク（*A. konjac* K. Koch，英名 konjak）もサトイモ科植物であるが，タロイモの仲間には含まれないことが多い．

4.1.2 起源・伝播

サトイモの原産地はインド東部からインドシナ半島にかけての地域で，今から 2000〜2500 年前に，民族の移動に伴って東西に広がった（図 4.2）．東方へ伝播したものの一部は東アジアそして日本へ，他はミクロネシア，メラネシア方面へ伝えられた．西方へはアラビアから東地中海，エジプトへ伝えられ，今から 2000 年前にはアフリカ東部を南下し，さらにアフリカ大陸を横断して西アフリカにいたった．カリブ海周辺へは，コロンブスによる新大陸到達以降の 17 世紀に奴隷船とともに西アフリカから伝わった．

わが国には縄文時代に稲作より前に伝わったとされているが，中国から渡来

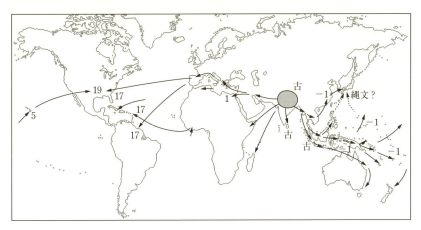

図 4.2 サトイモの伝播[9]
図中の数値は伝播年代(世紀).

したもの(おもに 3 倍体)と南方から渡来したもの(おもに 2 倍体)とがある.山地に自生していたヤマノイモ(山の芋,自然薯ともいう)に対し,里で栽培されることからサトイモ(里芋)という名が付いたとされ,稲作以前の焼き畑における重要な作物であった.1600 年前後にアメリカ大陸原産のサツマイモとバレイショが渡来するまで,サトイモはヤマノイモとならんで主要な食用いもで,現在も神社の祭礼儀式や正月料理,芋名月,芋煮会など数多くの年中行事に用いられており,日本人の生活に密接に結びついている.

4.1.3 生産状況

2012 年における世界のタロイモの栽培面積は 131 万 5000 ha,総生産量は 998 万 7000 t,平均単位面積あたり収量は 7.6 t/ha である.大陸別生産量はアフリカ 79%,アジア 17%,オセアニア 4% の順で,国別ではナイジェリア,中国,カメルーンの順である(表 4.1).

同年における日本のサトイモの栽培面積は 1 万 4000 ha,生産量は 18 万 t(世界 7 位),平均単位面積あたり収量は 12.9 t/ha で,地域別にみると,生産量の 19.3% が宮崎県,15.1% が千葉県,10.6% が埼玉県となっている.1960 年代における栽培面積は約 4 万 ha,生産量は約 50 万 t であったが,その後は減少の一途をたどっている(図 4.3).サトイモの自給率は約 90% である(2005〜2010 年の平均).

表 4.1 タロイモの生産状況（FAO Yearbook, Production 2012 より）

国　名	生産量*（万 t）		収穫面積（万 ha）	収量（t/ha）
ナイジェリア	345.0	(34.5)	50.0	6.9
中　国	176.0	(17.6)	9.2	19.1
カメルーン	160.0	(16.0)	19.0	8.4
ガーナ	127.0	(12.7)	19.6	6.5
パプアニューギニア	25.0	(2.5)	3.3	7.6
マダガスカル	23.2	(2.3)	3.8	6.2
日　本	18.0	(1.8)	1.4	12.9
ルワンダ	13.1	(1.3)	2.0	6.4
中央アフリカ	12.5	(1.3)	3.9	3.2
(世界計)	998.7	(100)	131.5	7.6

*：( ) 内数値は世界の総生産量に対する各国の割合（％）.

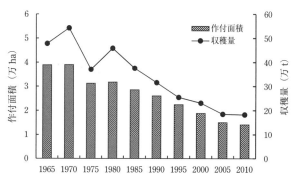

図 4.3 サトイモの作付面積と収穫量の推移（農林水産統計）

4.1.4　日本のサトイモ品種の分類

　一般にサトイモの品種は，いもや葉身，葉柄の形態などに基づいて大きく 11 の品種群に分類され，それぞれの品種群にはえぐ芋群，土垂群，生薑芋群，石川早生群，黒軸群，蓮葉芋群，赤芽芋群，女芋群，筍芋群，唐芋群，八つ頭芋群などと，その代表的な品種名が冠されている[11, 12]（表 4.2，図 4.4）.
　サトイモには 2 種類の倍数体が確認されており，親いもを利用するタイプには 2 倍体（染色体数 28），子いもを利用するタイプには 3 倍体（染色体数 42）が多く，同じ品種群の中では倍数性も一致している．日本の品種には子いもを利用する 3 倍体が多い．

4.1 起源・分類・伝播・形状

表 4.2 日本のサトイモ品種群（文献[12]を一部改変）

品種群	代表的な品種	おもな利用部	倍数性	染色体数
えぐ芋群	えぐ芋	子いも	3倍体	42
土垂群	土垂	子いも	3倍体	42
生薑芋群	生薑芋	親いも	3倍体	42
石川早生群	石川早生丸	子いも	3倍体	42
黒軸群	黒軸，鳥播	子いも	3倍体	42
蓮葉芋群	蓮葉芋	子いも	3倍体	42
赤芽群	赤芽，大吉	親いも，子いも	3倍体	42
女芋群	女芋	親いも	2倍体	28
筍芋群	筍芋	親いも	2倍体	28
唐芋群	唐芋	親いも	2倍体	28
八つ頭群	八つ頭	親いも	2倍体	28

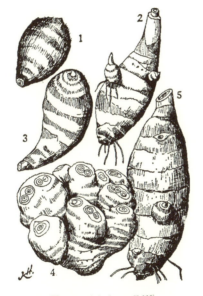

図 4.4 サトイモの品種[9]
1：土垂（子いも用），2：高知赤芽（親子兼用），
3：海老芋（親子兼用），4：八つ頭（親いも用），
5：筍芋（親いも用）．

　日本のサトイモは，ほとんどは中国から伝来した品種が各地域で栽培されるなかで，その地域の気象や土壌条件に適したものが選抜されてきたものである．しかし，大阪府南河内郡石川村（現在の河南町）が原産の'石川早生'は，'土垂'の突然変異によってできたわが国独自の品種群である[13]．'石川早生'についても，早晩性など各地の栽培条件に適したものが選抜されてきてい

る．

　サトイモは，子いもや孫いもが種いもとして再生産に利用され（栄養繁殖），種子で増えることはほとんどないが，愛媛県で育成された'媛かぐや'は二倍体の'筍芋'と'唐芋'をジベレリン処理によって開花処理して育成した日本で最初の交配品種である[1]．親いもと子いもを食用とする晩生品種で，形状はいずれも紡錘形を呈し，重さは親いもが約1400g，子いもが約170gと大きい．また，葉柄（ずいき）は'唐芋'のように赤く食用となる．

　ほとんど球茎を生ぜず，葉柄をずいきとして利用する葉柄用品種'蓮芋'（ C. gigantea ）は，分類学上 C. esculenta とは別種である．

　サトイモの粘質物は，主として多糖類のガラクタンである．サトイモに含まれるシュウ酸カルシウムは，えぐみやかゆみの原因物質である．この成分は，熱や酸で分解する．葉柄の皮を剥き乾燥させたもの（いもがら，または干しずいき）は，シュウ酸カルシウム含量が少なく，汁物，あえ物，酢の物などに利用される．'八つ頭'や'唐芋'のような葉柄の赤い品種もシュウ酸カルシウム含量が少なく，これらは葉柄も利用される．

4.1.5　形　　状

　サトイモの茎は地下にあってほとんど伸びず，肥大していも（球茎，塊茎とも呼ばれる）となる．繁殖は，子いもまたは孫いもを種いもとして植え付ける．種いもの頂芽が伸長し，その基部が肥大して親いもとなる（図4.5）．親いもには，20〜30の芽があり，芽の位置は5分の2の旋回性を示す．この芽

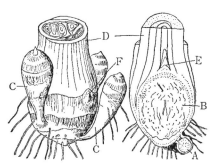

図4.5 サトイモの球茎（塊茎）[9]
A：種いも，B：主茎（親いも），C：子いも，
D：葉柄基部，E：成長点，F：休眠芽．

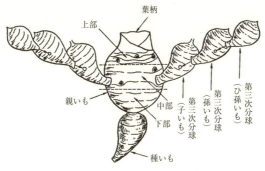

図4.6 サトイモの分球模式図[3]
節数は20以上ある．分球は中央部に多い．下から2〜5節は休眠に終わる場合が多い．

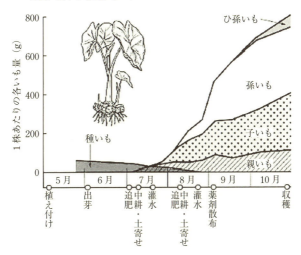

図4.7 いもの肥大とおもな作業[23]
温暖地の露地普通栽培の場合．品種は'石川早生'．

が伸長するにつれ，その基部が第一次分球（子いも）となり，同様にして第一次分球から第二次分球（孫いも），第二次分球から第三次分球（ひ孫いも）ができ（図4.6），それぞれ肥大していく（図4.7）．頂芽から伸長した葉柄は直立して長さ1〜1.5mとなり，葉身は楯形，卵円あるいは心臓形で，長さ30〜50cm，幅25〜30cmとなる．葉脈は双子葉的な網状脈を呈する．

サトイモは雌雄異花同株である．地上に抽出した長い花茎の先に肉穂花序（spadix）をつけ，仏炎苞（spath）に覆われる．肉穂花序は長さ10〜25cmで，基部約4cmは雌花が多くつき，ついで中間帯（abortive flower），その上

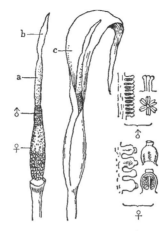

図4.8 サトイモの花序[9)]
中：外貌，左：仏炎苞を除いた肉穂花序，右：花.
♂：雄花部，♀：雌花部，a：無性花部，b：附器，
c：仏炎苞.

部に雄花のみがつく部分があり，さらにその上は無性花のつく付属体（steril appendage）となっている（図4.8）．日本では花期は10月ごろであるが，まれにしか咲かない．

4.2 生理・生態

4.2.1 環　境

サトイモは熱帯性植物で，本来は多年生草本であるが，高温期間が短いわが国では一年生になる．生育には高温・多照を好み，多湿を必要とする．萌芽の最低温度は15℃，生育適温は25〜30℃，5℃までは低温に耐えられるが，霜にあうと枯れる．北海道，東北の北部は適温期が短く，栽培面積は少ない．関東地方では早生の子いも用品種がおもに栽培され，晩生の親いも用品種は東海地方以南で栽培される．

　土壌の適応性は広く，砂土から埴土まで栽培が可能であるが，壌土が最もよい．乾燥には弱いが，耐湿性はきわめて強い．土壌酸度の適応性も広く，pH 4〜9の範囲で生育に差はみられない．サトイモの栽培は畑作がおもであるが，沖縄をはじめとした南西諸島でみられる‘田芋’（ミズイモとも呼ばれる）のように水田や湿地で栽培されるものもある．サトイモの通気圧は約 30 mmHg

と水稲とほぼ等しい値を示し[19],湿潤条件下で栽培されると通気組織が発達する[4].耐湿性に優れる点を生かして,近年は水田転作作物として栽培されることも多い.

収穫期における三要素の吸収量は,カリが $16.2\,g/m^2$,窒素が $6.8\,g/m^2$,リン酸が $2.3\,g/m^2$ と,カリの吸収量が著しく大である(図4.9).この傾向は,バレイショ[7]やサツマイモ[26]でも同様にみられ,このような作物ではいもの肥大にとって有効なカリが多く施用される.

サトイモは連作を嫌う代表的な作物である.連作畑での収量は,初年度を100とすると,2年目65%,3年目33%,4年目23%と年々低下する[14](表4.3).土壌センチュウ(ミナミネグサレセンチュウ)[15,16],土壌養分のアンバランス[2],成長抑制物質の蓄積[14,25]がおもな連作障害の原因である.連作障害の軽減策として,①少なくとも3〜4年の輪作体系の確立,②クロタラリアやラッカセイなどセンチュウ対抗植物の導入,③田畑輪換[15],④深耕による有効

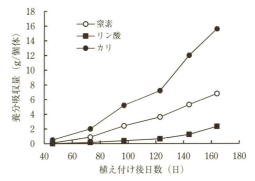

図4.9 個体あたり養分吸収量の推移(佐藤ほか,未発表)
品種:'石川早生',種いもの植え付け日:1978年4月19日.

表4.3 連作による子・孫・親いも別の収量(品種:'大吉';文献[14]を一部改変)

	子いも		孫いも		親いも		総収量	
	重量 (kg/a)	対照区比 (%)	重量 (kg/a)	対照区比 (%)	重量 (kg/a)	対照区比 (%)	重量 (kg/a)	対照区比 (%)
対照区	185.1	100	18.4	100	122.8	100	326.3	100
2年連作区	121.4	66	9.9	54	81.5	66	212.6	65
3年連作区	56.6	31	0.4	2	50.1	41	107.1	33
4年連作区	32.4	18	0.4	2	40.7	33	73.5	23
3年輪作区	183.8	99	22.8	124	125.9	103	332.5	102

土層の拡大，⑤良質有機物施用による地力の維持増強，⑥土壌養分アンバランスの是正，⑦作物残渣の除去などがある．また，⑧薬剤による土壌病害虫防除（土壌消毒）が行われることもある．土壌消毒は一時的には病害虫を少なくすることはできるが，土壌中の有益な小動物や微生物も殺してしまい，やがて病害虫の激発を招くこともある．

4.2.2 個葉光合成

サトイモの個葉の光合成速度は葉齢によって変化する．葉の展開後増加していき14～15日後ごろにはほぼ最高に達し，しばらく（24～25日ごろまで）その速度を保った後，30日後には低下する[17]（図4.10）．また，葉齢が進むにつれて飽和光強度，飽和光合成速度，光飽和点が低下していく．自然光下で測定された活動中心葉の光合成速度は 1200 μmol/m^2/s 付近で光飽和し，このときの値は 16.4 μmol/m^2/s（26.2 mg/dm^2/h）である[20]．個葉の光合成速度は30℃付近をピークとする緩やかな単項曲線を示し，22～35℃では変動は少ない[17]．

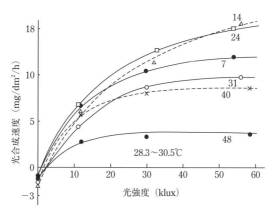

図4.10 個葉（第9位葉）の光合成速度[17]
図中数値は完全展開後の日数．

4.2.3 個体群光合成

親いもから抽出する総葉数は16～18枚で，全生育期間を通じて常時5～6枚の葉をつけている．各葉身の生存日数は，第11葉位までは40～45日，第12位葉以上は55～80日で，上位葉の方が長い（図4.11）．完全展開した時の葉

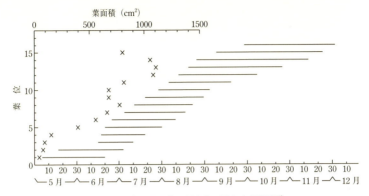

図4.11 各葉位葉身の最大葉面積と生存期間[16]
×：各葉身の最大葉面積，横線は各葉身の生存期間．

身の面積は上位ほど大きくなり，第12〜14位葉では1000 cm^{2}に達する[17]．

圃場で測定した個体群光合成速度（品種'烏播（うーはん）'）は24.6 μmol/m^2/s[20]で，これはイネ35〜45 μmol/m^2/s[24]，ダイズ57.8 μmol/m^2/s[22]，トウモロコシ58.5 μmol/m^2/s[22]と比較して非常に低い．サトイモ個葉の光合成能力はイネやダイズと遜色ないことから，この差はサトイモの葉面積指数（LAI）が小さいことによる．サトイモの最大LAIは品種によって異なり，親・子いも兼用

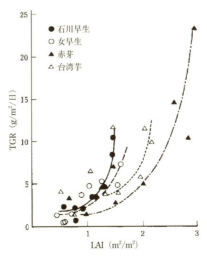

図4.12 葉面積指数（LAI）といも生産速度（TGR）との関係[18]

品種の'赤芽'は3.5，親いも用品種の'台湾芋'は2.5近くになるが，子いも用品種の'烏播'，'石川早生'，'女早生'は1.5〜2.0とかなり低い[18]。サトイモは，個々の葉面積は広いが残存枚数が5〜6枚と少なく，それゆえLAIの確保が困難である。LAIの確保は個体群光合成，乾物生産，ひいてはいも収量にとっても重要である[18,27]（図4.12）。

サトイモ個体群の葉身は上層に偏っており，上位2層に65％存在し，個体群光合成に対する寄与率も上位2層で55％を占める[20]（図4.13）。子いも葉身の面積は全体の35％に達し，個体群光合成に対する子いも葉身の寄与率も30

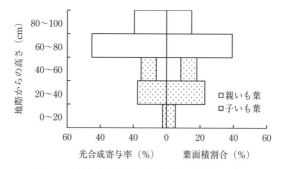

図4.13 個体群各層における葉面積の割合と個体群光合成への寄与率[20]

表4.4 子いも葉切除の有無による個体あたりいも収量（文献[20]を一部改変）

品　種	子いも葉切除の有無	総収量		上いも収量	
		いも重(g)	いも数	いも重(g)	いも数
烏　播	無	1110	25.3	526	9.4
	切　除	893	25.6	284	6.1
石川早生	無	1207	28.8	648	9.6
	切　除	1140	28.1	595	9.5
赤　芽	無	1141	15.3	1037	8.4
	切　除	971	14.2	879	7.6
台湾芋	無	1372	20.9	1010	1.0
	切　除	1181	18.4	814	1.0

総収量：各品種ともすべての親いも，分球いもを含む。
上いも収量：子いも用品種の烏播，石川早生は40g以下の親いもおよび分球いもを，親・子兼用品種の赤芽は40g以下の分球いもを，親いも用品種の台湾芋は全分球いもを除く。

%と高い．分球いも地上部を切除するといもの肥大が抑制されていも収量が減るが[3,5,20]（表4.4）．これは子いも葉からの光合成産物の供給が制限されたことによる．

4.2.4 光合成産物の分配
a. 生育段階別光合成産物の分配

地上部で同化された光合成産物は，生育前期は活発に成長しつつある葉身と葉柄に分配され，そこで地上部の形成に寄与する．中期からはシンク能の高い球茎への分配が始まり，後期にはこれがさらに多くなる[20]（図4.14）．このような生育段階における光合成産物の分配の変化は，サツマイモ[5]やジャガイモ[6]にも同様にみられる．

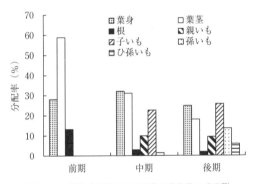

図4.14 葉生育各期における光合成産物の分配[20]

b. 親いも葉身と子いも葉身の光合成産物の分配

孫いも肥大始期においては，親いも葉身の光合成産物の40～65％が球茎に分配され，このうち子いも用品種の'烏播'は子いも，親・子いも兼用品種の'赤芽'は子いもと親いも，親いも用品種の'台湾芋'は親いもへの分配が多い[21]．一方，子いも葉身の光合成産物はその約60％が球茎に分配され，このうち'烏播'と'赤芽'はそのすべてが子いもと孫いもに，'台湾芋'ではこれに加え親いもにも分配される．子いも葉身の光合成産物が球茎肥大，とりわけ分球いもの肥大に貢献していることがわかる．このような親いも葉身，子いも葉身の光合成産物分配の様相は，品種による球茎肥大特性の違いをよく反映しており，品種に特有のソース・シンク単位の存在を示している（図4.15）．

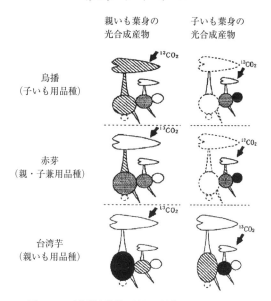

図4.15 球茎肥大特性の異なる品種における光合成産物の分配（文献[21]を一部改変）
◌：0％，○：1〜9％，◎：10〜19％，●：20〜29％，●：30〜39％．

〔杉本秀樹〕

引用文献

1) 淺海英記ほか（2010）：育種学研究，**11**(2)：154.
2) 渥美樟雄（1956）：岐阜大学農学部研究報告，**7**：34-40.
3) 飛高義雄（1974）：農業技術大系野菜編 10，p. 1-33，農文協.
4) 池澤和広（2015）：農業技術大系野菜編 10，p. 68，農文協.
5) 加藤眞次郎・北條良夫（1976）：日本作物学会紀事，**45**：351-356.
6) 君島　崇・田中　明（1981）：日本土壌肥料学誌，**52**：408-412.
7) 串崎光男（1957）：北海道農業試験場彙報，**72**：72-81.
8) 倉島　裕（1987）：新しい技術（24），p. 298-302，農林水産技術会議.
9) 星川清親（1980）：新編食用作物，p. 616-626，養賢堂.
10) 菊澤律子（2003）：イモとヒト（吉田集而ほか監修），p. 53-76，平凡社.
11) 熊沢三郎ほか（1956）：園芸学雑誌，**25**：1-10.
12) 松田正彦（2003）：イモとヒト（吉田集而ほか監修），p. 141-150，平凡社.
13) 松本美枝子（2012）：新特産シリーズ サトイモ，p. 45-68，農文協.
14) 宮路龍典（1986）：農業技術大系 土壌肥料編 5-2畑，p. 305-312，農文協.
15) 三善重信ほか（1971）：福岡県農業総合試験場報告，**9**：45-48.
16) 室田　昇ほか（1984）：宮崎県総合農業試験場研究報告，**18**：39-53.
17) 佐藤　亨ほか（1978）：日本作物学会紀事，**47**：425-430.

18) 佐藤　亨ほか（1988）：日本作物学会紀事，**57**：305-310.
19) 杉本秀樹ほか（1988）：日本作物学会四国支部会報，**35**：36-37.
20) 杉本秀樹（2001a）：日本作物学会紀事，**70**：92-98.
21) 杉本秀樹（2001b）：日本作物学会紀事，**70**：99-103.
22) Sugimoto, H. *et al.* (2005)：*J. Agric. Meteorol.*, **60**：937-940.
23) 杉本秀樹（2015）高等学校農業用文部科学省検定済教科書「作物」，いも類，p. 182-202，実教出版．
24) 竹中尚徳ほか（1998）：日本作物学会紀事，**67**（別号2）：88-89.
25) 続　栄治ほか（1995）：日本作物学会紀事，**64**：195-200.
26) 津野幸人・藤瀬一馬（1965）：農業技術研所報告，**D13**：1-131.
27) Waaijenberg, H. and Aguliar, E. (1994)：*Trop. Agric.*（*Trinidad*），**71**：49-56.

4.3　栽　　　培

4.3.1　種 い も

サトイモ栽培においては，健全でよく充実した種いもを確保することが最も大切なことである．種いもは，頂芽が健全で最小でも40〜50gのものを選ぶ．黒斑病やネグサレセンチュウに汚染されているおそれのある場合は，種いもとしての使用は避ける．

4.3.2　圃場の準備，植え付け，管理，収穫

サトイモは肥料を多く必要とする作物である．施用量は，土壌や作型によって異なるが，10aあたり窒素・リン酸・カリとも20〜30kgが標準で，半量を元肥，残りは1〜2回に分けて追肥とする．さらに，地力維持のため堆肥2〜3tの施用が望ましい．栽培にあたっては，種いもを直接本圃に植え付ける場合と，催芽床で30日間ほど管理して芽の長さが5cm程度となった苗を定植する場合とがある．畝幅90〜120cm，株間30〜60cmとし，栽植密度は作型や品種によって異なる．

子いもの着生が始まるころに土寄せをする．土寄せは，いもの着生を促し発育を促進させるための場の確保，および除草が目的で，生育中の管理のなかでは特に重要な作業の1つである．サトイモは多湿を好み耐湿性は高いが，土壌が乾燥すると生育が著しく阻害される．7〜8月の高温乾燥期には，灌漑や敷きわらをして干ばつを防止する．この時期の灌漑によって品質が向上し，販売可能いもが60%増加した事例が報告されている[7]．

サトイモの主要な病害虫には腐敗病，根腐病，ハスモンヨトウ，ハダニ類などがある．腐敗病，根腐病を避けるには健全な種いもを使用し，3～4年の輪作をする必要がある．暖地ではハスモンヨトウによる葉身の食害が著しく，幼虫が小さいうちに駆除することが肝要である．

4.3.3 作　　　型

サトイモは周年にわたって出荷される．おもな産地と出荷時期は，沖縄のハウスで促成栽培したものが3～6月，温暖地のトンネル早熟，マルチ早熟栽培したものが5～9月，日本各地の早生，中生，晩生品種を普通栽培したものが9～12月である．さらに，貯蔵したものが1～3月に出荷される[10]（図4.16）．

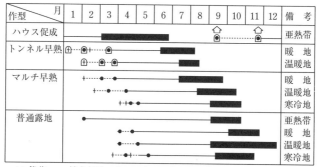

図4.16　サトイモの作型（文献[10]を一部改変）

4.3.4　新しい栽培技術

a.　優良種いもの大量増殖

前述したように，サトイモ栽培においては優良な種いも確保は必要欠くべからざることである．また，品種本来の特性を維持するためには，通常3～5年に1回の種いも更新が必要となる．愛媛県内の産地では，「親芋の副芽を利用したセル苗優良種芋大量増殖技術」[12]によって定期的に種いも更新を行っている（図4.17）．これは，親いもの副芽から育成したセル苗を圃場に定植し，できた子いも，孫いもを種いもとして利用する方法である．子・孫いも用品種の場合，3個の親いもから10aに要する2500個程度の種いもを生産することが可能で，容易に産地全体での優良種いもの一斉更新ができる．産地で

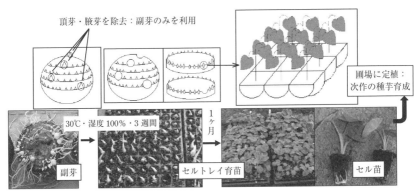

図 4.17 親いもの副芽を利用したセル苗優良種いも大量増殖技術（淺海原図）

は，この方法により 3～5 年に 1 回の割合で種いも更新を行っている．

b．黒ポリマルチ栽培

転換畑での子・孫いも用品種の栽培には黒ポリマルチ栽培が用いられている[7]（図 4.18，図 4.19）．瀬戸内地域においては，植え付けは 3 月中旬～4 月上旬の桜が咲く時期に行う．それに先だって施肥，耕起，畝立て，マルチ敷設など圃場の準備を行う．植え付け後約 1 ヶ月で萌芽するが，1 個の種いもから複数の芽が萌芽した場合は芽かぎをして 1 芽とする．それ以後に出た芽は着生

図 4.18 一般的なサトイモ栽培（淺海原図）
左上：初期生育（5 月），右上：中耕作業（6 月），左下：地上部生育最盛期（8 月），右下：収穫期（11 月）．

176　　　　　　　　　第4章　サ　ト　イ　モ

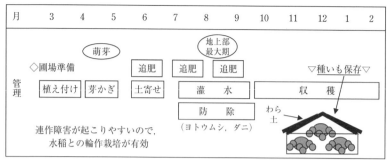

図4.19　一般的なサトイモ栽培の栽培歴（淺海原図）

した子いもからの芽なので芽かぎはしない．6月上旬にマルチを除去し，追肥と土寄せを行う．根の損傷による生育不良を軽減するため作業は曇天時に行い，作業後は灌水を行う．梅雨明け後に2回目の追肥を行う．初秋に収穫する場合，追肥は2回で終了し，晩秋から年明け後に収穫する場合は9月に3回目の追肥を行うこともある．

c．元肥一発全期マルチ栽培

サトイモの栽培管理のなかで，重労働とされた6月のマルチ除去，追肥，土

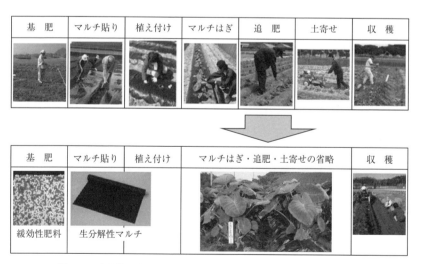

図4.20　全量基肥施肥栽培と生分解性マルチを組み合わせた省力栽培技術
　　　　（文献[4]を一部改変）
　　上：慣行体系の管理作業，下：省力体系の管理作業．

寄せ作業の省力化を目指して開発されたのが，緩効性肥料を用いた全量元肥施肥栽培と生分解性マルチを組み合わせた元肥一発全期マルチ栽培である[4,7]（図4.20）．この技術によって，マルチ除去，追肥，土寄せの一連の作業が不要となり，除草にかかる労力も軽減されている．可販収量は，本栽培法では4.0t/10aと，一般的な栽培法の3.4t/10aよりやや多く，秀品率はほぼ同等で，労働時間が約2割削減できる．ただし，資材費が10％ほど（約1万円/10a）多くなる．

本栽培法を採用するにあたっては，緩効性肥料は溶出期間が100日から120日のタイプを使用すること，生分解性マルチは分解が始まる時期が敷設後60日から90日のタイプを使用することが必要である．

d. 筍芋タイプのセル苗定植による生育抑制栽培

親いも用品種で筍芋タイプの'媛かぐや'[1]（図4.21）や'筍芋'は，一般的な栽培法では地上部やいもの生育量が大きく，台風などの強風によって倒伏したり，地上部に露出する親いもが損傷被害を受けることがある．また，生産された親いものサイズにばらつきが大きく，青果販売に適する大きさに揃えることが難しかった．そこで，筍芋タイプの青果販売に適したいも生産法として開発されたのが，セル苗定植と元肥一発全期マルチ栽培を組み合わせた生育抑制栽培である[12]（図4.22）．芽の出た子いもや孫いもを，セルトレイに植え付けてセル苗を作成し（大きいものは，芽を残して切断する），緩効性肥料を全量元肥として施し黒ポリマルチを敷設した圃場にこれを定植する方法で，地上部ならびに親いもの生育がある程度抑制され，除草にかかる労力も大幅に軽減される．

図4.21 '媛かぐや'の形態[1]

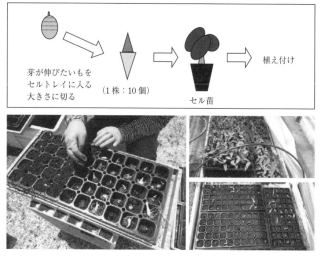

図4.22 セル苗の育苗方法(淺海原図)

表4.5 種苗形態,定植時期およびマルチの有無が親いも重と親いも長に及ぼす影響(文献[1]を一部改変)

種苗形態	定植時期	親いも重 (g)		親いも長 (cm)	
		露地栽培	マルチ栽培	露地栽培	マルチ栽培
種いも	4月	1361	1585	31.6	27.6
	6月	452	640	16.3	15.8
セル苗	4月	1202	1052	29.4	23.1
	6月	704	984	22.5	22.5

品種:'媛かぐや',マルチ栽培:緩効性肥料の元肥一発・黒マルチ栽培.

　'媛かぐや'の親いも重と長さは,種苗形態,定植時期,マルチの有無によって大きく異なるが,セル苗を6月に定植し,元肥一発全期マルチ栽培を行うことで,収穫時の親いもの重さが1000g程度,長さが約23cm程度と,青果販売に適した規格の揃った親いもを生産することができるようになった(表4.5).なお,露出した親いもの収穫は,マルチを敷設したままでも容易に行うことができる.

e. 湛水畝立て栽培

　サトイモは湿潤条件下におかれると根量が増え,通気組織が発達する.その結果,気孔開度が増大して蒸散速度が高まり葉温の上昇が抑制されるとともに

4.3 栽 培

図4.23 水田における湛水畝立て栽培（池澤和広氏提供）

無機成分の吸収も促進されて光合成速度が上昇する．そのためサトイモを水田で湛水畝立て栽培すると生育が旺盛となり収量も増える[4,5,11]（図4.23）．同時に，サトイモ栽培における最大の課題である連作障害による球茎品質と収量の低下も軽減できる．サトイモの湛水畝立て栽培の普及は，近年増加傾向にある耕作放棄水田の有効活用を促し，水田がもつ国土保全や水源涵養などの多面的機能の維持に資することになる．

f．サトイモ収穫機

サトイモの収穫は，掘り取りと親いもからの子いも，孫いもの分離を通常手作業で行うが，これは生産者にとってたいへんな重労働である．そこで，収穫作業の省力化を図るため，掘り取り・分離・収容を一工程で行う収穫機が開発された[5]（図4.24）．本体の重量は約1tで，掘り取りは鋤と第一コンベアで行い，掘り取られた株はコンベアで本体上部に運ばれる．このときハの字に配置されたクローラで株が挟まれることによって親いもから子いも，孫いもが分離

図4.24 サトイモ一工程収穫機（淺海原図）

され，同時にいもに付着していた土も落とされる．分離が不十分な株は，操作者が本体上部の突起分離器にてこれを行う．分離されたいもは第二コンベアで後方に運ばれ，補助者がコンテナに収容する．コンテナがいっぱいになると補助者は第二コンベアを停止してコンテナの交換を行う．作業は2人で行い，10aに要する収穫所要時間は約7時間である．この収穫機により，収穫時の労働強度が軽減され，収穫時間も短縮が図られ，大規模生産や作業受託も可能となる．

4.4 利　　　　用

4.4.1 利用と加工

　いもは煮物，汁物，揚げ物，おでん，田楽，塩ゆでなどに利用される．'八つ頭'や'唐芋'のような葉柄の赤い品種はシュウ酸カルシウ含量が少なく，葉柄も利用される．また，蓮芋（*Colocasia giganta*）など葉柄専用の品種もある．サトイモはチーズとの相性もよく，グラタンなどの洋食にも利用される（図 4.25, 4.26）．東北地方の芋煮会や愛媛県の芋炊きのように，サトイモの収穫期に野菜，キノコなどを取り混ぜて鍋にし，河川敷などで楽しむ風習が残

図 4.25　青果の利用例（淺海原図）
左上：いも炊き（愛媛県の郷土料理），右上：煮物，左下：コロッケ，
右下：グラタン．

図 4.26 加工の利用例(淺海原図)
左上:ロールケーキ,右上:パフェ,左下:唐揚げ,右下:饅頭.

っている.

サトイモは焼酎の原料としても利用され,愛媛県では年間約 10 t のサトイモが焼酎に加工されている.また,ロールケーキ,饅頭などスイーツの素材としても利用される.沖縄県の'田芋'はスイーツの素材として有名である.

4.4.2 機能性成分の利用

サトイモはいも類のなかでは低カロリーで(サトイモ,サツマイモ,バレイショの含有熱量はそれぞれ 58 kcal,132 kcal および 76 kcal/100 g FW)[6],体内の余分なナトリウムを排出して高血圧の予防に有効なカリウムを多く含む.サトイモのぬめり成分はガラクタンとムチンで,ガラクタンには脳細胞を活性化させて認知症を予防する効果,免疫性を高めてガンや風邪を予防する効果,消化促進効果など,ムチンには胃潰瘍の予防効果や肝臓の働きを助ける効果,整腸作用などがある.

品種による機能性成分含量に差がみられ,これに着目した新たな食材や食品添加物としての利用が検討されている.表 4.6 に示した 15 品種のうち,糖含量は'媛かぐや'が 1.85 g/100 g FW と顕著に高く,他の品種に比べて 1.9〜5.1 倍もある.また,総ポリフェノール含量は'大和','媛かぐや','赤芽'が,抗酸化能は'赤芽','媛かぐや'が高い[3].

表 4.6 サトイモ品種の品質・成分特性（文献[2]を一部改変）

品種・系統名	収穫時期[a]	利用部位	いも形状[a]	粘度[b] (Ps·s)	肉色[c]	肉質	糖含量 (g/100 g·FW)	総ポリフェノール含量 (g/100 g·FW)	抗酸化能 DPPH (μmol/100 g·FW)
石川早生	8月中〜	子・孫いも	丸	103	やや灰	粘	0.42	15.3	84.4
女早生	9月上〜	子・孫いも	楕円	108	やや灰	強粘	0.40	23.7	44.2
愛媛農試V2号	9月中〜	子・孫いも	丸	74	白	強粘	0.37	18.4	34.3
土垂丸	9月中〜	子・孫いも	楕円	90	白	粘	0.57	21.7	81.7
烏播	9月中〜	子・孫いも	楕円	79	やや灰	粘	0.53	18.5	41.5
早生蓮葉芋	9月中〜	子・孫いも	楕円	102	白	粘	0.57	20.6	45.6
大野芋	9月中〜	子・孫いも	楕円	117	やや灰	粘	0.39	15.8	42.4
大和	9月下〜	子・孫いも	楕円	76	白	粘	0.49	29.4	57.8
帛乙女	9月下〜	子・孫いも	楕円	115	白	粘	0.38	20.8	45.5
唐芋	10月上〜	親・子いも	えび	119	灰	やや粘	0.55	14.1	55.3
赤芽	10月上〜	親・子いも	えび	152	灰	やや粘	0.49	26.6	134.6
おうどう芋	11月上〜	親いも	丸	245	灰	粉	0.36	18.1	39.1
八ツ頭	11月上〜	親いも	塊	244	やや黄	粉	0.51	12.0	60.7
媛かぐや	11月中〜	親いも	長	285	灰	粉	1.85	26.5	113.6
筍芋	11月中〜	親いも	長	293	灰	粉	0.95	20.5	95.8

a：愛媛県松山市において耕種概要で示した栽培方法による。
b：生いもをすり下ろし後，TVB-10 H（東機産業，No.6 ローター（29），2.5 ppm）で測定。
c：各品種の利用部位を水煮して達観で判定。

〔淺海英記・杉本秀樹〕

引 用 文 献

1) 淺海英記ほか（2010 a）：育種学研究，**12**(2)：154.
2) 淺海英記ほか（2010 b）：育種学会四国談話会講演要旨.
3) 愛媛県東予地方局産業経済部産業振興課（2009）：産学官連携新品種産地化促進事業実績報告書，34.
4) 愛媛県農林水産研究所（2009）：新しいえひめ農業へ，17.
5) 池澤和広（2015）：農業技術大系野菜編 10，p. 68，農文協.
6) 池澤和広ほか（1988）：日本作物学会記事，**84**，150-154.
7) 伊予三島農業改良普及所（1994）：さといも，やまのいも栽培マニュアル，p. 10-21.
8) 香川芳子（2012）：食品成分表 2012，女子栄養大学出版部.
9) 河野健次郎・林 斐（2009）：最新農業技術 野菜 vol. 2，p. 101-107，農文協.
10) 松本美枝子（2012）：新特産シリーズ サトイモ，p. 69-83，農文協.
11) 杉本秀樹ほか（1988）：日本作物学会四国支部会報，35：36-37.
12) 玉置 学（2007）：愛媛県農業試験場報告，**40**：p. 100-150.

第5章

ヤマノイモ

5.1 ナ ガ イ モ

5.1.1 ヤマノイモ属の植物特性

ヤム,ヤム芋,ヤム類と総称されるヤマノイモ属植物はアフリカ・アジアやアメリカ大陸の湿潤・熱帯地帯を中心に自生しているが,東アジアでは赤道直下からアムール川流域まで連続的に分布している.ヤマノイモ属には約600の種が存在するといわれている.これらの生態や進化についてまとめると以下のようになる[1,5,14].

① 単子葉植物に分類されているが,子葉が2枚とみなせる種がある,葉脈は平行ではないから双子葉に近い植物群とされる.
② 雌雄異株であり,性比が大きく異なる種が存在する.
③ 多年生草本であり,地下部に芽を備えた肥大器官を形成する.
④ ムカゴを着生させる種が多い.
⑤ 一般に休眠打破作用を有するジベレリンによって,種子や栄養繁殖器官の休眠が深まる種がある[16].

5.1.2 日本におけるヤマノイモ属植物

a. 日本で生育するヤマノイモ属植物

ヤマノイモ属(*Dioscorea*)植物は日本には14種が自生しているが,栽培種は *D. opposita*,*D. bulbifera* および *D. alata* の3種である(表5.1).しかし,*D. bulbifera* および *D. alata* の農業的生産はなく,*D. opposita* と野生種 *D. japonica* で農業生産がなされている.野菜名称として *D. opposita* はヤマイモ,*D. japonica* はジネンジョと呼称されている.両種とも地下部の肥大器官(い

表5.1 日本産ヤマノイモ属一覧

	学名	和名	染色体数	分布域
野生種	Dioscorea nipponica	ウチワドコロ	40	北海道中部〜中部地方
	D. tokoro	オニドコロ	20	北海道南部〜大隅半島
	D. japonica	ジネンジョ	40	北海道南部〜大隅半島
	D. gracillima	タチドコロ	20, 40	青森県〜大隅半島
	D. tenuipes	ヒメドコロ	20, 30, 40	神奈川県〜大隅半島
	D. septemloba	キクバドコロ	20	中部地方〜霧島
	D. quiqueloba	カエデドコロ	20	関西地方〜大隅半島
	D. izuensis	イズドコロ	20	伊豆半島
	D. bulbifera v. spontanea	ニガカシュウ		四国〜沖縄
	D. septemloba v. sititoana	シマウチワドコロ	40	伊豆諸島
	D. asclepiadeae	ツクシタチドコロ	40	鹿児島県
	D. pseudo-japonica	キールンヤマノイモ		トカラ列島〜沖縄
	D. pentaphylla	アケビドコロ	40, 80, 144	沖縄本島
	D. tuzonensis	ルソンヤマノイモ		北大東島
	D. cirrhosa	ソメモノイモ		沖縄諸島
栽培種	D. opposita	ナガイモ	110〜140	
	D. opposita v. tsukune	ツクネイモ		
	D. opposita v. flabellata	イチョウイモ		
	D. bulbifera v. domestica	カシュウイモ	36〜100	
	D. alata	ダイジョ	20〜81	

も）には定芽を有し，かつ根端を有することから，坦根体（rhizome）と規定されている．坦根体は通称「いも」と呼ばれる．

b．日本における栽培種

D. opposita の野菜名はヤマイモで，いもの形状から3系統（型）に大別される（図5.1）[15]．長系のナガイモは全国的に栽培されているが，銀杏形やばち状のイチョウイモは関東地域を中心として，球状のツクネイモは関西を中心に栽培されている．「ヤマトイモ」の名称がイチョウイモにもツクネイモにも使

図5.1 ツクネイモ（左上），イチョウイモ（右上）およびナガイモ（下）の外観

用されることがあるので，注意を要する．ツクネイモには皮色が白い'伊勢いも'等の地域品種が存在する[10]．

野生種 *D. japonica*（ジネンジョ）は他の野生種と異なり，いもに苦みがなく，粘性も高いことから古くから和菓子の原料や麺類のつなぎとして利用されてきた．近年では地域特産品として積極的に栽培する地域がある．いもの肥大性はナガイモに劣り，かつ長く伸長することから，収穫作業を考慮して「樋(とい)」を利用した生産体系が普及している．

c．生産概況

ヤマイモの生産面積は全国で約 8000 ha，このうち 70 %，5500 ha がナガイモの生産で，残り 2500 ha がジネンジョやツクネイモ・イチョウイモの生産である．ナガイモの生産は北海道と青森県で 4400 ha と全国の 80 % を占め，両県で栽培指針が提示されている[9]．次いで鳥取県が主要な産地である．その他のヤマイモは群馬・千葉や長野県で生産されている（2009 年統計）．

5.1.3 ナガイモの栽培技術

a．キュアリングと催芽

低温貯蔵した担根体（いも）を分割して，切断面を空気にさらすキュアリングを行う．キュアリングは 15～20 ℃ で 8～12 日行い，その後催芽処理を行う．催芽温度は 24 ℃ が適温とされている．不定芽は分割されたいもの上部，すなわち定芽に近い側で形成される．湿度が高いと不定芽の基部から発根してくるので，不定芽近傍を空気にさらすようにして，発根や複数の不定芽形成を止めることが重要である．

生育温度は 17～25 ℃ が適温とされているので，定植時期は降霜時期を考慮して 4 月下旬～5 月下旬である．定植後に複数の茎が伸長してきた場合は，1 つに整理する．

b．定植および栽培

定植畝はトレンチャーでいもの伸長部分の土を攪拌して膨軟にしておいてから定植するが，湾曲のない 800～1000 g のいも形成が目標である．収量は種いも重や株間に影響される．種いも重は 100 g が基本で，標準の畝間 90 cm，株間を 24 cm（4630 株/10 a）で 3500 kg/10 a の収量が見込める．株間を 18 cm（6170 株/10 a）にすると 4000 kg/10 a の収量を見込めるが，小さな芋生産に

なる．輸出向けのナガイモ生産では種いも重を 150 g 以上にして大型化をはかっている．

施肥量は 10 a あたり窒素：リン酸：カリを 20 kg：30 kg：20 kg が基本であるが，窒素とカリを 7 月中旬まで分施する方法もある．

伸長するつるは竹や支柱に絡ませるが，大規模生産地域ではネットを張り，それに這わせる方式が普及している．収穫は葉が完全に黄化してから行う．ナガイモは貯蔵性が高く，収穫後に低温貯蔵して市場状況をみながらの通年出荷体制が確立されているため，作型の分化は小さく，晩秋または越冬後の翌春早期に収穫される．

c．主要な病害

炭疽病は *Gloeosporium* により葉に黒色小粒点を形成し，葉渋病は *Cylindrosporium* により葉にかび状の斑点を形成するが，いずれも病原菌の胞子や菌糸が植物体上に付着して越冬して発病するもので，茎葉残渣の圃場外への搬出処分や計画的な殺菌剤施用が対策となる．褐色腐敗病は *Fusarium* の厚膜胞子が長期に土壌中に残存することでいもを腐敗させ，根腐病は被害植物とともに *Rhizoctonia* の菌糸または菌核が土壌中に生存して立ち枯れを発症させるので，連作回避が必要である．

ヤマノイモコガは栽培期間を通じて発生する傾向があり，アブラムシはウイルス伝搬につながるので，小まめな殺虫剤処理が必要である．圃場内にえそモザイクやモザイク症状が現れた株は，すぐに抜き取り処分する．

青森県や北海道での事例では，イネ科作物の連作後のナガイモ栽培でネグサレセンチュウ類の被害が出やすいことが報告されている．

d．無病種いもの供給体制

ナガイモにはヤマノイモえそモザイクウイルスが，ツクネイモ，イチョウイモやジネンジョにはヤマノイモモザイクウイルスが感染し，これらにより 30 ％以上の減収や異常形状が発生しやすくなる[12]．そのため，県または地域単位で優良個体の茎頂培養を行い，ウイルスフリー化した個体（原原種）を育成する．これを地域の生産団体や JA 等に配布して，そこでアブラムシの接触を回避するために網室内で増殖させて原種とする．さらに，むかご等も利用して網室で増殖させるか，隔離圃場で増殖した無病株が生産者に提供される．

繁殖方法には上記の茎頂培養以外に，ツクネイモでは未熟葉片の培養等の報

告[12]) もあるが，むかごや小切片の繁殖が中心である．

e. ナガイモの貯蔵性

ナガイモの長期間の貯蔵条件としては，7℃以上では萌芽にいたり，1℃では粘性と弾性の低下が認められるので，3℃でのポリエチレンフィルム折り込み包装による貯蔵が推奨されている[6])．また，貯蔵中の糖含量について，グルコースおよびフラクトースの増加が著しく，甘味増大が報告されている[7])．

f. ナガイモの粘質物

ナガイモの粘質物について，構成糖はマンノース，フラクトース，ガラクトース，キシロースおよびグルコースで，マンノースが80％以上を占めていること，さらに精製粘質物は多糖（40％），タンパク質（2％），灰分（24％）およびリン（3％）を含むとされている[8])．

5.1.4 ヤマイモの雌雄性とナガイモの種子形成

a. 性 比

3種のヤマイモの性比は著しく偏っている．ナガイモは雄株ばかりで，イチョウイモとツクネイモは雌株ばかりである．照井らはナガイモの原産地とされる中国において雌株の存在を確認し，種子を採取したことから，元来は両性が存在するものと考えられる[11])．国内では八鍬らが夕張市のナガイモ圃場および夕張から導入したナガイモにおいて雌株を発見した[21])．

b. 花器，萌果および種子の構造

ナガイモとジネンジョの雄花は穂状花序を呈する（図5.2）．花穂は約5cmで，15～30個の小花を有する．小花の内部には6本の花糸と退化した雌蕊(めしべ)が存在し，それらが6枚の花被に覆われている．花被は約1mmしか開かない[21])．

ナガイモの雌花も穂状花序であり，1花序は約10cmで10～15個の小花を有する．小花は子房下位で，高さ3mmの子房とその上部に1mmの花被を有し，内部には三方に分岐した雌蕊と退化した雄蕊(ゆうずい)が存在する．退化した雄蕊にはまれに稔性花粉もあるが，裂開することはない（図5.3）．開花時には花被は開くが空隙は1mm程度である．子房内は3室に分かれ，各室には2個の胚珠が存在する．この形状はイチョウイモ，ツクネイモおよびジネンジョも同様である．

図 5.2 ナガイモの雄花序（左）と雌花序（右）

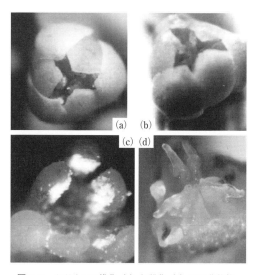

図 5.3 ナガイモの雄花 (a) と雌花 (b) の開花状態，および葯が裂開した雄蕊 (c) と雌蕊 (d)

c. ナガイモの種子形成

　ナガイモの雄株と雌株およびジネンジョの雌株（青森産）を同一圃場で栽培したところ，異常高温年であった 1978 年に 143 株のナガイモ雌株から 1500 以上の 10〜15 mm 蒴果が得られ，径 5 mm 以上の種子 600 以上が得られた．また，ジネンジョの雌株からも 500 以上の種子が得られた．

　ナガイモの果実は 3 方向に突起を有する蒴果であった．蒴果内には翼をもち，厚さ 1 mm，長径 7 mm，短径 5 mm の楕円形の種子が内在した．種子の大部分は胚乳で，幼根と子葉を分化した約 1 mm の胚が存在した（図 5.4）．

　ナガイモにおいて径 3 mm 以上の種子には 90% 以上の確率で胚が含有し，

図5.4 ナガイモ雌株における着果 (a), 果実 (b), 種子 (c) と胚の概観 (d), および胚培養による発芽 (e)

表5.2 ナガイモの種子径と含有される胚の大きさとの関係

種子径 (mm)	調査 種子数	胚含有 種子数	胚径 (mm)				
			<0.1	0.1~0.2	0.3~0.4	0.5~0.6	0.7~0.8
2.0~2.9	25	5	1	5	0	0	0
3.0~3.9	26	16	0	4	1	6	5
4.0~	20	18	0	1	3	7	7

0.5 mm の胚は幼根を分化し, 0.7 mm 以上の胚は幼根と子葉を分化していた (表5.2). 0.5 mm 以上の胚は胚培養で実生に育成できる可能性があった[4].

d. 種子不稔の要因

前述の1978年を除くと, ナガイモの雌雄株を混植しても種子は形成されず, 人工交配でも着果率は64.7%まで増加したが, 1果実あたりの種子数は0.05～0.21で (胚種がすべて種子になると6個), 胚が含有されている種子はまれであった.

ナガイモの雄株の花粉は稔性があり, 発芽もみとめられた. ナガイモ, イチョウイモおよびツクネイモの雌蕊内の胚珠における胚のう形成は, 他種でも観察されているタデ型を示した[20]. しかし, 2分子期までは確認できたが, 2核期頃からは核の退化や崩壊が観察され, 完全な卵細胞は形成されなかった. このことが種子不稔の最大の原因といえる[3].

ナガイモ，イチョウイモおよびツクネイモでは，根端には染色体数 $2n=110\sim140$ まで連続的な変異が観察され，正常な減数分裂が進行しないことも推察された（図5.5）[2, 19]．

図5.5 ナガイモの染色体

5.1.5 ナガイモの育種

a．選抜による地域特産品種の育成

ヤマノイモ属栽培種は種子不稔であり，栄養繁殖で増殖することから，育種は有望な個体や変異体を選抜して栽培を重ね，形質の均一化をはかることによってなされてきた．これにより地域品種が育成され，特産品として生産されている．ツクネイモでは'伊勢芋'，'豊後芋'，'大和芋'等，イチョウイモでは'相模早生'等が代表例である．

b．交雑育種に関する基礎的知見

雑種育成に関して，ヤマイモは栄養繁殖を行い，種子形成能力がきわめて低いことや，大量に交配しようにも花が極小で交配にたいへん時間を要する等の克服すべき問題が多くある．これまで北海道大学や北海道十勝農業試験場においてヤマイモの交雑育種に関する基礎研究が遂行されてきた．ナガイモ雄株は，定芽からの育成株が不定芽からの育成株により花序形成株率が高く，花序数は種いも重150gおよび200gからの育成株で多くなり，温室内定植後約60日で開花にいたった．イチョウイモ雌株を200gの種いもから育成すると，開花までに約80日を要し，ナガイモ雄株より遅くなることから工夫が必要である[13]．

c．交雑品種の育成

前述のジネンジョとナガイモの交雑種子から胚培養により実生を育成し（図

5.1 ナガイモ

図 5.6 ジネンジョ雌とナガイモ雄との交雑実生の一例

5.6），選抜増殖を行い，選抜系統が 2004 年に品種登録された（品種名 'じねちょう'）．いもは長紡錘形で粘度が中の品種とされ，ジネンジョに比べていもの肥大が，ナガイモに比べて粘性が高くなった品種である．また，交雑種子獲得について，交配前 1 週間の高温条件が蒴果形成と正の相関関係があることや，蒴果を早期に培養することで胚発育を促す可能性が北海道立十勝農業試験場で明らかになってきた．十勝農業試験場および近隣 JA 等の協力事業により，イチョウイモとナガイモの交雑種が育成され，とろろの高粘度，ヤマノイモえそモザイク病（CYNMV）抵抗性および短根性を有する系統（品種名 'きたねばり'）が選択された[18]．これは 2000 年に開始された事業の成果であり，今後の新品種育成にも，交雑，選抜そして生産力と品質検定の組織的な取り組みが必要である．

〔荒木　肇〕

引用文献

1) Ayensu, E. S. (1972)：*Anatomy of the Monocotyledons. 4. Dioscoreaceae*, Oxford University Press.
2) Araki H., *et al.* (1983)：*Japan. Soc. Hort. Sci.*, **52**(2)：153-158.
3) 荒木　肇 (1985)：学位論文，北海道大学．
4) 荒木　肇ほか (1987)：北大農学部邦文紀要，**15**(2)：133-139.
5) Burkill, I. H. (1960)：*J. Linn. Soc. London* (bot.), **56**：319-412.
6) 弘中和憲ほか (1990)：日本食品工業学会誌，**37**(1)：48-51.
7) 弘中和憲・石橋憲一 (1991)：農業機械学会雑誌，**53**(4)：31-39.
8) 弘中和憲・石橋憲一 (1991)：農業機械学会雑誌，**53**(3)：75-83.

9) 北海道農業協同組合中央会ほか (2010)：北海道野菜地図その23，辻孔版社．
10) 稲垣　悟 (1974)：農薬研究，**20**：56-61．
11) 金澤俊成ほか (2002)：園芸学会雑誌，**71**(1)：87-93．
12) Kohmura H., et al. (1995)：*Plant Celt, Tissue and Organ Culture*, **40**：271-276.
13) 黒崎友紀ほか (2000)：北海道園芸研究談話会会報，**33**：14-15．
14) Miege, J. and Lyonga, S. N. (1982)：*Yams*, Clarendon Press Oxford.
15) 岡　昌二 (1977)：野菜園芸大辞典，p. 1052-1060，養賢堂．
16) Okagami, N. and Tanno, T. (1977)：*Plant Cell Physiol.*, **18**：309-316.
17) 奥山　哲・坂ひとみ (1978)：茨城大学農学部学術報告，**26**：29-34．
18) 田縁勝洋ほか (2014)：北海道総合研究機構農試集報，**98**：15-24．
19) Takeuchi, Y., et al. (1970)：*Acta phytotax. Geobot.*, **24**：168-175.
20) Takeuchi, Y. (1972)：*Acta phytotax. Geobot.*, **25**：57-60.
21) 八鍬利郎ほか (1981)：北大農学部邦文紀要，**12**(4)：271-280．

5.2　ヤマトイモ

5.2.1　来歴と栽培の現状

a．来歴と名称

ヤマイモ（*Dioscorea opposita*）には，ナガイモ，イチョウイモ，ヤマトイモという3つの品種群があり，いもが球形または塊形の品種群をヤマトイモと呼ぶ．名称としてはツクネイモも使用される．また一般名として，イチョウイモには「やまといも（大和芋）」，ヤマトイモには「やまのいも（山の芋）」が使用されており注意を要する．

ヤマイモは中国雲南地方で栽培化されアジア各地に広まったと考えられ，日本への渡来は縄文時代と推定される[3]．ヤマトイモとしては，江戸時代初期に丹波地方で栽培が始まったとされ[6]，在来種の'伊勢芋'は室町時代から栽培があったと伝えられている[18]．

b．栽培と利用の現状

わが国におけるヤマトイモの栽培面積は約450 ha，生産量は4500〜5000 tである．生産地は13府県に分布し，そのほとんどが中山間地域の盆地部に位置する．最大産地は丹波地方（兵庫県・京都府）の約200 haである[14]．比較的重粘な土壌で良品が生産でき，田畑輪換が連作障害回避に有効なため，水田転換畑での栽培が多い．ナガイモは青果利用が中心で，全国的に通年店頭に並ぶ．イチョウイモは関東地方を中心に生産され，一部が加工原料用として利用

される．一方，ヤマトイモは関西地方を中心に生産，消費され，和菓子等の加工原料用としてその多くが利用される．

5.2.2 形態と生態
a. 形　態

茎はつる状で断面は円形である．子づる（一次分枝）は親づるの4節前後から発生がみられ，生育旺盛な子づるは20節前後から伸長する．葉は長さ7～10 cm，幅5～8 cmの心臓形で，親づる（主枝）の10節前後まで互生し，上位節ではおおむね対生となる（図5.7）．

図5.7 ヤマトイモの地上部形態
左：生育初期（6月中旬），親づる10節前後．中・右：いも肥大期（8月下旬）．

ヤマトイモはすべて雌株で，雄株は見つかっていない．花は5～8 cmの穂状花序で，5 mm程度の小花を十数個着ける．小花は3枚の萼片と花弁，子房からなり，雄蕊は退化している．柱頭の先端は3つに，子房は3室に分かれる．子実は1.5 cm程度の蒴果である．7月ごろに分枝の葉腋に着蕾して開花するが，ほとんどが結実せず，結実しても発芽力をもたない．着花は栽培条件に左右され，着花しない株も多い．

いもは，つるの基部に形成され，通常1株に1個収穫される．成熟したいもの表皮は茶褐色～黒褐色である．むかごは，下垂したつるの先端近くに着生することが多く，ほとんどが0.5 g以下である．着蕾期頃から着生が認められるが，着生数はナガイモに比べて著しく少ない．

根は，新いもの首部から放射状に伸長し土壌表層近くに広がる．長い根は約1 mに伸び，深さ30 cmまでに大半が分布する．また，種いもや新いもの表皮面から比較的短い根が伸長する．

b. 早晩性

ヤマトイモは，ナガイモより萌芽期，いも肥大開始期[16]が遅く，晩生である．また耐霜性が低い．ヤマトイモのなかでは，萌芽期に10日程度の差があるが，早晩性による品種分化はみられない．

c. 繁 殖

生殖機能が退化しており，通常いもを分割して増殖する．むかごでも増殖できるが，青果サイズに育てるまでに2年以上を要すため，営利栽培では利用されない．着生数が少ないため，種いも生産にも利用されていない．

d. 生育相

植え付け後，種いもから根を伸ばし，表皮面に不定芽を形成して，平均気温20℃前後となるころに萌芽する．生育期間は約6ヶ月で，次の4相に分けられる．

・Ⅰ（0〜6週）：　種いもの養分に依存して茎葉と根が成長する．種いもが十分に大きい場合，葉がすぐには展開せず，まずつるのみが伸びる（図5.8）．葉の展開時期は種いもが小さいほど早まる．つるの基部には新いもが形成され，根が放射状に伸長する．

図5.8　ヤマトイモ萌芽期のつる（左）とつるの基部に形成された新いも（右）

・Ⅱ（6〜10週）：　種いもから徐々に自立し，茎葉が旺盛に成長する．種いも重は6週で4分の1程度に減少し，10週でほぼ消失する．

・Ⅲ（10〜18週）：　葉面積が最大となり，つるの伸長が止まる．新いもは9週頃の開花期を境に肥大を開始し，13週ころから急速に肥大して30〜40日で大きさと形状がほぼ整う．

・Ⅳ（18〜24週）： 新いもはおおむね肥大を完了し充実期に入る．葉は日平均気温が20℃前後に下がると，黄変を開始し，12〜13℃に下がる時期に枯死する．

5.2.3 品種と遺伝

a. 品　種

1950年代以降に兵庫県で栄養系分離により'アオヤマ'や'タカシロ'など多くの品種が育成された[6]．在来種としては'伊勢芋'，'加賀丸芋'などがある（図5.9）．ただし同名でも地域ごとに特性の異なる多くの系統が存在し，混系が進んで在来種として扱われることも多い．また近年，肥大性の優れた'新丹丸'，'青波'，'広系1号'などが育成されている[1,7,10]．

b. 特性の遺伝

いもの形状と肉質や肥大性が農業上重要な特性であるが，純系であっても継

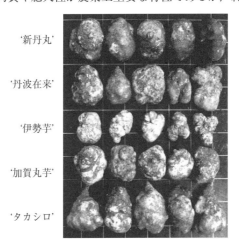

図5.9　ヤマトイモの品種

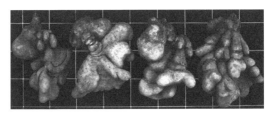

図5.10　ヤマトイモに現れた異形いも

続的な選抜，淘汰を怠ると品種特性を維持できない例が多い．ヤマトイモには，イチョウイモに類似した変異個体がしばしば現れ（0.2～1%[15]），変異個体を増殖すると同様な個体が高い頻度で現れる（図5.10）．こうした顕著な変異に限らず，経年的な特性変化を生じる例が多く，変異を起こしやすい性質を遺伝的に内包していると推察される．他方，栄養繁殖の過程で現れる特性変化を育種に利用してきた側面もある．

5.2.4 栽培技術
a．作型と適地の条件
・露地・普通栽培（関東～九州）： 3～4月に植え付け，10～11月に収穫する．短支柱（0.5～1.5m）または無支柱栽培とする．近年は貯蔵技術が発達し，品質を維持したいもを通年供給できるため，早出し栽培はほとんど行われていない．

・露地・マルチ栽培（東北～北海道）： 催芽して4～5月に植え付け，10～11月に収穫する．生育期間の短い寒冷地では，ナガイモに準じた催芽が必要となる．マルチと高支柱（2～3m）の利用が普及している．

砂壌土より埴壌土，壌土などの重粘な土壌で肉質の締まった良質のいもが生産できる．イチョウイモほどの深い耕土層（50cm）を必要とせず，いも肥大期に灌水が容易な点からも水田転換畑が適している．畑地でも栽培できるが，粘りの弱いいもになりやすい．連作すると，ネコブセンチュウや腐敗病が増加して栽培困難となることが多い．そのためヤマトイモ栽培後の数年間を水田に戻すことで，連作障害を回避している．

b．栽植密度と種いも重
ヤマトイモ栽培では，球形に整った300～500gのいもを目標とする．平均収量は1000～1200kg/10aである．収量は栽植密度と種いも重に大きく影響される[11]．密植とするほど収量が高まるが，いもが小さくなり規格内率が低下するため，栽植密度は3000～4000株/10aが適切である（図5.11）．栽植様式は，畝間140～150cm，株間35cmの2条植え，または畝間90～120cm，株間30cmの単条植えとする．単条植えは加工用に適した大きないもの生産に向く．水田転換畑では畝高を30cm，畑地では20cmとして排水性を確保する．種いも重は40～50g必要である（図5.12）．単条植え（加工向け）では

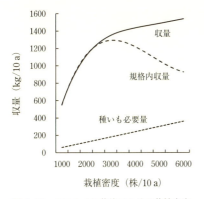

図 5.11 ヤマトイモ栽培における栽植密度と収量の関係
畝間:120 cm(単条植え),種いも重:60 g.

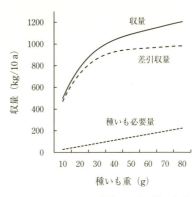

図 5.12 ヤマトイモ栽培における種いも重と収量の関係
栽植密度:3000株/10 a,畝間:120 cm(単条植え).

70～80 g とする．80 g 以上は，肥大倍率が低下し必要量も増加するので実用的でない．いもは，頂芽を含む竜頭部を切除し，切断面ができるだけ小さくなるように切り分け，切断面には殺菌剤を粉衣する．切断面のコルク化を確認した後に植え付ける．

c．定植と施肥

5～7 cm の植え穴に表皮面を下に向けて植え付け，3 cm 程度覆土する．定植位置が深すぎると，萌芽遅れや種いもの腐敗を助長する．近年，畝立てと定植を同時に行う定植機の導入が試行されている[5]．複数の芽立ちがある株は，優勢な一芽を残して他の芽を除去する．通常，圃場一筆内の萌芽完了までに3～4週間を要す．

施肥量は，10 a あたり窒素 40～50 kg，リン酸 45～55 kg，カリ 40～60 kg を標準とする．有機質主体の配合肥料か緩効性化成肥料を用い，施肥量の70～80％を元肥として，萌芽期（5月下旬～6月上旬）に条間または株間に施用し，残りを追肥として7月下旬までに1～2回施用する．リン酸は全量を元肥としてもよい．二次肥大による変形を助長するため，8月以降の追肥は避ける．

d．支柱立てと敷きわら

一例をあげると，高さ1 m の支柱を3 m 間隔で立て，2段に張った横ひもにつるを誘引する（図 5.13）．誘引ネットを利用してもよい．支柱利用により収

図 5.13　ヤマトイモの栽培状況（京都府南丹市八木町）

量が 10～30％高まる[2]が，干ばつの影響を受けやすくなるため，敷きわらできない場合や乾燥しやすい土壌では無支柱とする．敷きわらは，地温上昇を妨げ萌芽を遅らせるため，芽が出揃った後に行う．10 a の敷きわらをまかなうには 25 a 分のわらが必要となる．近年は寒冷地を中心にポリマルチの利用も増えている．

e．灌　漑

いも肥大期の水分不足は減収を招くため，この期間は随時灌水し，土壌を適湿状態に保つ必要がある．水分条件はいもの形状にも影響し，乾燥はいもの変形を助長し，乾湿差が大きいと表面に亀裂が入る．水田転換畑では，畝間に掛け流し灌漑を行い，通路に足跡が残る程度に湿った状態を保つ．

f．病虫害防除

おもな病害には，茎葉部を侵す葉渋病と炭疽病，いもの腐敗を起こす褐色腐敗病と青かび病がある．虫害には，葉を食害するヤマイモハムシ，ナガイモコガ，カンザワハダニ，ハスモンヨトウ，キイロスズメ，コガネムシ類，アブラムシ類，およびいもに寄生するネコブセンチュウ類の被害があげられる．病虫害ともに，発生消長に応じた薬剤防除に加え，耕種的防除法として，被害茎葉の搬出・焼却やイネ科作物との輪作に一定の効果が認められる．

g．収　穫

落葉開始後もつるに蓄えられた養分がいもに転流されるので，収穫はつるが完全に枯れ上がる 11 月上旬以降に開始する．収穫は，刃先の長い掘り取り鍬やショベルを用いて人力で行う例が多いが，掘り上げまでを行う収穫機の利用

も試行されている[4]．早掘りは9月下旬から可能であるが，未成熟のいもはあくが強く，保存が効かないので注意する．近年は貯蔵技術の発達により，早掘りの必要性は低下している．

h. 貯　蔵

・低温貯蔵：　貯蔵適温は2～5℃である．0℃以下では凍害が発生し，7℃では萌芽するいもが増える．湿式貯蔵庫では，ばら積みのコンテナ貯蔵でよい．乾式貯蔵庫では，湿度を70～80％に保つか，加湿したおがくずとともにポリエチレンフィルムで包んで耐水性の段ボール箱等に詰める．貯蔵中の腐敗防止には，貯蔵前にいもを湿熱消毒（50℃・30～60分）すると効果が高い[4]．適切な湿度と温度を維持できれば，品質を損なうことなく1年以上貯蔵できる．

・野積み貯蔵：　小規模栽培で3月までの貯蔵なら，排水性のよい圃場の一角にいもを積み上げて（50～60 cm），土をかぶせ（10～20 cm），その上をこもやわらで覆う．4月以降も貯蔵する場合は，萌芽前に低温貯蔵庫に移す．

i. 種いも栽培

種いもには，遺伝的な斉一性と好適な重量（150～250 g），充実した肉質，無病であることが求められる．種いも栽培では，青果栽培より重粘な土壌を選び，種いも重を小さくして密植する[12]．施肥量は2割減らす．種いも重は10～20 g，株間は10～20 cm，畝間は120 cm（2条植え）とする（図5.14）．肥大性の優れた品種では株間を狭める．また，3～5 gの小切片を株間5～7 cmで植え付け，10～20 gのいもを生産し，全粒種いもとして利用する方法も検討されている[17]．青果用のいもから種いもを残す場合は秀品から選抜する．

j. 栽培上の課題

ヤマトイモは，ほぼ全株がヤマノイモモザイク病に罹病して生産性が低い現状にある．罹病株は葉にモザイク症状を呈し，茎葉の成長が抑制され，いも重が減少する（図5.15）．一方ウイルスフリー株は，萌芽が早まり，茎葉の成長が旺盛となり，10～40％増収する[8,13]．ただし罹病株と同条件で栽培すると，生育が旺盛になりすぎ，いもの形状が低下する．形状低下は，種いも重を小さくして栽植密度を高め，施肥量を20～30％減らせば軽減できる．露地栽培すると一作で45～80％の株が再罹病し，栽培を繰り返すと3年目に再罹病率が100％に達する．再罹病は網室内で栽培すればほぼ防止でき，罹病株は外部病徴により判別できる．ナガイモやジネンジョ（*D. japonica*）では，増殖にむか

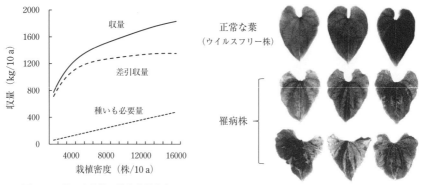

図5.14 種いも栽培の最適栽植密度
畝間：120 cm（2条植え），種いも重：30 g.

図5.15 ヤマノイモモザイク病の病徴

ごを利用することで，無病種いもの供給が実現しているが，むかご着生数の少ないヤマトイモでは，増殖効率が低いため実用化にいたっていない．

5.2.5 品質と利用

a．品　質

いもは球形に近いものが優良と評価される（図5.16）．凹凸が多いと，皮むき作業の効率が低下し，皮むき後の歩留りが下がる[9]．青果用には300〜

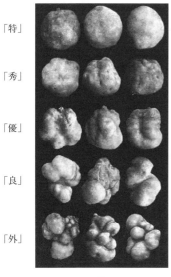

図5.16 ヤマトイモ等級区分の一例

表5.3 ヤマトイモ出荷調整基準の一例

等級	調整基準	階級	
特	丸形で凹凸のないもの	3 L	500 g 以上
秀		2 L	400〜500 g
優	変形や凹凸が少ないもの	L	300〜400 g
良		M	250〜300 g
外	変形や凹凸が著しいもの	S	250 g 以上

400 g, 加工用には 400 g 以上のいもが好まれる. 出荷規格は, 形状に基づく等級と重量による階級に区分され, 等級間の価格差が大きい (表5.3). そのため, 秀品率を高めることが栽培上の優先課題になっている. 内部品質としては, とろろの粘弾性とあくの多寡が重要である. ヤマトイモには, デンプンとタンパク質がナガイモのおよそ 2 倍含まれ, 水分含量が 67% 程度とナガイモやイチョウイモより少なく, 肉質が緻密で粘りが強い. 特徴的な成分として, ムチンなどの多糖類にタンパク質が結合した粘質物を含むほか, カリウム, マグネシウム, カルシウムなどのミネラル類やビタミン B_1, B_2, C などを含む.

b. 利　用

生産量の 2 分の 1 以上が, 加工品の品質を高める副原料として利用される. 生いもを使うほかに, 冷凍とろろや粉末にも加工される. 代表的な加工品は, まんじゅう等の和菓子, 水産練り製品, 麺類があげられる[9]. ヤマトイモには素材自体に膨張力があり, 適量の添加により, 製品に軟らかな食感を加え食味を高める. 材料として比較的高価なため, 高級品として扱われる場合に利用が可能となる. 青果としては, ナガイモやイチョウイモと同様に利用される.

〔岡本　毅〕

引 用 文 献

1) 福嶋　昭ほか (1997):兵庫県農業技術センター研究報告, **45**:41-44.
2) 福嶋　昭・岩本政美 (1997):近畿中国農業研究, **93**:58-60.
3) 五十嵐　勇 (1998):地域生物資源活用大事典 (藤巻　宏編), p.330-337, 農文協.
4) 池内康雄 (1989):野菜園芸大百科 13, p.460-462, 農文協.
5) 片平光彦ほか (2010):農業機械学会雑誌, **72**(2):169-176.
6) 川上幸治郎編著 (1968):ヤマノイモ百科, p.23-25, 39-46, 富民協会.
7) 甲村浩之ほか (1998):広島農業技術センター研究報告, **66**:25-31.
8) 松澤　光・松本英紀 (1991):愛媛県農業試験場研究報告, **31**:55-60.
9) 岡本　毅 (1999):食品加工総覧 9 (農文協編), p.712-725, 農文協.
10) 岡本　毅ほか (1999):日本作物学会紀事, **68**:515-522.
11) 岡本　毅ほか (2000):日本作物学会紀事, **69**:153-161.
12) 岡本　毅ほか (2000):日本作物学会紀事, **69**:476-480.
13) 岡本　毅ほか (2001):日本作物学会紀事, **70**:179-185.
14) 岡本　毅 (2001):日本作物学会紀事, **70**:383-386.
15) 岡本　毅 (2004):学位論文, 北海道大学.
16) 志和地弘信ほか (1999):熱帯農業, **43**(3):149-156.
17) 玉置　学・安藤禎子 (2001):愛媛県農業試験場研究報告, **36**:10-16.
18) 谷山鉄郎ほか (1983):日本作物学会東海支部梗概, **94**:45-51.

第6章

その他のイモ類

6.1 コンニャクイモ

6.1.1 日本におけるコンニャク栽培の歴史

コンニャクは日本の伝統的な食材であるが，原産地はインドシナとの説があり[5]，中国の歴史書などからも日本原産の植物でないことは明らかである．本格的に栽培が奨励・普及されるようになったのは江戸時代に入ってからである．明治以降，全国で栽培されるようになり，戦前は中山間地帯を中心に稲に代わる貴重な換金作物として広く生産されていた[8,9]．現在は栽培従事者の高齢化と後継者不足，さらに安価な外国産に押され気味であり[7]，全国の栽培面積は1979年の1万3700 ha，収穫量では1991年の12万2500 tをピークに減少傾向にある．2015年の栽培面積は3910 ha，収穫量6万1300 tである[10]．このうち群馬県で全国栽培面積の86.7%を占めており[10]，広島，岡山，茨城，福島県などかつての主産地は衰退して寡占状態が進んでいる[9]．

6.1.2 形　態

コンニャクはサトイモ科（Araceae）コンニャク属（*Amorphophallus*）に分類されている．インドシナ原産とされ，東アジアの熱帯から温帯にわたる内陸部や島嶼部に野生しており，国内の栽培品種もこれに属する[5]．次世代の種子を形成するまでに4～5年を要する多年生植物である．開花しても自然条件下で種子を作ることはまれなために，わが国では球茎につく「生子(きご)」を使用して栄養繁殖を行っている[1,4]．

a．葉

葉は通常，1つの球茎から大きな葉が1枚だけ出るきわめて特徴的な形態を

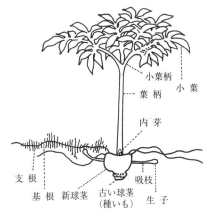

図 6.1 コンニャクの体制（山賀原図）[1]

示す．葉身と葉柄からなり，葉身は複数の小葉からなる複葉になっている[4]．図 6.1 に生育中の球茎や根を含めたコンニャク植物体の全体像を示す．植え付け後約 1 ヶ月で出芽し，その後開葉期に達するまでの生育はきわめて速く，15〜20 日程度である．その後は緩やかに生長を続け，8 月中旬ごろに葉柄長が最大になる．10 月には黄化が進み，やがて葉柄が萎れて倒伏する[1,4]．

b．球茎，生子

コンニャクの収穫部位（いも）は茎に養分が蓄積されて球状に肥大したもので，「球茎」と呼ぶ．球茎の内部は表皮，皮層部，髄層部からなり，髄層部には多数のマンナン細胞がある[4]．球茎の上面中央部にはとがった形状の主芽がある．種いもを植え付けると主芽の基部に形成されていた幼芽が幼葉として生育を始め，新球茎の形成が始まる（図 6.2）．開葉後に種いもは消失する[4,6]．新球茎の側面から開葉期頃になると側芽が伸長して吸枝となるが，これに養分

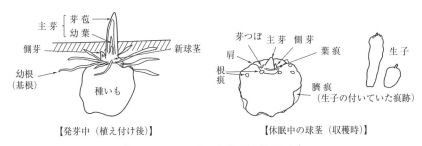

図 6.2 コンニャクの生育過程と各部名称[4]

が蓄積されたものを生子という（図6.1）．品種によって吸枝の先端部分が肥大して球状になるものや，吸枝全体が肥大して，棒状になるものがある．生子は主芽をもち，球茎と構造的には共通している．新球茎は9月末まで直線的に肥大して，10月の成熟期には生育を停止する[4,5,6]．

c．根

植え付けた種いもの新球茎部分からまず基根が発生する．基根は地表面付近を水平方向に伸長し，これに対してほぼ直角方向に一次枝根，さらに二次枝根が6月上旬ごろから発生する．根は地表面付近の浅層に多く集中する特性がある[4,5]．生育中期にあたる7月上旬ごろからは球茎や吸枝からも根が発生するが，生育は悪く短い[4,8]（図6.1）．

d．花

4～5年目の春に開花する．花茎の先に筒状の仏焔苞(ぶつえんほう)に包まれた肉穂(にくすい)花序があり，下部が雌花部，上部が雄花部となり，さらに上部に大きな付属体がついている（図6.3）．受精すると子房および花軸は生長して大きな果房となって

図6.3　コンニャクの花（品種：'あかぎおおだま'）[4]
花芽のついた種いもを春に植えると，花が咲き，実ができる．

図6.4　雌花の部分にできた実の集まり[4]
雄花の部分は切ってある．

秋に成熟する．果実には1〜2個の種子が入っていて，1果房から500粒前後の種子を得られる[4,5]（図6.4）．

6.1.3 品　　種

コンニャクは'在来種'を中心とした栽培が戦前まで長く続いてきたが，現在では'在来種'とともに群馬県育成品種が広く栽培されている[4]．以下にその概要を示す．

a．在来種，備中種

国内で古くから栽培されてきた代表的な品種として'在来種'と'備中種'の2つがあり，さまざまな地方名がある．前者は外観的には小葉が小さく，草姿は水平型で小葉柄は水平に拡がる．早生であり，生子は球状で球茎の品質はよいが，収量が低く，諸病害に弱いのが欠点である．生育地は地力が高く，夏の気温上昇が小さく，古くからコンニャク産地であった中山間地帯に限定される[1,4,5,6]．

後者の草姿は半立型で小葉は長く大きい．球状生子で'在来種'よりも生子収量は多く，気象障害を受けにくい反面，球茎収量・品質ともに低い欠点がある．'在来種'より高温耐性があるが，現在では九州や四国などの自然生畑でみられる程度である[1,4,5,6]．

b．支那種

大正時代に原料用として中国から輸入されたものを群馬県で栽培したのが始まりである．草姿は立型であり，小葉は小型で数が多い．球茎と生子の収量は高く，気象障害に強いが，晩生で腐敗病に弱く，荒粉歩留まりが低い．収穫期である秋の気温低下が遅い低標高地帯に適する[1,4,5,6]．

c．群馬県育成品種

群馬県農業技術センター（こんにゃく特産研究センター）は国のコンニャク

表6.1　群馬県農業技術センターで育成された主要品種

品種名	育成年	交配（母×父）
はるなくろ	1966	支那種×在来種
あかぎおおだま	1970	支那種×在来種
みょうぎゆたか	1997	支那種（群系27号）×在来種（富岡支那種）
みやまさり	2002	支那種（群系27号）×備中種（群系55号）

育成された品種のなかでは，'あかぎおおだま'が最も広く栽培されている[3]．

品種育成指定試験地として，国内で唯一，品種育成を行っている．これまでに育成されたおもな品種と育成年，交配した両親を表6.1に示す[11,12,13,14]．

6.1.4 栽培方法

コンニャク栽培はまず生子を春に植え付け，秋に掘り上げて貯蔵し，再び翌春に植え付けることを繰り返して，コンニャクイモとして出荷するまでに2～3年を要する．コンニャクの安定多収のポイントは次の通りである．ここでは主産地である群馬県の事例をもとに紹介する[1,4]．

a．圃場選定と土作り

コンニャクは湿害に弱いため，排水のよい圃場を選ぶ．平坦地よりも緩やかな傾斜地で，耕土が深く，土質は壌土～砂壌土が適している．コンニャク作りは土作りといわれるほど，圃場整備が重要である[6]．植え付け前の4月下旬ごろまでに深耕や堆肥，土壌改良資材の投入を行う．

b．輪作（連作障害の回避）

連作障害のなかでも被害が大きい根腐病を防ぐために，3年以上連作した圃場では2年間，他の作物を栽培する．コストがかからない輪作作物としてソルガム類がある．緑肥作物として利用することで，有機物の施用効果も期待できる．

c．種いもの準備

無病で充実した種いもを準備することはいうまでもない．そのためには前年の秋以降での生子や種いもの貯蔵における温度や湿度の管理が重要である．3～4月になると種いもの萌芽が始まるが，その時期は種いもによって異なるため，萌芽が揃うように催芽や抑制作業によって調整を行う．

d．施肥

基肥は種いもが発根して肥料を利用できるようになるまで約1ヶ月かかるので，植え付け直前に施肥して流亡を極力抑えるようにする．追肥は培土時に畦上に行う．施肥量は土壌条件にもよるが，10aあたりkgで1年目は窒素10～12，リン酸8～10，カリ10～12，2～3年目は同様に窒素12～14，リン酸10～12，カリ12～14である．

e．植え付け

植え付け時期は5月上旬～6月中旬にかけてである．畦上へのすじ播きで

は，種いもの大きさに合わせて溝を掘り，種いもの横径の3個分の株間を空けて定植する．種いもが生子の場合は植溝に芽を外向きにして二条千鳥植とする．株間は12g程度の生子で約13cmとする．両者とも覆土は2〜3cmとし，深植をしない．

保護作物（間作）として麦類を利用すると，根腐病の抑制やアブラムシ，雑草対策としても効果的である．

f．生育中の管理

コンニャクが開葉して畑面を覆うまでの間に雑草が繁茂しやすいので，発生草種に対して効果が高い土壌処理剤を適期に散布する．発根が始まったころに実施する培土は根の伸長促進や排水対策としても有効である．

g．収 穫

収穫は球茎と葉柄が離れてから行う．作業適期は10月下旬〜11月中旬ごろにかけてである．まず種いもを優先し，次に出荷用のいもを収穫する．いずれも専用の掘り取り機を用いる．掘り取り後は数時間天日干しにしてよく乾燥させ，土や根を落とした後，種いもは生子を折り取り，それぞれ別々に貯蔵庫に収納する．出荷用いもは規格別に分別して出荷する．

6.1.5 病 害 虫

コンニャクの病害虫は出芽するまでに対策を講じる必要があるものが多い．他の作物以上に予防が重要な農作物である．おもな病害虫を以下にあげる[1,2,4,5,6]．

・ウィルスによる病気：えそ萎縮病，モザイク病
・細菌による病気：腐敗病，葉枯病
・菌類による病気：根腐病，乾腐病，白絹病，乾性根腐病
・害虫：ネコブセンチュウ，アブラムシ

アブラムシは直接の被害よりも，えそ萎縮病やモザイク病を媒介する点が問題になる．このほかに気象災害も無視できない．コンニャクは基本的に1個体1葉であるために，葉の損傷はその後の生育に大きな悪影響を与える．具体的には台風に伴う強風による葉の倒伏や，局地的な気象災害ではあるが降雹による葉の切損等があげられる．これらの災害に見舞われたときは上記のような病害を誘発しやすいため，薬剤散布などの対応を速やかに実施する．

6.1.6 利用・加工

収穫された生いもはいったんスライス,乾燥して切り干しする.これを荒粉と呼ぶ[6].これを粉砕して飛粉(いものデンプンや皮など)を取り除いたものを精粉と呼び,こんにゃく製品の原料となる.荒粉加工は1960年以前は生産農家自身が天日乾燥で行い,販売していた.その後火力乾燥方式が導入され,現在では荒粉から精粉加工まで専門業者やJAの手にゆだねられるようになり,生いも販売に切り替わった[4].

〔高橋行継〕

引用文献

1) 群馬県農業改良協会 (1994):最新こんにゃく全書―栽培・経営・流通・加工―,p.17-265,群馬県農業改良協会.
2) 群馬県農業改良協会 (1979):最新 農作物病害虫と雑草の防ぎ方,p.103-111,群馬県農業改良協会.
3) 群馬農林統計協会 (2009):平成20年産こんにゃくいもの新しい情報―生産性と収益性,p.1-7,群馬農林統計協会.
4) 群馬県特作技術協会 (2006):新特産シリーズ コンニャク―栽培から加工・販売まで―,p.13-183,農文協.
5) 栗原 浩 (1981):工芸作物学,p.233-253,農文協.
6) 三輪計一 (1983):工芸作物学,p.219-235,文永堂.
7) 日本貿易振興会 (1995):平成6年度農林水産物貿易摩擦緊急調査報告書 タイ・ミャンマーのコンニャクイモ,p.1-44,日本貿易振興会.
8) 日本こんにゃく協会 (1968):こんにゃく史料,p.1-399,日本こんにゃく協会.
9) 日本こんにゃく協会 (1973):近代こんにゃく史料,p.1-495,日本こんにゃく協会.
10) 農林水産省 (2016):作物統計資料,平成27年産作物統計(工芸農作物).
11) 内田秀司ら (1998):群馬農試研報,**4**:1-17.
12) 内田秀司ら (2003):群馬農試研報,**8**:17-35.
13) 山賀一郎ら (1969):群馬農試報,**8**:47-58.
14) 山賀一郎ら (1970):群馬農試報,**10**:163-17.

6.2 ヤーコン

6.2.1 来歴と利用の特徴

ヤーコン(*Samallanthus sonchifolius*)は,キク科の多年生作物で,ペルーからボリビアにかけての湿潤なアンデス東側斜面が起源地と考えられている[3].塊根の外観はサツマイモによく似ているが,ナシのようなほのかな甘味と食感があり,アンデス地域では紀元前から先住民によって「フルーツ」のように利

用されてきた．近年，塊根にフラクトオリゴ糖が多量に蓄積されていることが明らかとなり[4]，さらに食物繊維やポリフェノールも豊富であることから機能性食品として注目されている．

6.2.2 形　　態

草丈は1〜2.5 m，茎は中空で表面に毛が密生する．葉身は三角形のものが多く，葉の表面にも毛が密生する（図6.5）．十字対生葉序で2枚の葉が対生する．生育が進むと葉長は40〜50 cmになる．葉柄は細長いものの，一般的な葉柄に比べ幅が広い．地下部に塊茎と塊根を形成する（図6.6）．株元にできる塊茎はキクイモのような形で，個々の塊茎が集合して塊茎群を形成する．1つの塊茎には2〜十数個の芽が形成され繁殖に用いられる．塊茎の皮色は白色から赤色まで変異がある．

図6.5　ヤーコンの地上部
（山形県鶴岡市）

図6.6　収穫時のヤーコンの地下部

一方，塊根には芽が形成されないため繁殖には用いず，食用とする（図6.7）．塊根の形は基本的には紡錘形であるが，丸みを帯びたものから細長いものまであり，ねじれたり表面の凹凸が大きいものもある．塊根の皮色は浅灰茶色で，肉色は白，クリーム，橙のほか，赤紫，紫のものもある．花序は，小さいヒマワリのような頭状花序で，中心花は多くの管状花からなり，周辺花は10〜17の舌状花からなる．管状花は結実せず，舌状花が結実するが，胚の生育が不十分な種子が多く，種子の発芽率は低い．

図 6.7 ヤーコンの塊根
収穫が遅れると裂開が目立つ．

6.2.3 生育特性

　塊茎は短日条件下で形成されるが，塊根の肥大は日長の影響を受けない．日本では，全国で栽培が可能であるが，夏季が涼しい寒地や寒冷地，および暖地や温暖地の中山間地域が栽培適地とされる[7]．出芽や生育の適温は25℃前後であるが，地温が10℃以上になると塊茎の芽の伸長が開始し，気温が上昇するにつれて生育が旺盛になる．葉が大きく多くの水分を必要とするが，過湿条件下では根腐れが起こり枯死にいたることも多い．寒地や寒冷地では，地上部が最大に達する9月ごろから塊根が急速に肥大し始める．一方，暖地や温暖地では，夏期に降雨が少なく高温の日が続くと，葉が萎凋して垂れ下がり生育が一時停滞するなどのため，塊根の肥大開始時期は寒地や寒冷地よりも遅れる．晩秋に開花する．降霜などにより地上部が枯れ上がるが，このころが収穫適期となる．

　塊根にはデンプンはほとんど蓄積されず，おもにフラクトース，グルコース，スクロース（ショ糖），フラクトオリゴ糖が蓄積され，イヌリン（フラクトースが25〜30個程度結合）は非常に少ない[1]．塊根に含まれるフラクトオリゴ糖は，スクロース（GF_1）にフラクトース（F）が1個（GF_2）〜8個（GF_9）結合したオリゴ糖で，その含量は肥大が進むにつれて増加するとともに，重合度の高いフラクトオリゴ糖が増加する[1]．ヤーコン塊根の可食部100 g あたり，水分含有率は約86％と非常に高く，次いで糖質（主としてフラクトオリゴ糖）が約11％である．

6.2.4 栽　　培

ヤーコンは，ニュージーランドのほか，アメリカ，日本，ブラジル，韓国等に導入されたが，現在，商業的な栽培が行われているのはおもに日本とブラジルである[3]．ここでは，日本における栽培方法について解説する．

a．植え付け

塊茎群を適当な大きさに分割して種いも（5～20 g 程度）とし，これを直接圃場に植え付ける直播栽培と，ポリポットに植え付け，ビニールハウスやトンネルで育苗してから定植する移植栽培とがある（図6.8）．直播栽培は省力的であるが，塊茎が腐敗して欠株が生じたり生育が不揃いになることがある．移植栽培は労力がかかるが，生育が揃った健全な苗を選んで移植できるほか，生育期間を長くとれるため多収が期待される．種いもから育苗する方法のほか，塊茎群のまま出芽させて（1塊茎群あたり50～60本），2～4枚葉が着生した頃に塊茎基部を含むように苗を切り取り，ポットに挿し木して育苗する方法もある．育苗期間は30～45日ほどで，日中気温20～25℃を目安に管理する．いずれも，晩霜の被害を受けない時期になったら，早めに植え付けて生育期間を確保する．

図6.8　定植適期のポット苗

b．栽培管理

肥沃で排水性がよく，保水力がある土壌が適する．滞水すると塊根が腐敗しやすいため水田転換畑では高畝栽培することが望ましい．施肥量は，基肥として10 aあたり窒素で10～20 kg，リン酸とカリは同量以上を目安とし，圃場条件により増減する．栽植密度は，畝間1 m，株間40～50 cmを目安とする．黒ポリマルチ被覆は生育初期の促進による増収効果があり，さらに除草の労力が軽減できる．寒地・寒冷地では収穫時までマルチを除去しなくてもよいが，暖

地・温暖地では盛夏期に地温が上昇しすぎて生育が停滞するため，マルチを除去する必要がある．寒地・寒冷地では病虫害が少ないが，暖地・温暖地では，土壌伝染性の萎凋細菌病や炭腐病，白絹病など，また，ウイルス病のヤーコンモザイク病，虫害にはアブラムシ，ネキリムシ，アワヨトウなどがみられる．

c．収　穫

　降霜などにより地上部が枯れ上がるまで塊根が肥大するため，遅く収穫するほど多収となる．11〜12月が収穫適期であるが，降霜のない温暖地などでは，塊根が凍結しなければ年を越しての収穫が可能である．しかし，温暖地の平場地帯では，収穫が遅くなると塊根の裂開が著しく多くなり，青果としての品質が低下するほか，収穫後の調整も手間取る．したがって，収穫時期を早めたり，裂開が少ない品種を利用することが大切である．塊根が折れやすいため，一般には収穫は手掘りで行われている．この作業は重労働で，1戸あたりの栽培面積を規制している要因の1つである．

d．貯　蔵

　ヤーコンの塊根は水分が多く，乾燥下では貯蔵性が著しく低下し品質が悪化するため，湿度を保って貯蔵する必要がある．腐敗の兆候のある塊根は，低温下でも腐敗が進行し，他の塊根に腐敗を蔓延させるため，収穫時に廃棄する．また，内部の腐敗が外観からわからない塊根もあるため，貯蔵期間中に適宜確認して腐敗の蔓延を防ぐ必要がある．貯蔵温度は5〜10℃が適する．貯蔵中にフラクトオリゴ糖は分解され，単糖・二糖類が増えて甘味が増すが，低温により分解が抑制される．塊茎の貯蔵特性も塊根とほぼ同様であるので，塊根に準じて貯蔵する．

6.2.5　品　　　種

　ペルーを中心とした地域には，多様なヤーコンの遺伝資源がある[3]．日本においては，まず，1984年にニュージーランド経由でペルー原産系統（ペルーA群系統）が導入された．その後，四国農業試験場（現　西日本農業研究センター）がボリビアやペルー，エクアドルから導入した．導入当初，多収で食味もよいペルーA群系統がおもに栽培されていたが，塊根の開裂が多く，貯蔵性も劣っていた．このため，日本の風土に合う品種の育成が求められ，ペルーA群系統とボリビア導入系統の交配育種により，塊根の裂開が少なく外観がよ

い'サラダオトメ'（2005年登録）が育成された[5]．さらにその後，国際バレイショセンター（CIP, ペルー）から導入したペルーB群系統とペルーA群系統の交配により，塊根の肉色が白で貯蔵性に優れる'アンデスの雪'（2005）[2]と，多収で糖含量が高く，肉色がオレンジで食味に優れる'サラダオカメ'（2005）が育成された．最近では，'サラダオトメ'とCIP導入品種の交配後にペルー導入品種を交配させ，表皮が赤紫で，裂開しにくく多収の'アンデスの乙女'（2014）が育成されている．

2007年の種苗法施行規則の一部改正で，栽培者等による自家増殖の禁止品目に *Smallanthus* 属が追加指定された．これにより，種苗登録されている上記の4品種を自己の農業経営で収穫し，それを種苗として用いることが制限されている．利用する場合は，利用許諾の申請が必要となる．

6.2.6 利用・加工

フラクトオリゴ糖の甘味はスクロースの約30％である．フラクトオリゴ糖を摂取すると，胃や小腸では消化されずに（難消化性）大腸に達するため，ビフィズス菌などの腸内細菌が増加し腸内菌叢を改善させる効果があり，また，食後の血糖値の急激な上昇を緩和する効果もある．さらに，比較的多く含まれる食物繊維とともに，腸の蠕動運動を活発化させて便通・便秘を改善させる効果（整腸作用）もある．

ヤーコンの塊根，特に皮層部にはクロロゲン酸などのポリフェノール類が多く含まれている．ポリフェノールには抗酸化作用があり，動脈硬化の予防に役立ち，さらに発がん予防の効果も期待されている．

収穫後フラクトオリゴ糖は急速に減少するため，フラクトオリゴ糖を利用する場合は，収穫後すぐに低温室等で保存する必要がある．また，加工時にはフラクトオリゴ糖含量の低下を防ぐために120℃を超えないようにすることが望ましい．一方，収穫後，塊根を日照下に数日置いておくと，スクロース等の糖含量が増加する．

ヤーコンを果物のように味わうときには，収穫後に追熟させた甘いもの，料理に使う場合には甘味の少ない収穫後すぐのもの，あるいは低温貯蔵したものがよい．ヤーコンの加工品には，きんぴらやサラダ，漬物（わさび漬，粕漬，味噌漬，梅酢漬など）のほか，ジュース，パン，麺類，菓子等がある．剥皮・

切断して切り口が空気にさらされると，ポリフェノール類が酸化して褐変するが，切断後にすぐに水または酢水にさらすか，加熱すると変色を抑制できる．少し皮を厚めにむくと褐変が少ない．

ヤーコンの茎葉の抽出物には，食後の血糖値の上昇を抑制する機能や脂質代謝を改善する作用があることが報告されている[6]．この機能性が注目され，ヤーコン葉のお茶が単独あるいはウーロン茶などとブレンドして販売されている．

〔中村　聡・後藤雄佐〕

引用文献

1) 浅見輝男ほか（1991）：日本土壌肥料学雑誌，**62**：621-627.
2) 藤野雅丈ほか（2008）：近畿中国四国農業研究センター研究報告，**7**：131-143.
3) Grau, A. and Rea, J.（1997）：*Andean Roots and Tubers : Ahipa, Arracacha, Maca Yacon*，(Hermann, M. and Heller, J. (eds.)), p. 199-242. Institute of Plant Genetics and Crop Plant Research.
4) Ohyama, T. *et al.*（1990）：*Soil Sci. Plant Nutr.*，**36**：167-171.
5) 杉浦　誠ほか（2007）：近畿中国四国農業研究センター研究報告，**6**：1-13.
6) 高　道宏ほか（1997）：和漢医薬学雑誌，**14**：352-353.
7) 月橋輝男・中西健夫（2004）：新特産シリーズ　ヤーコン，p.1-190，農文協．

6.3　キャッサバ

6.3.1　栽培地域と生産

熱帯・亜熱帯地域に広く栽培されるキャッサバ（*Manihot esculenta*）は，2012年のFAO統計によると，世界の主要食用作物の総収穫面積では第6位に位置する[5]．その収穫面積はジャガイモを超える2000万haにも達し，世界の約5～10億もの人々がキャッサバを日常の食料としている[1]．

世界における2012年度のキャッサバ総生産量は2億6913万tで，地域別ではアフリカでの生産が大きく，これにアジア，中南米が続いている（表6.2）[5]．生産国別では，西アフリカのナイジェリアを筆頭に，タイ，インドネシア，ブラジルが続く．熱帯の各地域では小規模に栽培され，その生産物の約70％が地域内で食料や家畜の餌として消費される．これ以外に，家畜飼料（キャッサバペレットとチップス）やデンプンなどの食品・工業原料を目的に約30％が生産されるが，こうした大規模栽培はアジア地域に集中している．

表 6.2 キャッサバ生産地域と主要生産国別の生産（2012 年）と輸出量（2011 年）[5]

地域/国	総生産量 (万 t)	収穫面積 (万 ha)	収量 (t/ha)	輸出量 (万 t)*
アフリカ	14,940	1,400	10.7	0.6
ナイジェリア	5,400	358	14.0	0.0
コンゴ民主共和国	1,600	220	7.3	0.0
ガーナ	1,454	87	16.7	0.0
アジア	8,897	423	21.0	653.7
タイ	2,985	136	21.9	373.5
インドネシア	2,418	113	21.4	10.5
ベトナム	975	55	17.7	268.0
中南米	3,050	257	11.9	12.4
ブラジル	2,304	169	13.6	微量
オセアニア	25	2	13.0	0.3
（世界合計）	26,913	2,082	12.9	668.2

＊：輸出量は，塊根を乾燥・加工したペレットとチップの取引量（キャッサバデンプンの輸出量はペレットとチップスの総輸出量に比べて少ないが，その 1 t はペレット 2 t として計算し加算）．

　世界のキャッサバ年間総生産量は，この 30 年間に倍増した．その第一の原因は，東南アジアにおいて 1970 年代半ばに開始されたキャッサバ家畜飼料の EU 諸国への輸出を目的とした栽培の急激な広がりである[2]．第二の原因は，西および中央アフリカ地域において 1990 年代に頻発した食糧難や飢饉によって，従来のヤム，トウモロコシ等から不良環境でも安定生産が可能なキャッサバの作付けに変わったこと，そしてこれに続く人口増加やキャッサバ価格の上昇により栽培面積が拡大したためである[6]．

　今世紀に入り，変わらず世界の総生産量は大きく上昇している．ベトナム，中国にも広がったアジア地域のキャッサバ生産は，家畜飼料とデンプン原料からバイオマス資源にも用途を広げて拡大が続いている．現在では，アジア諸国から輸出される約 70％の家畜飼料が中国への輸出に振り向けられている．一方，アフリカでは地域の市場や生活スタイルの変化から，伝統加工品のインスタント食品や食材がスーパーマーケットで販売されるようになり，今も増産につながっている[1]．

6.3.2 作物と生育特性

キャッサバは，トウダイグサ科（Euphorbiaceae）に属する南米アマゾンからブラジル中央部を原産とする多年生の低灌木である．キャッサバ属（*Manihot*）は染色体数36の異質倍数性を示し，同属には現在98種が確認されている[12]．複数種の自然交雑によって肥大した塊根を形成する栽培種が生じて，約5000年もの長期に栽培維持されてきた[6]．世界の主要生産地への伝播は緩やかで，16世紀にアフリカ西岸へ，さらにアジアへは18～19世紀になってから伝わっている．

キャッサバが南北の緯度30°以内の地域に広く伝播して栽培が広がったのは，デンプン作物としての高い生産性に加えて，他の食用作物が生育困難な乾燥や脊薄土壌，病虫害発生等の不良環境条件においても安定生産が可能なことによる．その良好な生育には年平均気温が25℃以上で，1500 mm以上の年降水量が必要である．

キャッサバは，挿苗の植え付け後10日には発根，萌芽し，葉身の展開と茎の伸長を開始する．3ヶ月を越えると，茎葉の旺盛な伸長と展開によって全乾物重の増大期を迎え，塊根の肥大も始まる（図6.9）[6, 11]．その後，180日ごろまでには分枝と葉群がさらに発達して，草丈と草冠（canopy）の形成は最大に達する．その結果，この時期の葉面積指数（LAI）は3～4.5にも達して，乾物生産速度（CGR）は最大値（17～23 g/m²日）を示す[3, 14, 15]．草冠形成が最大に達した180日前後から，CGRの最大期に遅れて塊根の最大肥大期とな

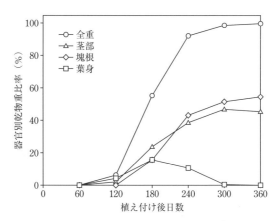

図6.9 生育に伴う器官別乾物重の推移[6]

る．塊根の乾物増加速度（root growth rate）は6〜10 g/m² 日を示し[3,15]．この時期には乾物生産の約半分が塊根へ移転される計算になる．その後の乾燥とともに，葉身展開の低下と落葉に伴う葉数の減少により生育は次第に停滞し，塊根の乾物率は最大（35〜40％）に達して収穫期を迎える．

　キャッサバは，比較的降雨量が多い湿潤熱帯から乾雨期が併存する熱帯・亜熱帯地域において広く栽培されるが，小規模な食用栽培とともに産業的な大規模栽培が展開されるのは，東南アジアなど後者の地域である．乾雨期があるこの地域では，葉群の形成と発達に合わせた作期や品種の選択，肥培管理が重要となる．表6.3では，タイの雨期と乾期に実測された葉身の生理形質を比較した結果である[15]．葉身の展開が多く落葉の少ない雨期には，乾期に比較して葉数は著しく多くなる．その結果，両期のLAIにも顕著な差異が生じる．一方，葉身の生理的機能も雨期と乾期では大きく異なる．個葉の光合成速度とこれに関連する蒸散速度と気孔伝導度を含めて，雨期の値が明らかに高い値を示している．乾期葉で窒素含量と気孔密度の値が大きいのは，乾期では葉身が著しく小型化して厚くなるためである．こうした葉身の生理形質からみると，乾期の乾物生産は著しく低下することが理解できるが，一方で水ストレスに対する敏感な反応がこの作物の高い耐干性を支える理由となっている．

　生育の進みとともに光合成産物は塊根に蓄積され，生育後期に乾期に遭遇すると塊根の乾物率は35〜40％にも達して，デンプン含有率は30％を超える．キャッサバの乾物生産の特徴は，子実作物と比較して旺盛な葉群の形成と長い維持とにより，長期に高い生産を継続することにある．収穫時における全乾物重に対する塊根の高い乾物比率（収穫指数，50〜60％）も，他の作物と比較し

表6.3　雨期と乾期における葉身の生理形質の比較[12]

特　性	雨　期	乾　期
葉面積指数（LAI）（m²/m²）	4.5	0.3
個葉面積（cm²）	331.0	75.2
窒素含量（mg/dm²）	16.7	17.9
クロロフィル含量（mg/dm²）	4.3	4.0
気孔密度（個/mm²）	566	661
蒸散速度（mg H_2O/m² s）	220	140
気孔伝導度（cm/s）	2.78	0.67
光合成速度（μmol CO_2/m² s）	20〜25	6〜10

光合成速度以外の特性は，両期とも20品種系統の平均値を示す．

て，収量およびエネルギー生産が最も高い作物である理由となっている[2,3,15]．

6.3.3 遺伝資源と育種

キャッサバ遺伝資源の収集・保存と育種プログラムは，1970年前後に南米と西アフリカに設置された2つの国際熱帯農業研究機関（CIAT，IITA）で開始された．現在，この両機関と45ヶ国を越える各国研究機関には，重複保存した遺伝資源を含めて合計約2万点が収集・保存されている[6]．その収集先には，南米を中心に，西および中央アフリカのほか東南アジアも含まれる．こうした遺伝資源のなかには，草丈や分枝性，塊根肥大の早晩生や形状，耐病性など，広範な遺伝的変異が保持されている．

キャッサバは，自家および他家受粉により種子を形成するが，育種材料を得るためには人工交配により近交配を最小限に抑え，近交弱勢を避けてヘテロ優位性を維持することが重要である．熱帯地域に共通した育種目標は，①高収量性，②高い塊根乾物・デンプン含量，③早期収穫性，④病害虫抵抗性や不良環境耐性，⑤低毒性があげられている．高収量性は重要であるが，キャッサバは他の畑作物と比較して不良環境（長期の乾期，脊薄土壌）において施肥量が極端に少ない条件で栽培されるために，これを考慮した選抜圃場の設置や選抜基準が必要となる[8]．また，キャッサバの草型を特徴づけるその分枝性は，収量性と収穫指数，さらに耕種管理や収穫の作業性とも強く関連するために，品種選抜の基準として重視される[6,15]．

ここでは，CIATの育種プログラムを例に，その南米コロンビア本部とタイを中心とするアジア各国での品種育成の取り組みを紹介する．CIAT本部では，1973年に遺伝資源からの一次選抜を交配親に雑種集団を作成して，さらに二次選抜の雑種集団へと順次繰り返し，10年を経て得られた優良雑種集団を育種材料として，タイ，インドネシア等へ配布することからプログラムを開始した[8,9]．この過程には，もちろん両国で収集した遺伝資源が交配親として利用されている．次いでCIATはアジア各国との共同育種プログラムに取り組むが，タイではこの優良雑種集団からの選抜と交配，さらに現地選抜を12年間繰り返し，50%以上の収量向上をもたらす貢献につながった（表6.2）．タイ育成の優良品種・系統は，ベトナム，中国の育種プログラムにも活用され，ここでも顕著な収量向上と面積拡大に結びつき，CIAT育種プログラムの国際

ネットワークの強化と拡大を示す結果となった[8,9,10]．

　CIATとアジア各国との共同育種プログラムは，全体で14年を経過して前述の地域に必要な育種目標の多くを達成した．現在，タイでは'Rayong 60'と'Rayong 90'，'Kasetsart 50'，インドネシアでは'Adira 4'，フィリピンでは'Golden Yellow'，'VC-5'が普及基幹品種で，遅れてプログラムを開始したベトナムでは'KM 60'と'KM 94'，中国では'SC 104'と'8002'など，各国で高収性や環境適応性を示すCIAT交配品種が面積を拡大している[7]．CIATは南米の育種プログラムをアジアへ展開し，一方のナイジェリアに本部を置くIITAは，西および中央アフリカ諸国を対象とする国際育種プログラムに貢献した[6,10]．

6.3.4　栽培と土壌管理

　キャッサバは，不良環境への耐性が高いだけでなく，①高度の生産技術が不要で生産費が安価なこと，②茎部を利用した繁殖が容易であること，③他作物との混作，間作や輪作が容易で，耕地利用に多様性があることなど，熱帯作物として有利な特性を備えている[2]．

a．植え付けと生育管理

　キャッサバの植え付けは，継続した降雨のある熱帯・亜熱帯地域では年間を通じて可能である．植え付け期は発芽率や塊根収量だけでなく，食用や家畜飼料用等の用途や労働の季節的分散を考慮して選択される．植え付け期と収量との関係は世界各地で検討され，収穫期までの生育期間（8〜16ヶ月）に，葉群が十分に発達可能な作期が選ばれてきた[2]．東南アジアなど5〜6ヶ月の乾期を伴う地域では，旺盛な葉群形成と草冠が維持される雨期の期間を長くする植え付け期（雨期始期と終期）が，高収量と結びつくことが確認されている[15]．

　植え付けには，茎部を切断した挿苗を用いる．10〜20ヶ月を経過した親株から70〜150cmの長さに採取した茎は，植え付けまで通風のよい木陰に保存される．挿苗は植え付け直前に，保存茎から木化して充実した部位をほぼ20cmの長さに切断して採苗するが，含水率や体積密度（比重）が高い挿苗ほど発芽率が高いことが報告されている[13]．

　挿苗の準備が終わると，整地した平坦圃場や畝立て圃場に垂直植え，斜植えや水平植えで植付ける．一般に垂直植えでは発芽が早く，高収となる結果が得

られているが，機械植え付けには水平植を適用して能率化が図られる．小規模な集約栽培に多い畝立て栽培では塊根の伸長と肥大を促すが，これ以上に湿潤な圃場では排水による湿害や根腐病を回避する効果が高い[6]．

植え付け後の生育管理は，そのほとんどが生育初期の除草作業である．植え付け後の萌芽から茎の伸長と分枝，葉身の展開が継続するが，地面を覆うほどに葉群が発達するのは3～4ヶ月後である．この間，鍬を使った数回の手除草が実施されるが，これを怠ると著しく収量が低下する．薬剤による除草効果は高いが，企業的大農場以外で使用されることはない．

b. 施肥と土壌管理

キャッサバは，他の主要作物と比較して脊薄土壌でもよく生育し，その養分吸収力が土壌劣化をもたらすために，「ハイエナ作物」と呼称されることがある[6]．しかし実際には，生産される乾物あたりの窒素（N）とリン酸（P）の吸収量は他作物と比べて明らかに少なく，カリ（K）では同等の吸収で，乾物あたりの吸収量が多い作物ではない．塊根生重が40 t/haにも達する高収量生産では，土地面積あたりN，P，Kの吸収量は他作物と同量となるが，世界の平均収量（13 t/ha）レベルではその吸収量は有意に少なく，キャッサバが養分収奪の大きい作物とはいえない．

もちろん，吸収量に応じて生育は促進され収量は増大する．特に脊薄土壌での施肥効果は高く，持続的な安定生産には適正な施肥管理は不可欠となる．タイで養分吸収量を調査した結果[6]によると，その平均収量（15 t/ha）のレベルで，収穫期までに吸収されるN，P，Kの総量は，それぞれ35 kg，5.8 kg，46 kg/haである．この吸収量に応じた施肥量として，それぞれ60 kg，10～20 kg，50 kg/haを植え付けと除草中耕期に二分した施用が奨励されている．

土壌管理では施肥技術に加えて，土壌浸食の防止技術が課題となる．表土流出は膨大で，表土に含むNの総流出量は同じ面積から収穫される塊根中のN総量の2倍にも相当する[6]．土壌の浸食防止と保全のための作付け体系技術として，マメ科作物等を組み入れた輪作と間作，等高線に沿った畝立てや浸食防止植物（live barriers）の植栽，少耕起（minimum tillage）など多くの技術が普及に移されている．キャッサバの間作には，一年生作物との間作（図6.10）から，果樹やゴムの樹園地で幼木が樹冠を形成するまでの数年の間にキャッサバを栽培する，農林複合（agro-forestry）に近い大規模な間作まで多様であ

図6.10 キャッサバとトウモロコシ，陸稲との間作
(インドネシア・スマトラ島) (岡撮影)

る．

c．主要病虫害と防除

東南アジアでは，これまでキャッサバの病虫害発生は比較的少なく，健苗や耐病性品種の利用以外の防除対策はとられてこなかった．しかしながら，2009年から2010年にかけて東南アジア最大の生産国，タイでは吸汁害虫キャッサバコナカイガラムシ (Cassava pink mealybug) が大発生して，被害が甚大ないくつかの地域では減収率が80％にも達し，国内総生産でも約30％の減収被害を招いた[16]．カンボジア，ベトナムなど近隣の生産国へもカイガラムシの被害は拡大しているが，寄生バチ Anagyrus lopezi の導入による生物的防除技術の有効性が確認されている．

一方，アフリカ，南米では病虫害被害は大きな課題である．主要病害として，ウイルス病では Cassava mosaic disease (CMD)，Leaf vein mosaic diseases，細菌病には Cassava bacterial blight (CBB)，Cassava bacterial leaf spot があげられる．CBB は南米・アフリカに多発し，アジア地域にも発生がみられる．また，CMD はアフリカの最重要病害で新葉への被害が著しく，80％もの減収となる[6]．アジアではインド以外での発生の確認はなく，発生地域からの東南アジアや中国への種苗導入には特段の注意を要する．虫害には世界で200種もの害虫があるが，これもアフリカ，南米に発生が多い[6]．アジアにも共通する虫害として，キャッサバコナカイガラムシ以外には，ダニ類 (Spider mite など) が発生して新葉を加害するものがある．最近，CMD を媒介する Whitefly (Bemisia tabaci, コナジラミ) がタイで確認され，またベトナムを中心に

ファイトプラズマによる被害が東南アジアで広がりをみせている．

6.3.5 ポストハーベストと加工・利用，新たな利用技術

　キャッサバに特異的なことは，青酸を含むことと収穫直後から塊根が変質腐敗することである．前者は細胞内に含まれるシアン化配糖体が，細胞の機械的破壊によって酵素による加水分解を受けて青酸を生成する．後者は，収穫1日後には皮層の周縁部に生理的ネクロシスが生じ，1週間後には微生物による軟腐と発酵が起こる．こうした特性があるために，塊根搾液の除去，熱や発酵，乾燥処理により青酸含量を下げる多くの伝統的な加工法や保存法が開発されてきた[6]．青酸含量は品種によって大きな差異がある．青酸含量が生いも1kgあたり100mg以下を甘味種，これ以上を苦味種と，便宜的に区分している．甘味種は調理や地域市場への出荷に向けられるが，苦味種は食品加工や家畜飼料，工業原料用に生産される．

　苦味種の代表的な加工保存食として，アマゾンに古くから知られるファリーニアがある．発酵から圧搾，加熱乾燥の加工処理によってできあがるパン粉に似たファリーニアは，青酸含量が安全な値に低下するだけでなく，長期に保存が可能な日常食品としてアマゾン地域やブラジル全土で広く利用される．西アフリカにこれとほぼ同じ加工食品が伝えられ，現地ではガリと呼ばれている[6]．その他の保存食として，乾燥チップスやこれを粉にしたミール，デンプンから加工する小円粒のタピオカパールなど，多くの食品に加工利用される．またデンプンは糊料として製紙や繊維工業，アルコール，グルコースなどは多様な発酵化学工業の原料となる[6]．

　近年利用が増大する家畜飼料についてはすでに述べたが，今後の新たな利用技術として化石燃料の枯渇や高騰への懸念と地域資源の活用から，サトウキビ・トウモロコシと並んで，キャッサバを利用したバイオ燃料の生産が注目されている．タイおよび中国南部の広西チワン族自治区では，地域のキャッサバ生産の利点を生かしたエタノール試験プラントを設置して，バイオ燃料の可能性への取り組みを始めている[4,17]．

　キャッサバは，熱帯・亜熱帯の多様な環境で安定した収量を得られ，生産者の目的に応じて多様な栽培や利用が可能であることが，重要作物とされる理由である．世界の平均収量は13t/ha，アジアでは21t/haにまで達している．現

在の優良品種と技術開発レベルで20～30 t/haの収量を得ることは十分に可能で，さらに今後の収量向上の可能性は高い[2,15]．一方で，土壌の適正管理や深刻な病虫害対策など，長期の安定生産に必要な課題が残されている．こうした課題を克服する方策をたてて生産向上を図るのであれば，キャッサバは食料からバイオ燃料まで世界に不可欠な資源作物になるであろう．　　〔岡　三徳〕

引用文献

1) Caccamisi, D. S. (2010)：*Hortic. Sci. Focus*, **50**：15-18.
2) Cock, J. H. (1985)：*Cassava*. p. 1-191, Westview Press.
3) Cock, J. H. *et al.* (1979)：*Crop Sci.*, **19**：271-279.
4) Dai, D. D. *et al.* (2006)：*Energy. Convers. Manage.*, **47**：1686-1699.
5) FAO (2012)：FAOSTAT〔http://faostat.fao.org/〕
6) Hillocks, R. J. *et al.* (eds.) (2001)：*Cassava Biology, Production and Utilization*, p. 1-343, CAB Publishing.
7) Howler, R. H. *et al.* (eds.) (2000)：*Cassava's Potential in Asia in the 21st Century*, p. 1-666, CIAT.
8) 河野和男 (1997)：熱帯農業概論，p. 354-388, 築地書館.
9) Kawano, K. (1998)：*Crop Sci.*, **38**：325-332.
10) Kawano, K. (2003)：*Crop Sci.*, **43**：1325-1335.
11) Lorenzi, J. O. (1978)：*Escola Superior de Agricultura Luiz de Queiroz*, p. 1-92, Piracicaba.
12) Nassar, N. M. A. (2002)：*Genet. Mol. Res.*, **1**：298-305.
13) Oka, M. *et al.* (1987)：*JARQ*, **21**：70-75.
14) Oka, M. et al. (1989)：*Jpn. J. Crop Sci.*, **31**：172-178.
15) 岡　三徳 (1992)：熱帯農研集報，**71**：63-88.
16) Parsa, S., Kondo, T. and Winotai, A. (2012)：*PLOS ONE*, **7**：1-11.
17) Sriroth, K. (2010)：*Fuel*, **89**：1333-1338.

6.4　食 用 カ ン ナ

6.4.1　食用カンナとは

　食用カンナは，熱帯・亜熱帯各地でごく小規模に栽培されているショウガ目（Zingiberales），カンナ科（Cannaceae；ダンドク属［カンナ属］のみからなる）の有用植物で，南米のアンデス地域で最初に栽培化された植物の1つとされるが，改良の手はほとんど加わっていない[10]．分類学的にもあいまいさを有し，Khoshoo & Mukherjee[7]は *Canna* 属を5種の基本種からなるとしているが，Maas-van de Kamer & Maas[9]は10種に分類している．「食用カンナ」と

して栽培される植物は *Canna edulis* とされるが，*C. indica* とよく似ており，別種である[17]．同物異名である[14]，*C. indica* の3倍体である[11]など，さまざまな報告がある．また，ベトナムから東南アジア諸国にかけて栽培される食用カンナは3倍体で変異の幅も広くなく，RAPD分析ではコロンビア産の3倍体栽培種に近いという[2]が，それは *C. edulis* ではなく *C. discolor* であるとする研究者もいる[16]．さらに，2倍体（2n＝18）と3倍体があり，後者には同質倍数体[5,7]と部分異質倍数体[7]がある．発展中の分子分類学的手法などにより，これらが整理されることを期待する．

　食用カンナは貯蔵器官である根茎（いも）から次々と大きな茎葉を伸ばし，緑色系統はやや小振りのバナナと見紛うことがある（図6.11）．根茎はそのまま焼いたり煮たりして食べられてきたが，デンプンを抽出して麺類，ビスケット，ケーキ，離乳食などにも利用される（図6.12）[2,8,10]．気温が9℃以上あれば生育は進み，短期間なら0℃の低温にも耐えられるという[10]が，日本では暖

図6.11　食用カンナの草姿（左）と花序（右）

図6.12　根茎に含まれるデンプンで作った麺

地を除いて経済栽培は困難と思われる．

6.4.2 形態的特徴
a. 葉・茎・花

草高は約 3 m に達し，茎には大型（長さ 50〜70 cm，幅 25〜30 cm）で楕円形に近い葉を関東地方では 20〜22 葉つけるが，熱帯に向かうと葉数は少なくなる．葉は大きく厚く，向軸および背軸面の表皮細胞直下に 1 層の大きな貯水細胞があり，サバンナ気候への適応と推測される．実際，圃場容水量の 10％程度の土壌水分状態でも貯水細胞が萎縮して耐え，比較的耐乾性が強い[3]．また，柵状組織細胞（2 層）と海綿状組織細胞を有し，中肋の下皮組織には長軸方向に対して斜めに長い斜細胞があり，維管束鞘細胞は十分には発達していない（図 6.13）[17]．葉の向軸，背軸面の気孔密度（/mm^2）は，それぞれ 20〜30，50〜100 である（図 6.14）[3]．植物体が赤紫色の系統には，表皮細胞の液胞に

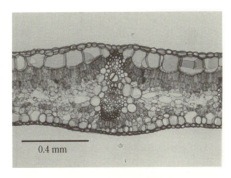

図 6.13 葉身の横断面

図 6.14 葉身の表皮細胞（左下は孔辺細胞・副細胞を拡大したもの）

アントシアンが局在する[17]．茎は地下の根茎から生じ，ショウガやバナナと同様に地上部での分枝はしない．生育の初期は短いが，中期には高温・多照下で急激に伸びる．また，1株に10～20本の茎を生ずる[3]．茎の頂端に複合花序を形成し（図6.11），花は主として朱色だが，黄色もある．*Canna* 属植物の花成には日長感応性がないとされる[12]が，著者らは，量的短日植物と考えている（今井ら，未発表）．

b．根・根茎

地下部は茎基部または根茎から発生する不定根（ひげ根）と根茎とからなる（図6.15）が，不定根発育の規則性は認められない．根茎の中心柱には明瞭な節構造がなく，節と中心柱の維管束との密接な接続もない．個体あたり1000本に達する不定根は，根茎の節付近から2本一組となって発生する．根茎の長軸に対して節の基部側および先端側から生ずる根は，それぞれ垂直根（地下深く伸長），水平根（浅く広がる）となる傾向があり，根系は生育初期の塊状から，中期以降のキノコ状へと変わる[3]．1つの根茎は12節を有して最大5次までの栄養体（茎葉または根茎）を形成し[10]，1株には20～35個の根茎をつける[3]．根茎上に形成された側芽は茎葉を展開して発育を続けるが，生育後期に気温が低下するか土壌が乾燥すると，新たに形成された側芽は肥大して貯蔵根茎となる[3]．

図6.15 収穫した1株（植え付け後約7ヶ月）

6.4.3 光合成と物質生産

a．光合成

純光合成速度（P_n）は葉の完全展開後3日目で最大値に達し，その後徐々に

低下する．P_n は約 1500 μmol/m²・秒の光合成有効光量子束密度（PPFD）でほぼ光飽和し，最大値は 19 μmol CO_2/m²・秒．適温は 28℃，CO_2 補償点は 50 μmol/mol 程度であるので，この植物は温暖気候に適応し，中庸な光合成能力を有する陽生の C_3 植物である[3]．圃場では，生育中期以降（LAI が 7 以上）は上位 4 葉の光合成が乾物生産に大きく寄与する[3]．

b． 個体群構造と乾物生産

茨城県での栽培試験（4 月下旬～11 月中旬，畝間 100 cm×株間 50 cm）では，生育初期の低温で成長速度は低いが，7 月中～下旬からの高温・多照下で成長が促進され，9 月中旬までに草高 2.7～2.8 m，LAI は 10 を超え（最大 11.5～12.7），その後 10 以上の値が 2 ヶ月も維持された．吸光係数（k）は生育初期に 1.34，中期は 0.42～0.44，後期でも 0.48～0.55 であった．すなわち，低 LAI 下では水平葉を展開して光受面積を大きくし，生育が進むにつれ上位葉の傾斜角を小さくして個体群下方にまで光を透過させる構造となり，茎の発生と葉の方位角も合理的な配置となる．しかし，強風や集中豪雨により倒伏する弱点があり，大きな克服課題である[3]．根茎への乾物蓄積は 8 月中旬から始まり，降霜のため葉群が枯れ上がる 11 月中旬まで継続し，1 株あたり乾物重，根茎乾物重は，それぞれ 2578～3968 g/m²，954～1644 g/m² となったが，収穫指数は 0.37～0.43 と，キャッサバ（0.5～0.7），サツマイモ（0.6～0.7），ジャガイモ（0.65～0.8）に比べ，かなり低かった．一方，作期を通じた平均個体群成長速度（CGR）は 12.7～19.3 g/m²・日であったが，9 月中旬から 10 月上旬にかけては 35.3～43.6 g/m²・日と，他の生産力の高い作物で得られた値（ジャガイモ：23 g/m²・日，テンサイ：31 g/m²・日，ネピアグラス：39 g/m²・日，トウモロコシ：29～52 g/m²・日）と同等かそれ以上であった[3]．高知県では著者らと類似の値（1 株当たり乾物重：3369～3597 g/m²，CGR：17.1～18.9 g/m²・日，LAI：9.6～15.2）[18] が，タイでは低い乾物重（1800～2580 g/m²）だが，高い収穫指数（0.5～0.64）が得られている[3]．エクアドルではアンデス各地の 26 系統が栽培され，年間 800～5400（平均 2400）g/m² の乾物重と 0.35～0.74（平均 0.56）の収穫指数であった[3]．台湾では，長期間で高い生根茎収量（333 日間で 76.5 t/ha，454 日間で 52.7 t/ha）が得られたが，収穫が遅れるほどデンプン含有率は低下した[3]．

c．養分吸収

食用カンナは高い乾物生産力を有するので,多量の無機養分吸収を伴い,窒素吸収も 1 m^2 当たり 20 g を超える.したがって,肥培管理を適切に行わないと,キャッサバ同様「土地を荒らす作物」になりかねない.また,茎のカリウム含有率（6～14％）も,他のイモ類での高い値（バレイショ 17.6％,サツマイモ 6.0％,タロイモ 3.3％,キャッサバ 3.3％）に匹敵する[3].

d．デンプン蓄積

茨城県での食用カンナのデンプン生産量は,6.5 ヶ月で 400 g/m^2（乾物あたり含有率 40％）であったが[3],タイ[3]では 414～489 g/m^2,高知県[18]で 574～681 g/m^2,種子島[3] で 700～900 g/m^2 が得られている.また,高デンプン含有率（75～80％）の報告もある[3].デンプンは単粒で,平均サイズは 33（短径）～145（長径）μm と,バレイショ（30～40 μm）,サツマイモ（18～20 μm）,キャッサバ（5～40 μm）,ヤムイモ（10～40 μm）に比べて大型である[3].なお,生根茎からのデンプン収率は,9.0～14.5％である[2,3].

d．栽培上の留意点

栽植密度の適値は,60 cm×50～60 cm ないし 100 cm×50 cm[3] とされる.また,腐植を多く含む膨潤な壌土を好み,降雨や灌漑による過剰の水分にもよく耐えるが,排水不良土壌では生育が抑制される[3].土壌酸性に対する適応の幅は,pH4.5～8.9 と広い[10].病虫害では,サビ菌に罹病し,バッタ類,ヒメコガネおよびネキリムシ類の食害を受ける[3].

6.4.4 繁　　殖

アジアに分布する食用カンナは 3 倍体[6]なので,根茎を適当な大きさに切って繁殖に使う.種いもの大きさ（生重）は,200 g 程度がよい[3].生産力の高い個体を得るための in vitro 増殖に関する研究[13]もあるが,アンデス地域には 2 倍体もあるので,高い収量をもつ植物を交雑,倍加などで新規に育成することも可能である[5].

6.4.5 用　　途

a．直接的食用利用

食用カンナは家庭消費用植物として,古代から現在まで利用が続けられてお

り，根茎を直接煮たり焼いたりしても十分に食用となるが，調理して料理の一品として消費したり，ケーキの材料にもする[8, 10]．

b．デンプンの物性と利用

根茎発育期間中にはデンプンの糊化特性，熱的物性，結晶構造および含有成分はほとんど変化せず，イモ類に典型的な B 型の X 線回折像を示し，透明な麺を製造するうえで良好な材料である．アミロース含有率は，13.8〜39.4％とかなり幅がある．キャッサバデンプンに代替でき，調理中の安定性も高いので，食品産業への用途が広がるだろう[3]．

c．家畜飼料への利用

アジアや南米の一部地域では，茎葉部を直接ウシやブタの飼料とする[3, 10]．茎葉部は水分含量が高いので，サイレージとするには何らかの前処理が必要だが，黄熟期の飼料用トウモロコシサイレージに比べて遜色がない[6]．生根茎の場合，煮沸すると消化率が上がる[3]．

d．薬学的・食品化学的利用

南米ではカンナ属植物が民間治療薬とされ，葉は潰瘍やリウマチの治癒，利尿および流産防止，茎は病気からの快復や向精神薬，根茎は湿布，利尿および鎮痛薬となる[12]．茎切断面から分泌される粘液も，乳化剤となる[15]．根茎からはフェニルプロパノイドとそのスクロースエステルが単離され，医薬や食品添加物としての広範な利用可能性を示唆している[19]．

6.4.6 おわりに

食用カンナは調査・研究が不十分な「未開発植物」で，改良の余地が大きい．また，上記以外にも繊維やパルプの資源となるし[3]，バイオ燃料生産としての検討価値もあろう．たとえば発酵により 1 kg の生根茎から 110〜120 mL のエタノール（75％）が得られ[1]，1 ha あたり少なくとも 9.9 kL（1 kg の生根茎から約 100 mL に相当）の純アルコールが得られるという[4]．さらに，デンプンにマイクロ波処理をすると結晶性が高まり酵素分解を受けにくくなるので，糖尿病患者や肥満者に対する利便性が高まる[20]など，多面的利用が可能である．

〔今井　勝〕

引用文献

1) Dewi, K. (2009) : *Comp. Biochem. Physiol. Part A*, **153** : S215.
2) Hermann, M., et al. (1999) : *CIP Program Report 1997-98*, p. 415-424, Centro Internacional de Papa.
3) Imai, K. (2008) : *Jpn. J. Plant Sci.*, **2** : 46-53.
4) 稲福(寺本)さゆりほか (2009) : 熱帯農業研究, **2** (別1) : 21-22.
5) 伊敷弘俊ほか (1997) : 熱帯農業, **41** (別2) : 3-4.
6) Jun, H., et al. (2006) : *Plant Prod. Sci.*, **9** : 408-414.
7) Khooshoo, T. N. and Mukherjee, I. (1970) : *Theor. Appl. Genetics*, **40** : 204-217.
8) Lai, K. L., et al. (1980) : *J. Agric. Assoc. China, New Ser.*, **111** : 1-13.
9) Maas-van de Kamer, H. and Maas, P. J. M. (2008) : *Blumea*, **53** : 247-318.
10) National Research Council (1989) : *Lost Crops in Incas : Little-Known Plants of the Andes with Promise for Worldwide Cultivation*, p. 27-37, Natl. Acad. Press.
11) プリンス, L. M.・クレス, W. J. (1997) : 朝日百科 植物の世界10 (朝日新聞社編), p. 168-169, 朝日新聞社.
12) Roth, I. and Lindorf, H. (2002) : *South American Medicinal Plants : Botany, Remedial Properties and General Use*, p. 162-166, Springer.
13) Sakai, T. and Imai, K. (2007) : *Environ. Control Biol.*, **45** : 155-163.
14) Segeren, W. and Maas, P. J. M. (1971) : *Acta Bot. Neerl.*, **20** : 663-680.
15) Strittmatter, D. A. (1955) : *J. Am. Pharmaceut. Assoc.*, **44** : 411-414.
16) Tanaka, N. (2004) : *Econ. Bot.*, **58** : 112-114.
17) Tomlinson, P. B. (1969) : *Anatomy of the Monocotyledons* (Vol. III), p. 365-373, Clarendon Press.
18) 山本由徳ほか (2007) : 熱帯農業, **51** (Extra 1) : 95-96.
19) Yun, Y. S., et al. (2004) : *Phytochemistry*, **65** : 2167-2171.
20) Zhang, J., et al. (2009) : *J. Sci. Food Agric.*, **89** : 653-664.

6.5 マメ科イモ類

6.5.1 マメ科イモ類とは

マメ科植物は，子実，すなわち豆を食用や油などの原料として利用し，また，若莢や若葉を野菜として利用するのが一般的である．しかし，根や地下茎が肥大し，その塊根や塊茎を食用に利用する種も比較的多い．このようなイモ類の多くは，それぞれの種が，限定されたさほど広くない範囲で栽培され，その地域固有の食料として利用されている．その一方で，いもに有毒物質を含む場合や，類似した有毒種もあるので，食用とする場合には注意が必要である．

6.5.2 アピオス（アメリカホドイモ）

アピオス（*Apios americana*）は北アメリカ原産で，米国東部に広く分布する．米国では groundnut や potato bean，Indian potato と呼ばれ，原住民により古くから保護され，利用されていた．また，初期の移民たちの貴重な食糧にもなった．日本には明治初期に観賞用植物として持ち込まれたが広まらなかった．一方で，青森県から岩手県の太平洋沿岸地域では家庭菜園規模で栽培されていたことがあり，昭和初期にはすでに栽培されていたようではあるが，伝播の経路はわかっていない．

茎はつる性で，葉は5または7枚の小葉からなる奇数羽状複葉である．9または11枚の小葉が着く場合もある[3]．夏に葉腋から伸びた花序に，花冠の長さ1cm ほどの蝶形花を10〜15個つける（図6.16左）．莢は線形で中に数〜10粒ほどの種子（豆：図6.16右）が入るが，通常，日本の栽培では莢を付けない．地下茎が肥大して，直径2〜4cm，長さ3〜6cm の紡錘型のいも（塊茎）となる．年数を重ねて肥大したいもは直径7〜8cm になり，球状の崩れた形となる．

図6.16 アピオスの花（左）と種子（右）
右写真中のバーの長さは1cm を示す．

いもの先には数個の芽があり，そのうちの1個が伸長して地上に伸び出す．日本では，5〜6月に芽が出る．一方，いもの先にある他の芽からは地下茎が伸び出す（図6.17）．地下茎は，先端がフック状に折れ，節に鱗片葉がつく[5]．

地上茎はつるとなって，次々に葉を展開し，分枝する．仙台での栽培を例にとると[3]，植え付け後1ヶ月で出芽し，植え付け後44日目には茎が16cmと

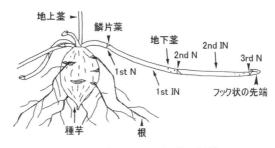

図 6.17 種いもからの地下茎の伸長[5]
N：節，1st N：第1節，2nd N：第2節，3rd N：第3節，IN：節間，1st IN：第1節間，2nd IN：第2節間．

なり，最初の葉が完全に展開した．植え付け後98日目には，主茎は長さ1.5 m，19枚の葉をもち，分枝は1次と2次を合わせて23本となり，その長さの合計は2 mに達した．また，植え付け後120日目には主茎の長さ2.4 m，全分枝の長さの合計は5.3 mであった．

地下茎では，基部の節間から先端の節間に向けて肥大が始まる．たとえば，上記の栽培において[5]，初期に肥大する第2節間においても，植え付け後6週目では，まだ肥大がみられない（図6.18）．8週後くらいから膨らみ始め，12週目くらいまでに膨らみが節間の基部方向に拡大する．その後，膨らんだ範囲の中央部を中心に肥大が進み，19週目には直径9 mmほどのいもとなる．地下茎の腋芽が伸びて分枝することもあるが，それぞれの分枝でも同様に節間が肥大していもが形成される（図6.19）．

この，いもの肥大過程を第3節間を例にとって模式図化して示したのが図

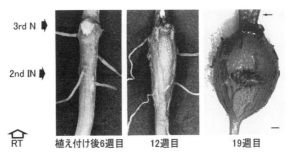

図 6.18 地下茎の第2節間での肥大[5]
写真は同倍率．右写真右下の黒棒は1 mm．右写真中の矢印は地下茎の分枝を示す．RT：地下茎の先端方向．

6.5 マメ科イモ類

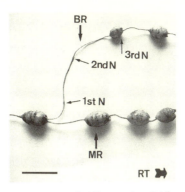

図 6.19 地下茎分枝でのいもの形成[5]
MR：地下茎主茎，BR：地下茎分枝．左下のバーは5cmを示す．

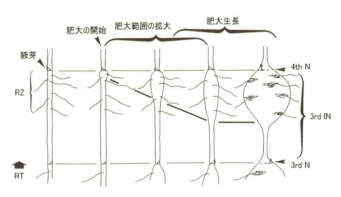

図 6.20 いもの肥大過程[5]
地下茎の第3節間の肥大を示す．RZ：根の生える範囲．

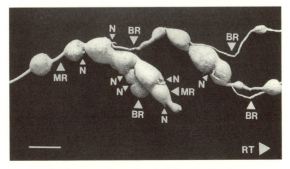

図 6.21 肥大が進んだ場合の例[5]
記号等は図6.19と同じ．左下のバーは5cmを示す．

6.20である[5]．まず，第4節のすぐ基部側の節間が膨らみ，その膨らみが基部に向かって拡大する．通常，膨らむのは根の生えている範囲で，膨らむ範囲の拡大が終わりに近づく頃から，膨らみの部分において，さらなる肥大生長が始まり，いもが形成される．第3節間では根の生えている範囲は節間の先端側20～50％で，その部分が肥大したが，節間によっては，全体が肥大することもある（図6.21）．

春から初夏に種いもを植え付け，つるが伸び出してきたら支柱を立てるかネットを張る．途中，培土を兼ねて畝間を中耕すると，地下茎が切れていもが株下に集中し，収穫しやすい．いもは地中で越冬できる．

なお，日本に野生するホドイモ A. fortunei はつる性の多年草で，東アジアに分布する．葉は3～5小葉からなる奇数羽状複葉．紡錘形のいも（塊根[4]）を形成する．古くから食用とされている．また，同属の A. priceana は，単独の大きないもを形成する[1]．

6.5.3 クズイモ

クズイモ（*Pachyrhizus erosus*）はヤムビーン yam bean とも呼ばれ，メキシコから中央アジアにかけての原産で，現地では古くから栽培されていた．現在もメキシコでは広く栽培され，米国市場へも出荷されている[9]．東南アジアにはスペイン人によってフィリピン経由で伝わり，現在ではインドから中国に至る広範囲で栽培，利用されている．日本では1985年に生産が試みられ[6]，沖縄県などで栽培されているが生産量はわずかである．

地下子葉型（hypogeal）[6]，茎はつる性で，長さ2～6 m になる．葉は3枚の小葉からなる複葉．花序では，多数の蝶形花が基部から順に咲き，同時に花柄が伸びて5 cm からときには55 cm を超す長さとなる．花は1～2.5 cm で紫または青紫か白色（図6.22左）．莢は長さ7～14 cm で扁平．通常，1莢に4～10粒ほどの種子（豆）が稔る（図6.22右）．根の基部が肥大し塊根を形成する．形はカブ状で（図6.23），大きいものでは直径30 cm，長さ25 cm を超す場合がある．栽培では通常1個の塊根が肥大するが，分枝根が肥大し奇形となったり（図6.24），野生化したものでは細長い塊根を多数付ける場合もある．塊根の表面は淡黄色～濃褐色で，内部は白色．

栽培は種子繁殖で行われる．マレーシアのサラワク州では1年中，いつでも

図 6.22　クズイモの花（左）と未熟な莢（中），種子（右）
花は開花初期のもの．栽培ではこの時期に花序を摘み取る．種子
写真中のバーは 1 cm を示す．

図 6.23　掘り取ったばかりのクズイモ
図鑑などでは左側のカブ状が多く示されているが，サラワクでは右のような扁平な形状の方が良質とされる（直径約 20 cm）．

図 6.24　分枝根も肥大した状態のクズイモ塊根
商品価値はほとんどない．

播種できるが，タイやメキシコでは地域による季節性がある[10]．水はけのよい土地を好み，通常，高畝とする．サラワク州では，畝幅約 1 m とし，そこに条間 40 cm の 2 条で，株間 40 cm に千鳥植えする（図 6.25）．畝中心でみた畝間は 190 cm である．メキシコでは同様だが畝幅 75 cm，2 条植えの条間 25 cm，株間 15〜20 cm と，サラワク州より高密度で栽培される[10, 11]．出荷するイモの形状や大きさとの関係も考えられる．

　出芽 2〜3 ヶ月後で開花する．サラワク州では主茎は本葉 4 枚程度を残して切除する．分枝も，丈夫なもの数本だけとし，つる状になる先端部分は切除する．また，花序は適時摘み取る．

図 6.25 クズイモ栽培の畑
播種後約 3 ヶ月. 開花初期. 花序や伸び出るつるを摘み取る.

塊根の肥大は出芽 7 週後くらいに開始し, 開花期間中も肥大を続け, 出芽 20 週後くらいに肥大は最大となる[10]. 収穫適期となるのは, 栽培条件にもよるが, おおよそ出芽して 5〜7 ヶ月後である.

収量は, 栽培条件や気候, 土地などによって大きな差があるが 1 ha あたりで 100 t を超すこともある. 塊根は温度 12.5〜17.5℃, 湿度 65〜75% で 1〜2 ヶ月貯蔵できる. 貯蔵期間中に, デンプン含量が減り, 糖度が高くなる[10].

5〜8 ヶ月栽培した塊根の成分は, 水分 80〜90%, 炭水化物 10〜17%, 繊維 0.5〜1.0%, タンパク質 1.0〜2.5%, 脂質 0.2%, 灰分 0.5〜1.0% である[10]. 根菜的な利用が中心で, おもに若い塊根を生食用とする. 日本ナシのような食感とほのかな甘みがある. 地域によっては軽く揚げるなどの調理をして食べることもある. また, 成熟した塊根は乾物で 80% のデンプンを含む.

若い莢も野菜として利用する. 熟した豆は 30% の油脂を含み, 綿実油同様に利用できるが, 豆はロテノンなどを含み有毒で, すりつぶして殺虫剤に, また, 魚を捕るときの毒として利用する.

塊根を食用とする *Pachyrhizus* 属作物を, 英語では yam bean, スペイン語では jicama と呼ぶ. 種を区別する場合, クズイモ *P. erosus* は Mexican yam bean と呼ぶ. 近縁種の *P. tuberosus* は Amazonian yam bean と呼び, アマゾン川上流地域の原産である. potato bean とも呼ばれ, 塊根をクズイモ同様に根菜として利用する. 同種の Chuin type は, ペルーのウカヤリ川(アマゾン川の上支流)流域起源で, デンプン粉を生産する[11]. *P. ahipa* は Andean yam bean と

呼び，塊茎が紡錘形で小さく，ボリビアやアルゼンチンで食用にされる．

6.5.4 いもを利用するその他のマメ科植物

アピオスとクズイモ以外で食用に利用されているマメ科イモ類には以下のようなものが知られている[1,2,4,7,8]．主に引用文献[1,2,4,7]を参考にし，塊根か塊茎か明白でない種については，単にいもと記述した．

a. *Alylosia reticulata*

いもをオーストラリアの原住民が食用にした．オーストラリア北東部では，地面を被覆する植物として有用と考えられている．

b. *Eriosema* 属

Eriosema chinense はインドネシアやフィリピンでは katil と呼ばれ，中国名は猪仔笠という．インドから中国にいたる東南アジアとオーストラリア北部に分布し，東南アジアで栽培される．茎は直立してまばらに分枝し，赤茶色の長毛が密生する．草丈は1m程度．葉は単小葉で互生．いもは長楕円形．乾物重あたりで30％ほどのデンプンを含んでいて，食用とする．*Eriosema* 属では，この種のほかに *E. cordifolium*[8] や *E. psoraleoides* など，数種[1]のいもが食用にされている．

c. *Hedysarum alpinum*

Hedysarum 属（イワオウギ属）は70〜100種の大きな属で，深根性で奇数羽状複葉を呈する．*H. alpinum* はロシア北部と北米に分布し，アラスカの原住民がいもを食用とする．根が50cmほどの長さでニンジンのように肥大していもとなる．いもは生食も可能である．近縁の *H. mackenzii* のいもは有毒の可能性がある．

d. *Lathyrus* 属（レンリソウ属）

Lathyrus 属は約130種で，広く温帯に分布する．スイートピーやハマエンドウが属し，*Vicia* 属に近い属である．葉は偶数羽状複葉．*L. montanus*（*L. linifolius*, bitter vetch）はデンプンを多く含むいもをもつ．このいもは，ヨーロッパの一部地域ではジャガイモの代用などとして食用とし，また，アルコール飲料の原料とする．他に *L. tuberosus*（キュウコンエンドウ）など数種のいもを食用などに利用している．

e. *Macrotyloma uniflorum*

horse gramと呼ばれる．いもをオーストラリアの原住民が食用にした．インドでは，poor man's pulseと呼ばれ，豆を揚げたり粉に挽いて食用とする．

f. *Moghania*属（＝*Flemingia*属）

M. procumbens（＝*M. vestita*）はインドから中国の南部までの東南アジアに分布し，インド北東部のアッサム地方でも栽培されている．高さ1mほどで半ば低木状になる．葉は3小葉からなる．いもは3～5cmの紡錘形．デンプンが多く食用とされ，生食も可能とされる．インドでは7ヶ月の栽培期間で10t/haのいもが収穫できる．*Moghania*属では，ほかに*M. tuberosa*や*M. rhodocarpa*など数種のいもが食用にできる．

g. *Neocracca heterantha*

1属1種．アルゼンチンからボリビアにかけてのアンデスの乾燥地帯に分布する．葉は小葉数1～7の奇数羽状複葉．肥大した直根を食用とする．利用での分類は根菜となる．

h. *Pediomelum*属

*Pediomelum*属は北アメリカに分布し，葉は3～7枚の小葉をもつ奇数羽状複葉である．*Pediomelum esculentum*はアメリカのグレートプレーンに自生し，prairie turnipやIndian potatoと呼ばれ，*Pediomelum hypogaeum*はbreadrootと呼ばれる．両種ともデンプン質のいもを食用とするが，北アメリカでいもを食べる植物としては以下 **k.** に述べる*Psoralea esculenta*の方が広く知られている．

i. *Phaseolus*属（インゲン属）

*Phaseolus*属では変異が大きく，50～100種と考えられ，葉は3小葉からなる．*P. adenanthus*や*P. diversifolius*，*P. heterophyllus*，*P. retusus*などのほか数種のいもを食用にする．*P. coccineus*（ベニバナインゲン）は日本では一年生の作物として扱われるが，本来多年生植物で，原産地の中央アメリカ高地ではいもも食用とする．

j. *Psophocarpus tetragonolobus*（シカクマメ）

アフリカやアジアの熱帯に分布する．Goa beanやasparagus pea, four-angled beanなどと呼ばれ，若い莢を野菜として利用するためにインドから東南アジアにかけて広く栽培されている．1年以上生育すると根が肥大し，デン

プン質で食用となる．

k． *Psoralea* 属（オランダビユ属）

P. esculenta はカナダ南部から米国に分布する．茎は直立して 50 cm ほどで，5 枚の小葉からなる掌状複葉をもつ．イモは 450 g ほどになり，7 % を超すタンパク質を含有する．Indian breadroot と呼ばれ，北アメリカ原住民の重要な食料だった．いもを天日干ししたものは，長期間の保存に耐え，粉にしてパンを焼く．*P. hypogaea* (little scurfpea, little breadfruit) のイモはネブラスカ州からテキサス州において，開拓者たちが食用とした．また，*P. castorea* や *P. mephitica* のデンプン質のイモは，ユタ州やアリゾナ州の原住民により食用とされていた．

l． *Pueraria* 属（クズ属）

Pueraria 属は東南アジアから東アジアに 25 種が分布するつる性多年草である．クズ *P. lobata* はインド東部から東南アジア，東アジア，太平洋諸島に分布するが，現在では，温帯から熱帯までの世界各地でみられる．葉は 3 小葉からなる．肥大した根は，生育年数が経つと，長さ 2 m，太さ 30 cm を超すこともある．var. *lobata*（Japanese arrowroot），var. *montana*（Thaiwan kudzu），var. *thomosoni*（Thomsn's kudzu）の 3 変種に分けられる．日本では塊根を冬に掘り起こしてデンプンを採り葛粉とする．食用にもする．同属の *P. phaseoloides*（tropical kudzu）はインドからマレー半島にかけて分布し，*P. tuberosa*（Indian kudzu）はインド，パキスタンからマレー半島に分布する．どちらも塊根を食用とする．

m． *Sphenostylis* 属

Sphenostylis 属は 18 種が知られ，おもに熱帯アフリカに分布する．葉は 3 小葉からなる複葉．地下にいもを作る．*S. stenocarpa*（African yam bean）など数種は，豆を採るために栽培されるが，いもも食用とする．

n． *Tylosema* 属

Tylosema 属は 3 または 4 種とされ，熱帯アフリカに分布する．*T. fassoglensis* などのいもを原住民が食用とする．

o． *Vigna* 属（ササゲ属）

Vigna 属は 100〜150 種とされ，葉は 3 小葉からなる複葉．*V. vexillata* は熱帯アフリカに広く分布し，絡みついたり匍匐する多年草で，根が肥大していも

を作る．スーダンやエチオピアでサツマイモ同様の方法で調理され食用とする．同じくアフリカに分布する *V. pseudotriloba* や *V. stenophylla* なども，紡錘形の大きないもを作り，原住民にヤムイモやバレイショの代用食として利用されている．*V. capensis* や *V. lanceolata*，*V. marina*（ハマササゲ）などのいもも食用とする．

〔後藤雄佐・中村　聡〕

引用文献

1) Allen, O. N. and Allen, E. K. (1981): *The Leguminosae*, p. 1-704, The University of Wisconsin Press.
2) Flach, M. and Rumawas, F. (eds.) (1996): *Plants Yielding Non-seed Carbohydrates, PROSEA 9*, p.15-197. PROSEA.
3) Hoshikawa, K. and Juliarni (1995): *Jpn. J. Crop Sci.*, **64**: 323-327.
4) 堀田　満ほか編 (1989): 世界有用植物事典, p. 1-1438, 平凡社．
5) Juliarni ほか (1997): *Jpn. J. Crop Sci.*, **66**: 466-471.
6) 前田和美 (1985): 日本作物学会四国支部紀事, **22**: 33-41.
7) Purseglove, J. W. (1968): *Tropical Crops, Dicotyledons*, p. 1-394, Longman group limited.
8) Saxon, E. C. (1981): *Econ. Bot.*, **35**: 163-173.
9) Sorensen, M. (1996): *Yam Bean Pachyrizus DC.*, p. 1-141, International Plant Genetic Resources Institute.
10) Sorensen, M. and Hoof, W. C. H. (1996): *Plants Yielding Non-Seed Carbohydrates*, (Flach, M. and Rumawas, F. (eds.)), p. 137-141, PROSEA.
11) Zanklan, A. S., *et al.* (2007): *Crop Sci.*, **47**: 1934-1946.

索　引

育種・遺伝資源

batata ルート　98
camote ルート　98
Ipomoea trifida complex　94
kumara ルート　97
T型葉緑体DNA　13
アンディジェナ　11, 39
ガーネットチリー　14
チリバレイショ　11
ラフパープルチリー　14
育種　58, 66, 123, 190, 196, 212, 218
遺伝資源　95, 212, 218
甘味種　222
起源地　2, 39, 95, 208
国際熱帯農業研究機関　218
倍数性複合体　94
野生種　9, 12, 93, 183

機　械

ソイルコンディショニング　28, 42, 90
つる切り機　150
ディガ　85
ポテトプランタ　84, 86
マルチフィルム剝取回収機　150
機械化　7, 25, 42, 45, 84, 86, 120, 144, 147, 150
茎葉処理　148
収穫機　7, 25, 42, 45, 84, 86, 88, 144, 147, 150, 179
省力化栽培　28, 90, 144, 152, 177, 179
生産コスト　7, 43, 142
挿苗機　145, 148
種いも植え付け機　41
播種機　41, 84, 86, 88, 90

気　象

気温　6, 24, 29, 38, 45, 49, 57, 59, 108, 143, 153, 155, 194, 205, 210, 216, 224
気象条件　5, 23, 32, 38, 40, 43, 133, 163
降水量　24, 39, 41, 45, 216
地温　24, 27, 33, 50, 102, 108, 133, 142, 154, 198, 210, 212
日射量　25, 32, 34, 38, 41, 45
日長　11, 14, 17, 24, 29, 34, 48, 53, 210, 226
夜温　29

形態・生理

C_3 植物　106
アデノシン二リン酸グルコース　104
アブシジン酸　16
アミロプラスト　16
いも数　26, 49, 58, 70, 72, 170
ウリジン二リン酸グルコース　104
オーキシン　16
コルク形成層　15
コルク皮層　15
サイトカイニン　16, 20, 102
ジベレリン（GA）　16, 33, 164, 183
ジャスモン酸　20
しょ梗部　100
ストロン　16, 26
スベリン　16
ゼアチン　17
セルロース　19, 104
チュベロン酸　20
ホスホリラーゼ　22
維管束環　100
一次形成層　101
横地性　16
塊茎　1, 9, 15, 23, 35, 47, 73, 82, 164, 209, 230, 237
塊茎形成　17, 26, 28
塊茎形成物質　20
塊茎数　26, 29
塊根　1, 7, 96, 99, 208, 215, 230, 234, 237
塊根数　103, 108
仮軸分枝　30
球茎　1, 164, 202
吸枝　203
休眠　12, 16, 21, 26, 28, 33, 49, 52, 55, 63, 100, 163, 165, 183, 203
茎　2, 5, 7, 16, 20, 30, 43, 48, 77, 81, 88, 96, 100, 102, 106, 128, 137, 139, 141, 145, 149, 153, 159, 164, 171, 185, 193, 198, 203, 209, 214, 216, 219, 224, 227, 229, 231
茎数　29, 48, 55, 69
形成層　15, 19, 101, 109
原生篩部　101
原生木部　100
光合成　25, 33, 104, 168, 226
光合成産物　5, 28, 32, 106, 171, 217
光合成速度　105, 169, 179, 217, 226
梗根　101
根茎　1, 224
細根　101, 107
細胞　15, 18, 94, 101, 181, 189, 203, 222, 225
枝隙　100
収穫器官　2, 5
周皮　15, 101
植物ホルモン　19, 22, 29
浸透ポテンシャル　18
節根　28
担根体（rhizome）　2, 184
地下茎　2, 16, 28, 230, 232
地下部　1, 5, 7, 20, 28, 102,

108, 183, 209, 226
着蕾　26, 29, 193
貯蔵器官　6, 106, 224
通気組織　19, 107, 167, 178
内鞘　101
二次成長　33
根　2, 5, 16, 20, 25, 28, 31, 99, 100, 102, 107, 109, 156, 171, 176, 178, 184, 188, 190, 193, 203, 206, 226, 230, 234, 237
葉　14, 16, 20, 25, 27, 30, 33, 38, 43, 48, 52, 55, 77, 82, 88, 96, 100, 113, 128, 138, 141, 145, 149, 153, 157, 159, 162, 165, 168, 174, 178, 183, 186, 189, 193, 200, 202, 205, 207, 209, 214, 216, 220, 224, 229, 231, 237
胚のう形成　189
花　5, 17, 26, 28, 30, 48, 94, 128, 164, 166, 187, 190, 193, 202, 204, 209, 224, 231, 234
皮色　12, 48, 124, 185, 193, 209
皮目　19
非構造性炭水化物　32
表層微小管　19
匍枝　16, 26
仏焔苞　165, 204
不定芽　185
不定根原基　100
平衡石　16
放射中心柱　101
紡錘形　131
目　20
木化　101
葉原基　100
葉身寿命　142
葉柄（ずいき）　164

栽　培

FAOSTAT　2
カリウム　42, 50, 102, 105, 129, 167, 181, 186, 197, 206, 211, 220, 228
キュアリング　129, 185
サポートシステム　43
シンク活性　20, 103, 171
スプリンクラー　42, 121

つるぼけ　107, 126, 153, 157
バレイショ生産技術体系　83
マルチ栽培　25, 45, 51, 83, 127, 128, 133, 142, 146, 149, 153, 156, 175, 176, 178, 196, 211
リン（リン酸）　23, 33, 42, 50, 65, 129, 134, 142, 153, 167, 186, 197, 206, 211, 220
秋作　25, 44, 55
1個重　26, 28, 32, 52, 142
育苗　24, 29, 39, 42, 53, 106, 142, 168, 194, 196, 211, 219
植え付け　9, 15, 24, 25, 27, 33, 38, 40, 50, 57, 74, 77, 81, 83, 87, 90, 100, 108, 128, 131, 133, 141, 145, 147, 152, 155, 157, 164, 167, 173, 194, 203, 211, 216, 219, 226, 231
畦立　42, 145, 146
塊茎肥大　18, 26
灌漑　24, 39, 41, 42, 45, 118, 173, 198, 228
間作　40, 45, 207, 219
乾燥ストレス　24, 32, 55, 102, 108, 141, 159, 166, 212, 216, 226, 238
干ばつ　45, 173, 198
乾物収量　3, 26, 32
乾物生産　5, 31, 34, 104, 142, 170, 216, 227
吸光係数（k）　227
救荒二物考　15
高齢化　46
国連食糧農業機関（FAO）　2
個重型　29, 55
個数型　29, 140
個体群成長速度　227
個体群生長率　105
枯凋期　26, 31, 48
混作　40, 219
栽植密度　211, 228, 29, 142, 155, 173, 196
栽培体系　39, 90
栽培面積　2, 14, 23, 35, 47, 82, 110, 130, 161, 166, 192, 202, 215
栽培様式　44, 46, 115, 133, 152
雑草　42, 122, 129, 207

直播栽培　112, 141, 143, 211
敷き（稲）わら　45, 173, 176, 197, 199
収穫指数　217, 227
収量　5, 23, 26, 29, 35, 56, 66, 76, 103, 111, 115, 119, 124, 152, 161, 167, 170, 185, 197, 205, 215, 222, 227, 236
収量構成要素　26, 29
収量成立過程　23
受光　34, 39
受光効率　17
受光態勢　105
出芽　25
純同化率　106
上いも収量　67, 140, 170
上いも数　26
小農家　42
初期生育　24, 27, 48, 108, 175
伸長生長　18
推定収量　39
水田　166, 179
水田転換畑　192, 196, 211
水田転作　167
水平植え　142
生育モデル　27
生育期間　24, 29, 39, 42, 53, 106, 142, 168, 194, 196, 211, 219
生育時期　25, 34, 106
生育相　25, 194
生育抑制栽培　177
生産量　2, 6, 23, 35, 75, 110, 130, 137, 161, 192, 201, 214, 234
背負箱　84
施肥　42, 46, 60, 82, 90, 129, 134, 142, 145, 147, 153, 175, 185, 197, 206, 211, 220
早期肥大性　30, 103, 124, 140
早晩性（熟性）　18, 29, 64, 163, 193
耐干性　142, 217
堆肥　83, 142, 146, 173, 206
耐肥性　68, 124
多収栽培　152
種いも　7, 15, 25, 36, 39, 46, 53, 73, 76, 82, 99, 127, 141, 153, 164, 173, 178, 185, 194, 196, 199, 203, 206, 211, 228

索引

単作 46, 119, 134
窒素 18, 42, 50, 102, 105, 107, 109, 124, 129, 142, 153, 157, 167, 173, 186, 197, 206, 211, 217, 220, 228
中耕 41, 82, 129, 165, 175, 220, 234
天水 39, 118
田畑輪換 167, 192
都市住民 43
土壌水分 43, 108, 225
取り置き苗 156
苗床 7, 120, 127, 145, 153
夏作 23, 26, 41
斜め植え 148
生収量 26, 29
二期作 16, 27, 41, 49, 53, 76
農林複合 220
培土 28, 42, 49, 86, 90, 129, 149, 206, 234
早掘り 66, 124, 128, 133, 199
春作 16, 24, 40, 44, 55, 76, 83
晩期肥大性 103
晩植適応性 140
比重値 32
標高 11, 39, 122, 205
貧困 44
船底植え 148
冬作 23, 37, 44
萌芽 5, 21, 24, 29, 42, 50, 77, 99, 112, 127, 153, 166, 175, 187, 194, 199, 206, 216, 220
有機栽培 27
有機物 168, 197, 206
葉面積 28, 103, 169, 194
葉面積指数（LAI） 31, 105, 169, 216
浴光催芽（育芽） 27, 60, 82
緑化防止 28
輪作 42, 44, 46, 83, 90, 121, 134, 167, 174, 198, 206, 219

作　物

Alylosia reticulata 237
Canna edulis 12, 24
Dioscorea opposita 192
Eriosema 属 237
Hedysarm alpinum 237
Lathyrus 属 237
Macrotyloma uniflorum 238
Moghania 属 238
Neocracca heterantha 238
Orphan crop 110
P. lobata 239
Pediomelum 属 238
Phaseolus 属 238
Psophocarpus tetragonolobus 238
Psoralea 属 239
ROOTS AND TUBERS 2
Sphenostylis 属 239
Tylosema 属 239
Vigna 属 239
アピオス 1, 231
アメリカホドイモ 1, 231
イモ類 1
カンショ 1, 93
キャッサバ 1, 214
キュウコンエンドウ 237
クズ 239
クズイモ 1, 234
サツマイモ 1, 93
サトイモ 1, 159
ジネンジョ 1, 183
ジャガイモ 1, 9
タロイモ 2, 159
ツクネイモ 1, 192
トウダイグサ科 1, 216
ナガイモ 1, 184
ハマササゲ 240
バレイショ 1, 9
ベニバナインゲン 238
ホドイモ 234
ヤーコン 1, 208
ヤマイモ 183, 184, 192
ヤマノイモ科 1
ヤマノイモ属（Dioscorea） 1, 183
ヤムイモ（ヤム） 2, 183, 215
ヤムビーン 234
植物分類表 1
食用カンナ 1, 223
双子葉植物（類） 1, 183
単子葉植物（類） 1, 183
中日植物 17
野菜 3

増　殖

ウイルスフリー 71, 46, 126, 186
ウイルスフリー株 77, 199
ウイルスフリー苗 127, 135, 142, 153
セル苗 174, 178
マイクロ（ミニ）チューバ 29, 77
むかご（ムカゴ） 183, 186, 193, 200
栄養系分離 195
栄養繁殖 7, 73, 112, 164, 183, 190, 196, 202
塊茎単位栽植 78
急速増殖技術 43
茎頂培養 7, 74, 77, 186
検疫 74, 80
原原種 74
原種 74, 78
健苗 153
採種 74, 78
採種体系 74
自家増殖 74
指定種苗 74
雌雄異株 183
種子繁殖作物 74
種子不稔 189
植物防疫法 74
真正種子栽培 46
性比 187
増殖効率（倍率） 7, 74, 200
増殖体系 76
大量増殖 145, 174
種いも更新 40, 76, 79, 175
種いも栽培 73, 199
肉穂 165, 204
抜き取り 78, 120, 125, 127, 145, 153, 219

地　域

アジア 1, 35, 43, 93, 98, 111, 114, 117, 159, 183, 192, 202, 214, 228, 234
アフリカ 3, 35, 43, 93, 98, 111, 118, 159, 183, 214
アメリカ 4, 7, 9, 11, 14, 36,

42, 93, 161, 183, 211, 231
アンデス山岳地域　39
インド　36
オーストラリア　41
オセアニア　3
オランダ　36
サハラ砂漠以南　37
ヨーロッパ　3, 24, 42, 35
ロシア　36
茨城　123, 127, 138, 142, 202, 228
愛媛　164, 174, 180
温帯地域　40
開発途上国　36
鹿児島　24, 54, 82, 123, 129, 140, 142, 145, 150, 152, 184
韓国　116
群馬　185, 202, 205
黄土高原　44
西南暖地　28, 53
先進国　36
段々畑　39, 90
地形　46
地中海気候地域　40
千葉　123, 126, 161, 185
中国　7, 35, 38, 44, 111, 114, 160, 202, 205
中南米（中米，南米）　1, 7, 9, 35, 93, 97, 121, 159, 214, 218, 223
長崎　14, 24, 25, 27, 41, 53, 76, 80, 83, 85, 131
熱帯高地　39, 40
米国　32, 35, 40, 42, 47, 61, 94, 231
北米（北アメリカ）　1, 7, 24, 35, 120
北海道　33, 47, 53, 60, 66, 75, 78, 83, 138, 140, 166, 184, 185, 190, 196

土　壌

赤ホヤ土壌　135, 143
ボラ　143
黒ボク土壌　134, 142
脊薄土壌　216, 220
土壌管理　219
土壌酸度　108, 166, 228
土壌条件　134, 157, 163

土壌浸食　220
土壌通気性　107, 109

病虫害

PLRV　74
アブラムシ　40, 77, 186, 198, 207, 212
アリモドキゾウムシ　112
イモゾウムシ　112
ウイルス病　7, 40, 48, 74, 79, 112, 127, 212
サツマイモネコブセンチュウ　124
ジャガイモYウイルス（PVY）　79
ジャガイモシストセンチュウ　79
ジャガイモシロシストセンチュウ　80
ジャガイモ葉巻病ウイルス　74
つる割病　125
ネコブセンチュウ　139
ミナミネグサレセンチュウ　132
ヤマノイモモザイク病　199
疫病　14, 24, 32, 48
黒斑病　125
細菌病　74, 77, 207
帯状粗皮病　124
土壌消毒　146, 168
土壌病害　39, 124, 168
病徴　70, 79, 199
防除　82, 128, 168, 198, 221
連作障害　167, 176, 192, 206

品　種

加工用　33, 59, 142
茎葉利用　141, 143
食用　47, 53, 123, 129
デンプン原料用　65, 139

品種：サツマイモ

クイックスイート　125
コガネセンガン　106, 139, 140, 153
ベニアズマ　123, 124

ベニオトメ　116
ベニコマチ　126
べにはるか　132
安納いも　132, 135
高系14号　116, 123, 124, 130, 131
紅いも　131, 138

品種：サトイモ

媛かぐや　164, 177

品種：バレイショ

アーリーローズ　14
インカのめざめ　47, 51, 58
キタアカリ　47, 50
コナフブキ　29, 31, 67
デジマ　55
とうや　51
トヨシロ　54, 59
ニシユタカ　27, 55
はるか　52
メークイン　48
ワセシロ　50
男爵薯　17, 26, 30, 47
十勝こがね　47, 64
農林1号　28, 31, 49, 59
紅丸　66, 70

利　用

β-カロテン　138
アミラーゼ　22, 134
アルコール　2, 137, 140, 142, 222, 229, 237
アントシアニン　126, 138
カスケード（多段階）利用　139
ガラクタン　164
カロテン　126
キャッサバペレット　214
シュウ酸カルシウム　164
シロタ　127, 139, 141
スイートニング　21
チューニョ　11
デンプン　1, 2, 5, 18, 65, 103, 118, 137, 140, 201, 208, 222, 224, 228, 236
デンプン価　32, 66

索　引

デンプン含有率　24, 29, 32, 105, 217, 227
デンプン収量　26, 29, 32, 65, 153
デンプン生産　7, 24, 32, 82, 129, 136, 144, 214, 228, 236
とろろ　201
バイオマス資源　138, 215
ファーストフード　37
フレンチフライ　24, 32, 36, 59, 122
ペクチン　19
ポストハーベスト　222
ポリアミン　16
ポリフェノール類　141
メイラード反応　21
リナロール　140
リポキシゲナーゼ　20
リン含有率　65
ルテイン　141
油加工　5, 7, 59
荒粉　205, 208
香　138
価格　41, 46, 84, 91, 201, 215
加工バレイショ　37, 48

加工利用（食品）　24, 32, 37, 43, 52, 82, 86, 113, 116, 124, 137, 140, 180, 192, 201, 208, 213, 222
乾物率（含水率）　5, 26, 32, 39, 217
機能性成分　139, 141, 181, 209
切干　123, 137, 142
糊化　65, 68, 125, 129, 139, 140, 229
粉質　201, 48, 116, 124, 135, 182
固有用途　65
色価　141
商業栽培　42
消費者　6, 35, 113, 116, 120
焼酎　129, 137, 139, 142, 151, 181
醸造酒　141
食品産業クラスター　138
食味　39, 49, 123, 134, 135, 201, 212
飼料　2, 5, 14, 36, 43, 113, 137, 214, 222, 229

青果　5, 24, 32, 36, 123, 128, 151, 177, 180, 192, 200, 212
精粉　208
青酸含量　222
耐老化性　140
調理後黒変　124
貯蔵性　7, 15, 18, 21, 27, 41, 50, 59, 123, 128, 174, 186, 187, 199, 206, 212
低温貯蔵　21, 26, 49, 185, 199, 213
糖　2, 18, 21, 49, 59, 104, 132, 135, 164, 181, 187, 209, 212, 222
苦味種　222
肉質　48, 124, 182, 195, 201
肉色　48, 124, 182, 209, 213
粘質　49, 124, 164, 187
粘性　185, 191, 201
粘度　65, 68, 182, 191
輸入　6, 53, 84, 89, 136
離水率　65
冷凍加工　7, 43
裂開　124

編者略歴

岩間和人(いわまかずと)

1950年　神奈川県に生まれる
1981年　北海道大学大学院農学研究科
　　　　博士後期課程修了
現　在　北海道大学名誉教授
　　　　農学博士

作物栽培大系6
イモ類の栽培と利用　　　　　　　　定価はカバーに表示

2017年3月20日　初版第1刷

監修　日本作物学会
　　　「作物栽培大系」
　　　編集委員会

編者　岩　間　和　人
発行者　朝　倉　誠　造
発行所　株式会社　朝　倉　書　店
　　　　東京都新宿区新小川町6-29
　　　　郵便番号　162-8707
　　　　電話　03(3260)0141
　　　　FAX　03(3260)0180
　　　　http://www.asakura.co.jp

〈検印省略〉

© 2017〈無断複写・転載を禁ず〉　　　中央印刷・渡辺製本

ISBN 978-4-254-41506-3　C 3361　　　Printed in Japan

JCOPY　〈(社)出版者著作権管理機構 委託出版物〉

本書の無断複写は著作権法上での例外を除き禁じられています。複写される場合は、そのつど事前に、(社)出版者著作権管理機構(電話 03-3513-6969, FAX 03-3513-6979, e-mail: info@jcopy.or.jp)の許諾を得てください。

日本作物学会『作物栽培大系』編集委員会監修
作物研 小柳敦史・中央農業研究センター 渡邊好昭編
作物栽培大系 3

麦類の栽培と利用

41503-2 C3361　　　A 5 判 248頁 本体4500円

コムギ，オオムギなど麦類は，主要な穀物であるだけでなく，数少ない冬作物として作付体系上きわめて重要な位置を占める。本巻ではこれら麦類の栽培について体系的に解説する。〔内容〕コムギ／オオムギ／エンバク／ライムギ／ライコムギ

日本作物学会『作物栽培大系』編集委員会監修
東北大 国分牧衛編
作物栽培大系 5

豆類の栽培と利用

41505-6 C3361　　　A 5 判 240頁 本体4500円

根粒による窒素固定能力や高い栄養価など，他の作物では代替できないユニークな特性を持つマメ科作物の栽培について体系的に解説する。〔内容〕ダイズ／アズキ／ラッカセイ／その他の豆類（インゲンマメ，ササゲ，エンドウ，ソラマメ等）

龍谷大 大門弘幸編著
見てわかる農学シリーズ3

作物学概論

40543-9 C3361　　　B 5 判 208頁 本体3800円

セメスター授業に対応した，作物学の平易なテキスト。図や写真を多数収録し，コラムや用語解説など構成も「見やすく」「わかりやすい」よう工夫した。〔内容〕総論（作物の起源／成長と生理／栽培管理と環境保全），各論（イネ／ムギ類／他）

東農大 森田茂紀・龍谷大 大門弘幸・
東海大 阿部 淳編著

栽 培 学
――環境と持続的農業――

41028-0 C3061　　　B 5 判 240頁 本体4500円

人口増加が続く中で食糧問題や環境問題は地球規模で深刻度を増してきている。そのため問題解決型学問である農学、中でも総合科学としての栽培学に期待されるところが大きくなってきている。本書は栽培学の全てを詳述した学部学生向教科書

京大 稲村達也編著

栽培システム学

40014-4 C3061　　　A 5 判 208頁 本体3800円

農業の形態は、自然条件や生産技術、社会条件など多数の要因によって規定されている。本書はうした複雑系である営農システムを幅広い視点から解説し、体系的な理解へと導く。アジア各地の興味深い実例も数多く紹介

米山忠克・長谷川功・関本 均・牧野 周・間藤 徹・
河合成直・森田明雄著

新植物栄養・肥料学

43108-7 C3061　　　A 5 判 224頁 本体3600円

植物栄養学・肥料学の最新テキスト。実学たれとの思想にのっとり、現場での応用や環境とのかかわりを意識できる記述をこころがけた。〔内容〕物質循環と植物栄養／光合成と呼吸／必須元素／共生系／栄養分の体内動態／ストレスへの応答／他

日本作物学会編

作 物 学 事 典（普及版）

41035-8 C3561　　　A 5 判 580頁 本体14000円

作物学研究は近年著しく進展し、また環境問題、食糧問題など作物生産をとりまく状況も大きく変貌しつつある。こうした状況をふまえ、日本作物学会が総力を挙げて編集した作物学の集大成。〔内容〕総論（日本と世界の作物生産／作物の遺伝と育種、品種／作物の形態と生理生態／作物の栽培管理／作物の環境と生産／作物の品質と流通）。各論（食用作物／繊維作物／油料作物／糖料作物／嗜好料作物／香辛料作物／ゴム作物／薬用作物／牧草／新規作物）。〔付〕作物学用語解説

植物栄養・肥料の事典編集委員会編

植物栄養・肥料の事典

43077-6 C3561　　　A 5 判 720頁 本体23000円

植物生理・生化学，土壌学，植物生態学，環境科学，分子生物学など幅広い分野を視野に入れ，進展いちじるしい植物栄養学および肥料学について第一線の研究者約130名により詳しくかつ平易に書かれたハンドブック。大学・試験場・研究機関などの専門研究者だけでなく周辺領域の人々や現場の技術者にも役立つ好個の待望書。〔内容〕植物の形態／根圏／元素の生理機能／吸収と移動／代謝／共生／ストレス生理／肥料／施肥／栄養診断／農産物の品質／環境／分子生物学

上記価格（税別）は 2017 年 2 月現在